발효식품학

FUNDAMENTALS OF **FOOD FERMENTATION**

이삼빈 · 조정일 · 양지영 · 오성훈 공저

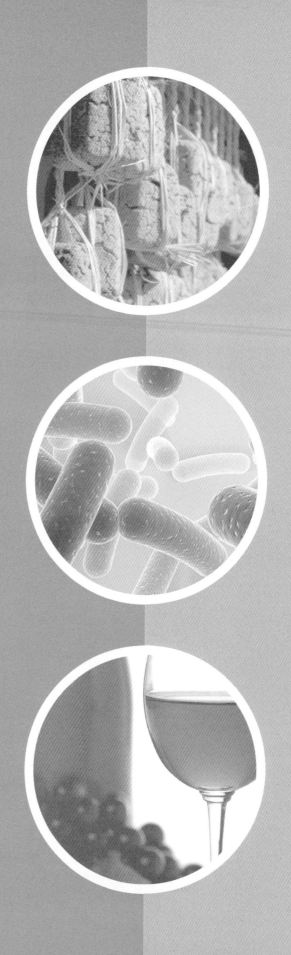

머리말

 동서양을 막론하고 식품은 인류의 건강과 삶을 영위하는 데 중요한 소재이다. 특히 발효식품은 지구상의 특정지역에 거주하는 민족에 의해서 고유한 방식으로 제조되는 전통식품으로, 그 민족 식문화의 근간이 되면서 건강과 문화가 함께 하는 종합적인 식품으로 중요성이 인식되고 있다. 우리나라는 채식위주의 식문화 속에서 조상들의 지혜와 노력으로 영양성과 기능성이 뛰어난 다양한 발효식품들을 중요한 먹거리로 한 고유한 식생활문화를 이룩하여 왔다. 서양의 발효식품들은 육류나 우유 등의 저장목적에서 발전되어온 반면에 우리의 발효식품은 전형적인 곡류와 채소위주의 식품에 맛을 부여하면서 영양을 공급하는 식품으로 제조하여 왔다. 현재 발효식품은 우리의 먹거리에서 중요한 역할을 하고 있으며, 최근에는 우리의 발효식품에 대한 우수한 영양성 및 기능성이 인정되면서 세계적으로 더욱 각광을 받고 있다. 미국, 유럽 및 일본인들의 관심과 소비의 확대로 우리의 발효식품은 21세기에 세계 속에서 건강한 먹거리로 자리를 잡아가고 있다. 초판 이후의 15년 동안의 강의와 연구를 통해서 발효식품의 중요성을 더욱 인식하게 되었으며, 우리의 고유한 발효식품들을 소개함으로써 이 분야의 전공자들에게 발효식품을 이해하는 데 도움이 될 수 있는 책을 쓰는 것이 필요하다고 생각하였다.

 본서는 발효식품의 다양한 원료들의 성질과 이들의 발효숙성에 미치는 영향과 고유의 발효식품 제조에 관여하는 미생물들의 종류와 발효양상을 서술하였다. 다양한 발효식품의 제조공정을 소개하였으며, 발효숙성과정에서의 성분변화, 영양적 변화 및 문제점을 다루었으며, 식품 전공자나 관련학과에서 교재 또는 참고서로 활용될 수 있게 편찬하였다. 집필의 어려움에도 불구하고 도서출판 효일의 김홍용 사장님의 격려와 많은 분들의 도움에 힘입어 집필에 용기를 내게 되었다.

 이 책은 여러 교재와 연구내용들을 인용하여 엮은 책으로 사용한 용어와 내용에 일관성이 없고 잘못된 곳도 많으리라 생각되어 많은 충고와 비판을 바라마지 않는다.

 이 책의 출판에 힘써 주신 김홍용 사장님과 직원 여러분께 깊은 감사를 드립니다.

저자 씀

발효식품학 Contents

발효식품학 # **Contents**

Chapter 01

발효미생물

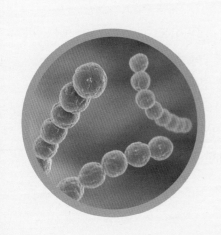

1 발효식품의 서론

발효식품은 전세계 사람들의 생활과 식문화에 중요한 부분을 차지하며, 각 나라의 고유한 식습관과 환경에 따라 매우 다양한 종류가 있다. 발효식품은 인간의 역사와 함께 해 왔으며 미생물학의 연구발전과 밀접한 관계를 가져왔다. Antonie van Leeuwenhoek(1632~1723)는 자체 제작한 현미경으로 미세한 생물을 관찰하면서 극미동물(animalcules)을 발견함으로써 미생물학 발전의 전기를 마련하였다. Louis Pasteur(1822~1910)는 발효에서 미생물들의 역할을 해명하여 생물발생설(biogenesis)을 실험으로 증명하였으며, 알코올 발효가 효모의 혐기적 상태에서 에너지 획득을 위한 수단이라는 주장을 하여 발효분야에 큰 기여를 하였다. 또한 Brefeld(1872)와 Hansen(1878)은 곰팡이 및 효모의 순수배양법을, Robert Koch와 Joseph Lister(1881) 등은 세균의 순수배양 방법을 개발함으로써 근대 발효공업 발전의 기초를 마련하였다.

미생물들은 지구환경에서 유기물의 분해와 재이용이라는 중요한 역할을 수행하면서 인류에 유용한 역할을 해왔다. 자연계에서 과잉 생산된 과실 등은 땅에 떨어져서 단백질, 지방, 탄수화물 등 대부분의 성분들은 미생물들에 의해서 분해되며, 발효성 당 등은 미생물효소에 의해서 발효 대사산물인 알코올이나 산으로 되거나 또는 물과 탄산가스로 분해될 수 있다.

식품들은 미생물에 의해서 독소성분(toxins)을 포함하거나, 곰팡이독(mycotoxin)을 생산하는 곰팡이에 의해서 오염되어 인간에게 치명적인 부패식품이 될 수 있다. 반면에 식품이 미생물작용에 의해서 좋은 맛과 향, 조직감 및 유용한 성분을 포함하는 발효식품으로 전환될 수 있다. 발효식품은 지역과 원료에 따라서 토착의 다양한 미생물을 함유하며, 맛, 풍미 및 조직감을 갖는 고유한 식품으로 분류된다. 특히 발효식품은 식품소재의 저장성 부여와 영양성, 기호성, 기능성 증진이라는 매우 중요한 의미를 갖는다.

대체로 식품발효의 중요한 역할은 다음과 같이 요약된다.

❶ 식품소재의 향, 풍미, 조직감 향상
❷ 젖산, 초산, 알코올 발효를 통한 식품의 저장성 향상
❸ 단백질, 필수아미노산, 필수지방산 및 비타민들이 풍부한 식품의 제조
❹ 식품의 발효과정을 통한 독성물질 파괴 및 생리활성물질 생산
❺ 발효를 통한 식품의 요리시간 단축 및 소화성 증진

일반적으로 고유한 발효식품들에 존재하는 미생물들은 GRAS (generally recognized as safe)로서 식용이 가능하다. 또한 이들 미생물은 탄수화물, 단백질, 지질 및 펙틴을 분해하는 가수분해효소들과 기타 효소들을 생산한다. 또한 대사산물로서 비타민, 필수아미노산, 필수지방산, 항생물질(antibiotics), 유기산, 펩타이드, 단백질, 지질, 다당류 및 방향물질 또는 풍미증진 물질을 생산하는 능력을 지니면서 발효식품의 가치를 높인다.

발효식품은 사용되는 원료 또는 발효미생물에 의한 발효기작에 따라 분류할 수 있다. 원료는 크게 축산물, 농산물, 수산물로 분류되며, 이를 원료로 하여 제조된 발효식품은 [표 1-1]과 같다.

표 1-1 원료에 따른 발효식품 분류

원료	발효식품
축산물	• 치즈, 젖산발효 음료(우유) • 알코올포함 발효유(우유) • 발효버터(유지방)
농산물	• 빵(밀/빵효모) • 젖산발효음료(곡류, 콩, 과실, 채소류) • 알코올음료(과실류, 곡류, 감자) • 식초(곡류, 감자, 과실류, 술) • 간장, 된장, 청국장(콩) • 김치, 사우어크라우트, 피클(채소류)
수산물	• 젓갈류(생선/소금) • 식해류(생선/곡류/소금)

세계적으로 지역과 인종에 관계없이 다양한 원료로부터 제조되는 발효식품은 발효형태에 따라 알코올발효, 젖산발효, 초산발효 및 기타 발효로 크게 분류된다.

세계 각 지역에서 다양한 원료로부터 생산되는 고유한 발효식품들의 종류를 [표 1-2]에서 나타내고 있다. 발효식품 제조에 관여하는 유용한 미생물들은 주로 젖산균, 고초균, 초산균, 곰팡이 및 효모 등이다.

표 1-2	발효관여 미생물 종류에 따른 분류	
발효관여 미생물	**원료**	**발효식품**
젖산균(*Lactic acid bacteria*)	채소류 고기 우유	김치, 사우어크라우트 소시지(살라미, 세르블라) 발효유, 발효크림, 요구르트, 치즈(체다, 고다, 리코타)
젖산균 + *Propionic acid bacteria* + 세균 + 효모	우유 우유 우유 채소	치즈(스위스, 에멘탈) 치즈(림버거, 브릭) 발효유(케피어, 쿠미스) 피클(쯔케모노)
곰팡이	콩	템페, 간장
초산균(*Acetic acid bacteria*)	알코올(술)	식초
효모(Yeast)	맥아(malt) 과실(fruits) 당밀(molasses) 곡류(grain) 쌀 용설란(agave) 밀가루 반죽	맥주(라거, 에일, 포터, 필젠) 과실주 럼 위스키 청주, 사케, 약주, 막걸리 용설란주 빵
효모 + 젖산균	곡류 ginger plant	신맛의 빵 곡류발효음료(보자) 진저비어
곰팡이 + 세균	콩(soybean)	미소, 간장, 청국장, 된장, 고추장
고초균(세균)	콩(soybean)	생청국장(낫또)

　　서양에서는 식품의 영양 강화를 위해서 발효보다는 첨가물 등의 합성 소재들을 첨가하는 경향이 있으며, 육제품이나 유제품의 젖산발효 등 미생물을 이용한 식품소재의 전환은 풍미 생성 목적보다는 저장성 증진에 주로 이용되어 왔다. 반면에 동양에서는 채식과 곡류 위주의 식문화에서 맛을 부여하려는 목적으로 발효식품들의 제조가 이루어져

왔으며, 이는 궁극적으로 채소와 곡류 및 어류들의 저장성 향상은 물론 고유한 맛과 풍미를 갖는 중요한 식품을 제공하는 수단이 되었다.

1) 한국의 발효식품과 식문화

우리 조상들은 오래 전부터 자연환경에 알맞은 전통 발효식품을 만들어 왔으며, 현재 우리의 식생활에서 영양적 또는 식문화적으로 매우 중요한 위치를 점하고 있다. 김치, 된장 등 발효식품은 맛과 향이 특이하고 조직감이 향상되었을 뿐만 아니라 원료에 존재하는 유해 미생물의 생육이 억제된 안전한 식품이다. 또한 제조에 복잡한 장치가 필요치 않고 제조방법이 비교적 간단하면서도 원료의 영양적 가치와 저장성을 증대시킬 수 있다.

우리나라는 사계절이 뚜렷하여 발효에 적합한 자연환경을 가지고 있다. 가을에 수확한 배추를 젖산발효시킨 김치는 고유한 맛과 풍미를 갖는 전통 발효식품으로서 이듬해 봄까지도 즐길 수 있다. 우리나라는 일찍부터 농경을 시작하여 곡물과 채소를 위주로 하는 식문화 속에서 짠맛과 고기 맛이 요구되었다. 따라서 소금을 기본 소재로 이용하여 곡류, 두류, 채소류 및 어패류를 발효시킨 염장 발효식품들이 다양했으며, 이런 발효식품들은 저장성이 향상되어 장기간 중요한 먹거리로 이용될 수 있었다. 또 우리 조상들은 농경의례, 고사행위, 토속신앙을 배경으로 한 각종 의식에서 술을 빚었다. 이와 같은 염장기술과 양조기술의 조기발달로 장류, 김치류, 젓갈류, 식초류, 주류 등의 저장 발효식품들은 곡류위주의 우리 식생활에 중요한 영양공급원이 되었으며, 우리의 식문화를 대표하는 식품으로 정착되었다.

2 미생물의 종류

미생물은 공기나 토양, 땅 속과 바다뿐만 아니라 사람이나 동물의 장관 내에도 살고 있으며, 종류나 수도 매우 다양하다. 예를 들어 토양 1g 중에는 1천만에서 1억의 미생물 개체가 존재하며, 사람의 창자 속에는 100조 마리의 세균이 살고 있다. 미생물의 크기는 종류에 따라서 차이가 있으며, 각종 미생물들의 크기는 [표 1-3]과 같이 매우 다양하다.

표 1-3	미생물의 크기
종류	크기(μm)
녹조류(Chlorella)	6~8
남조류(Spirulina)	300~500
진핵세포(Eukaryotic cells)	10~50
곰팡이(Mold)	5~10
효모(Yeast)	(3~10)×(4.5~21)
원핵세포(Prokaryotic cells)	
대장균	0.5×2.0
젖산균	(0.8~1.0)×(4~6)
고초균	1.3×3
바이러스(Virus)	0.02~0.3
박테리오파지(Bacteriophage)	0.18~0.2

대부분의 미생물들은 인간의 생활과 밀접한 관계를 가지며, 특히 식품에 작용하여 유용한 물질을 만들거나 변패시킬 수도 있다. 즉, 식품에 작용하는 미생물들은 환경에 따라서 부패(putrefaction)와 발효(fermentation)에 관여할 수 있다.

발효식품 제조에 관여하는 미생물들은 곰팡이, 효모 및 세균들로 분류된다.

막걸리, 청주, 맥주, 포도주, 위스키 등의 알코올음료의 양조와 된장, 간장, 고추장, 청국장(담북장), 식초 등 조미료의 양조 및 빵의 발효, 각종 침채류, 치즈, 요구르트 제조 등은 모두 미생물에 의한 발효식품들이다. 현재 미생물들은 아미노산, 비타민류, 효소류의 생산 등에 널리 이용되고 있으며, 최근의 생명공학에서 유용물질을 생산하는 도구로 중요한 역할을 하고 있다.

미생물 중에서 균체 그 자체를 식용하는 경우는 식용버섯류, 클로렐라(chlorella) 등의 녹조류, 스피루리나(spirulina) 등의 남조류 및 효모 등이다. 이들 미생물들은 생물분류학 상으로 [그림 1-1]과 같이 분류되며 동·식물 어느 계에도 속하지 않는 제3의 생물계인 원생생물계(protista)에 포함시킨다. 이 분류방법에 따라 미생물은 식물이나 동물과 완전히 구별되며, 원핵세포(procaryotic cell)생물인 하등미생물과 진핵세포(eucaryotic cell)생물인 고등미생물로 구별된다.

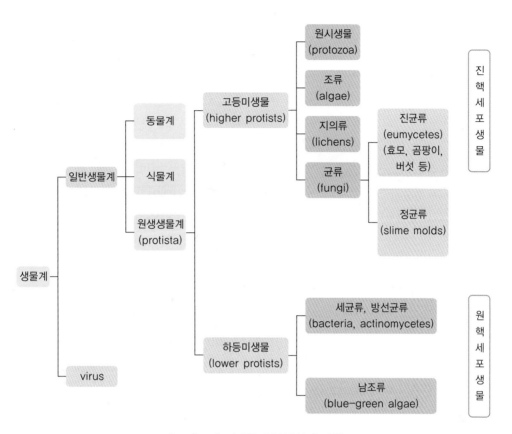

[그림 1-1] **미생물의 분류학상 위치**

[그림 1-2]에서 스피루리나와 효모의 혼합 배양물에서 균체 크기의 차이를 보여주고 있다.

무수히 많은 미생물 중에서 식품의 발효에 관련된 중요한 미생물들인 곰팡이, 효모, 세균(초산균, 유산균, 고초균) 등은 발효특성 및 발효환경에 큰 차이가 있다.

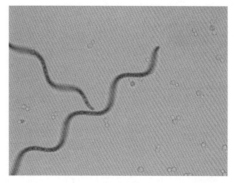

[그림 1-2] **스피루리나와 효모의 현미경 사진**
(×100)

1) 곰팡이

곰팡이(molds, moulds, fungi)는 수분이나 pH 등에 대하여 내성을 가지면서 주위에서 가장 쉽게 볼 수 있는 미생물이다. 일반적으로 진균류(眞菌類)에 속하는 곰팡이는 조균류(藻菌類, *Phycomycetes*), 자낭균류(子囊菌類, *Ascomycetes*), 담자균류(擔子菌類, *Basidiomycetes*) 및 불완전균류(不完全菌類, Fungi imperfecti)의 4가지 강(綱)으로 분류되며, 균체가 실모양(糸狀)을 이루는 미생물을 지칭한다. 이 같은 분류는 주로 곰팡이의 형태나 구조 또는 생활사를 주로 현미경으로 관찰하고 그들의 차이에 따라 분류하고 있다.

곰팡이는 사상(絲狀)으로 분지(分枝)한 균사가 집합하여 균사체(菌絲體, mycelium)를 이루고 있기 때문에 사상균(絲狀菌)이라고도 부른다. 균사체는 음식물 속을 식물의 뿌리처럼 뻗어나가면서 영양섭취를 하는 영양균사(營養菌絲, vegetative hypha)와 표면으로 자라면서 공기 중으로 뻗어나가는 생식세포(生殖細胞, fertile hypha)나 포자를 형성하는 기균사(氣菌絲, aerial hypha)로 구별된다. 곰팡이의 포자(胞子, spore)나 균사(菌絲, hypha)는 작아서 눈으로는 볼 수 없지만, 포자가 번식하여 집락(colony)을 만들고 있는 상태에서는 잘 볼 수 있다.

곰팡이의 종류에 따라 포자의 색은 황색, 녹색, 갈색, 흑색 등 여러 가지 색을 띠게 되며, 이들에 의해서 곰팡이의 종류가 분류될 수 있다. 곰팡이는 옛날부터 각종 양조 및 발효식품공업에 주로 이용되어 왔다. 동양에서는 전통적으로 술, 된장, 간장의 제조에 이용하였으며, 서양에서는 치즈제조 및 효소생산에 이용하였다. 식품에 관련된 곰팡이류는 [표 1-4]와 같다.

표 1-4 발효식품에 관여하는 곰팡이

식품	미생물
변패 식품(녹말식품, 채소, 과실)	*Mucor*속, *Rhizopus*속, *Aspergillus*속, *Penicillium*속
된장, 간장, 청주	*Aspergillus*속
치즈	*Penicillium*속
구연산	*Aspergillus niger*
비타민 B_2	*Eremothecium ashbyii*
효소류(amylase, protease)	*Aspergillus*속, *Rhizopus*속,

(1) 누룩곰팡이(*Aspergillus*속)

*Aspergillus*속 곰팡이의 집락은 황색, 녹색, 갈색, 흑색 또는 백색 등 균종에 따라서 차이가 많으며, [그림 1-3]에서 전형적인 분생포자의 모양을 보여주고 있다.

*Aspergillus*속 곰팡이는 동양의 양조공업에 있어서 가장 중요한 곰팡이 중 하나이며, 한국, 일본, 중국, 인도에서 전통 발효식품의 제조에 널리 이용되고 있다. 대표적인 균종으로는 *Aspergillus oryzae*, *Aspergillus niger* 및 *Aspergillus sojae*가 있다. 또한 *Aspergillus*속 중에서 *Asp. flavus*는 땅콩

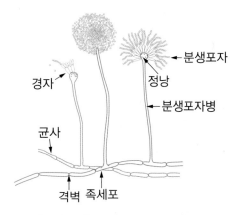

경자
분생포자
정낭
분생포자병
균사
격벽 족세포

[그림 1-3] ***Aspergillus*의 모식도**

등에 번식하여 사람이나 동물에게 치명적인 발암물질인 아플라톡신(aflatoxin)을 생산한다. *Aspergillus glaucus*나 *Asp. repens* 등 일부 *Aspergillus*속 곰팡이는 식품의 부패에 관계하는 균종이며, 대부분의 곰팡이들은 고농도의 당이나 식염을 함유하는 식품 또는 저수분함량의 식품에도 잘 번식한다.

*Asp. oryzae*는 황국균이라고도 하며, 아밀라아제(amylase)와 프로테아제(protease) 생산능력이 강하여 곡류와 콩을 이용한 양조 및 장류제조 등에 널리 이용되고 있다. *Asp. niger*는 흑국균의 대표적인 균종으로 포자는 흑색이고 구형이며 강한 산성에도 내성이 있어 밀감 등에 잘 생육하고 펙틴 분해효소(pectic enzymes)의 생산으로 펙틴(pectin) 분해력이 강하다. 또한 전분 당화력도 강해 당화액을 발효하여 수산(oxalic acid), 글루콘산(gluconic acid), 구연산(citric acid) 등의 유기산 제조에도 이용되고 있다. 또한 셀룰라아제(cellulase)와 아밀라아제 등의 강력한 당화효소를 생산하며, 알파-아밀라아제(α-amylase)는 최적 pH가 5.0으로 다른 출처의 알파-아밀라아제보다 낮다.

[표 1-5]는 *Asp. niger*에 의해서 생산되는 고분자 분해효소들을 나타내고 있으며, 대부분의 곰팡이들은 다양한 가수분해 효소들을 분비하는 것으로 알려져 있다. 또한 *Asp. niger*로부터 분비되는 리파아제(lipase)는 지방질을 분해하여 주로 중급지방산(medium chain fatty acids)을 생산한다.

표 1-5	*Aspergillus niger*에 의해서 생산되는 가수분해효소
기질	**효소**
아라비난(arabinans)	α-L-Arabinofuranosidases
셀룰로스(cellulose)	셀룰라아제(Cellulases)
덱스트란(dextran)	덱스트라나아제(Dextranase)
핵산(DNA, RNA)	데옥시리보뉴클레아제(Deoxyribonuclease), 리보뉴클레아제(ribonuclease)
글루칸(β-glucans)	β-글루카나아제(β-Glucanase)
이눌린(inulin)	이눌리나아제(Inulinase)
만난(mannans)	β-만나나아제(β-Mannanase)
펙틴(pectic substances)	펙틴 메틸 에스테라아제(Pectin methyl esterase) 펙틴 효소(Pectate lyase) 폴리갈락투로나아제(Polygalacturonase)
단백질(proteins)	프로테아제(Proteases)
전분(starch)	알파-아밀라아제(α-Amylase) 글루코아밀라아제(glucoamylase)
자이란(xylans)	자일라아제(Xylanase)

*Asp. awamori*는 당화와 동시에 구연산을 다량으로 생산하며, 내산성의 당화효소를 생산하므로 전분을 이용한 소주제조에 이용되고 있다. *Asp. sojae*는 당화력과 단백질 분해력이 강한 효소를 생산하여 장류(醬類)제조에 많이 이용되고 있다.

(2) 거미줄곰팡이(*Rhizopus*속)

대표적인 접합균류로 격벽이 없는 균사가
공기 중으로 길게 신장하고 거미줄상의 집락
을 만드는 것이 특징이다[그림 1-4].

*Rhizopus*속 곰팡이의 포자낭은 거의 구형
이며, 과실, 야채, 곡물 등에 잘 생육한다. 전
분이나 단백질을 분해하는 효소인 아밀라아
제 및 프로테아제의 활성이 강한 것이 많고
글루코아밀라아제(glucoamylase)의 생산에
이용된다. *Rhizopus*속은 리파아제(lipase)의
중요한 생산균주이며, *R. arrhizus*는 지방질
을 분해하는 리파아제(lipase) 활성을 갖는다.
*R. nigricans*는 *Rhizopus*균의 대표적인 균

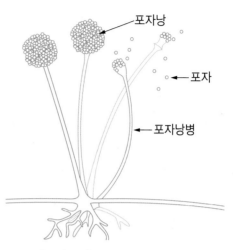

[그림 1-4] ***Rhizopus*의 모식도**

주로 빵, 곡류, 과실 등에 잘 번식한다. *R. javanicus*는 중국술의 곡자에서 분리된 균종
으로 강력한 전분액화력과 당화력 및 알코올 발효능력을 가지고 있기 때문에 전분이 풍
분한 절간 고구마를 원료로 하는 알코올 제조에서 아밀로(amylo)법에 관여하는 아밀로
(amylo)균으로 이용되고 있으며, 생육적온은 36~40℃이다.

(3) 털곰팡이(*Mucor*속)

*Mucor*속의 곰팡이 중에서 양조공업에 널
리 이용되는 *Mucor rouxii*는 대표적인 털
곰팡이로서 전분당화력이 강하고 알코올 발
효력이 있다[그림 1-5]. 이는 Calmette(1892)
가 중국의 약주에서 분리하여 *Amylomyces
rouxii*라 명명하였고 주정발효에서 아밀로
(amylo)균으로 사용되었다.

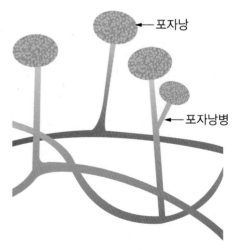

[그림 1-5] ***Mucor*의 모식도**

(4) 푸른곰팡이(*Penicillium*속)

*Penicillium*속은 불완전균류에 속하는 곰팡이로 penicilli라고 하는 빗자루모양을 의미하는 데서 붙여진 이름이다[그림 1-6]. 푸른곰팡이는 과실, 빵, 떡에 잘 번식하며, 일반 양조에 있어서는 유해 곰팡이로 취급된다. *Pen. citrinum*은 미곡에 발생하여 곰팡이독(citrinin, $C_{13}H_{14}O_5$)을 생산한다. 한편 *Pen. notatum*, *Pen. chrysogenum* 등은 항생물질인 penicillin을 생산하며, 공업적인 생산을 위해서 *Pen. chrysogenum*의 돌연변이 균주를 이용한 액체배양법이 행해지고 있다. 발효 유제품 제조에 관여하는 *Pen. rouqueforti*는 블루 치즈(blue cheese)인 로크포르 치즈(roquefort cheese)의 숙성 시에 우유단백질인 카제인(casein)을 분해하고 리파아제에 의해서 지방산을 생성함으로써 고유한 향과 맛을 부여한다.

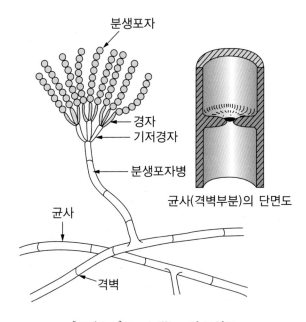

분생포자

경자
기저경자

분생포자병

균사(격벽부분)의 단면도

균사

격벽

[그림 1-6] *Penicillium*의 모식도

(5) 빨강곰팡이(*Monascus*속)

홍국(紅麴)곰팡이로서 균사(菌絲) 내에 홍색 또는 자홍색의 색소를 생성하므로 그 집락은 분홍색이다. 중국과 말레이시아의 발효주인 홍주(紅酒)의 적색은 *Mon. anka*의 색소에 의한 것이다. *Mon. purpureus*는 균사가 선홍색이며, 식용색소 생산에 이용되는 유용한 홍국균이다[그림 1-7].

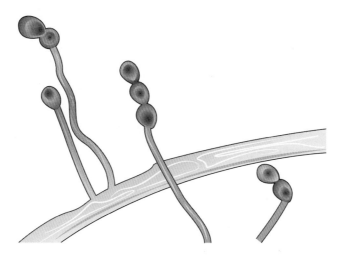

[그림 1-7] **홍국곰팡이 *Monascus. sp* 군락과 분생포자**

*Mon. purpureus*는 방부력을 갖는 적황색의 색소를 생산하며, 알코올 발효능과 아밀라아제, 프로테아제, 리파아제, 펙티나아제와 같은 가수분해효소들을 생산한다. 또한 콜레스테롤(cholesterol) 합성저해능을 갖는 모나콜린 K(monacolin K)를 생성하고, 혈압강하작용의 유효성분인 γ-아미노뷰티르산(γ-aminobutyric acid)을 생산한다. 홍국곰팡이는 전통 발효식품의 적색의 개선 및 기능성부여에도 기여할 수 있으며, 특히 홍국쌀은 색소 이외에 모나콜린 K 성분을 함유하고 있어 혈중콜레스테롤 개선용 건강기능식품의 기능성 원료로 이용되고 있다.

(6) *Neurospora*속

옥수수의 속대나 빵 등에 번식해서 오렌지색의 집락을 만드는 자낭균이다. *Neu. crassa*나 *Neu. sitophila*가 유전생화학의 연구와 비타민 A합성에 대한 연구에 이용되고 있다. 인도네시아에서는 땅콩 또는 콩 가공 부산물을 압착형성하여 곰팡이로 발효시킨 온쫌(Ontjom)을 제조하는데 *Neu. intermedia*가 이용된다. 온쫌은 인도네시아 전통 발효식품으로서 땅콩박, 비지 등을 원료로 하며 일정 두께로 압착하여 곰팡이 생육으로 표면에 오렌지색 포자를 갖는 스펀지 케이크 형태의 발효제품이다.

2) 효모(yeast)

효모란 알코올발효 때 생기는 거품(foam)이라는 뜻의 네덜란드어(語)인 'gast'에서 유래되었다. 효모는 곰팡이군과 같은 균류(菌類, Fungi) 중의 진정균류(眞正菌類, Eumycetes)에 속하며, 외견상 달걀형, 구형의 단세포로 생육하는 자낭균류(子囊菌類)에 속한다. 효모는 태고적부터 술을 만드는 데 관여했으며, 발효식품에 관여하는 효모들은 매우 다양하다. 빵효모(baker's yeast, *Saccharomyces cerevisiae*), 맥주효모(brewer's yeast, *Sacch. carlsbergensis*), 청주효모(sake yeast, *Sacch. sake*), 포도주효모(wine yeast, *Sacch. ellipsoideus*), 식용효모(food yeast) 또는 사료효모(fodder yeast)로 분류된다.

효모는 과실, 토양, 식물 등 자연계에 널리 분포되어 있으며, 모세포(母細胞, mother cell)의 일부가 출아(budding)하여 낭세포(娘細胞, daughter cell)를 만들면서 증식한다. 효모는 공기가 충분하면 호흡작용(respiration)을 하는데, 당은 주로 효모 증식 시에 에너지 공급원으로 이용된다. 그러나 혐기적 환경에서는 당류를 분해하여 에탄올과 탄산가스를 만든다. 효모의 생육최적온도는 25~30℃이며, 일반적으로 40℃를 넘으면 사멸하는 것이 많다.

효모의 영양원으로서 단당류인 포도당(glucose), 과당(fructose), 만노스(mannose), 갈락토스(galactose)는 양조효모에 의하여 탄소원(carbon source)으로 이용되는 발효성당(醱酵性糖)으로서 알코올 발효된다. 이당류 중 설탕(sucrose)과 맥아당(maltose)은 대부분 효모에 의해서 발효되나, 유당(lactose)은 일부 효모에 의해서만 이용된다. 삼당류인 라피노오스(raffinose)는 하면효모(bottom-fermenting yeast, *Sacch. carlsbergensis*)에 의해서는 모두 발효되나 상면효모(top-fermenting yeast, *Sacch. cerevisiae*)로는 1/3밖에 발효되지 않는다.

```
                        멜리비오스(melibiose)
                     ┌──────────────┐
라피노오스(raffinose) = 갈락토스(galactose) - 포도당(glucose) - 과당(fructose)
                                    └──────────────┘
                                       설탕(sucrose)
```

질소원(nitrogen source)으로는 무기질소원인 황산암모니아, 인산암모니아, 염화암모니아 등이 주로 이용되며, 유기질소원으로는 요소, 아미노산과 아마이드(amide), 펩톤(peptone), 효모추출물(yeast extract) 등이 있다.

무기염류는 인(P)과 칼륨(K)원으로 인산칼륨(KH_2PO_4, K_2HPO_4), 마그네슘(Mg)은 $MgSO_4 \cdot 7H_2O$의 형태로 잘 이용된다. 이외에도 철(Fe), 칼슘(Ca), 망간(Mn) 등 미량금속을 필요로 하는 경우가 있다.

생육인자(growth factor)로는 비오틴(biotin), 비타민B_1(thiamine), 이노시톨(inositol), 니아신(niacin), 판토텐산(pantothenic acid), 피리독신(pyridoxine) 등 주로 비타민 B-복합체에 속하는 물질들이 알려져 있다.

(1) *Saccharomyces*속

발효식품 및 발효공업에 가장 밀접한 관계가 있는 유용효모의 대부분이 여기에 속하며, 발효성 당을 이용하여 알코올을 생성하는 알코올발효 효모로 이용된다. *Sacch. cerevisiae*는 전형적인 맥주의 상면발효 효모로서 생육 중에 덩어리가 지면서 CO_2와 더불어 발효액의 위로 떠오른다. 포도당, 맥아당, 설탕, 갈락토스, 과당, 만노스, 라피노오스(1/3)를 발효시키며, 유당은 발효성 당으로 이용되지 않는다[그림 1-8].

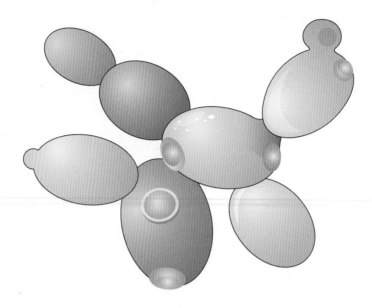

[그림 1-8] *Saccharomyces cerevisiae* 모식도

*Sacch. carlsbergensis*는 맥주의 하면발효 효모로 형태는 난형으로 *Sacch. cerevisiae*와 비슷하지만 발효 중에 뭉쳐진 효모의 균체가 밑으로 가라앉는 점과 라피노오스를 완전히 발효시키는 점이 다르다. 전형적인 포도주 발효효모인 *Sacch. cerevisiae* var *ellipsoideus*는 *Sacch. cerevisiae*보다 약 2배 크고 세포는 타원형이다. *Sacch. fragilis*와 *Sacch. lactis*는 유당 발효능이 있어서 우유를 원료로 한 알코올함유 발효유인 케퍼(Kefir)를 제조하는 데 관여한다. *Zygosaccharomyces rouxii*와 *Zygosaccharomyces mellis*는 내삼투압성 효모(osmophilic yeast)이며, 전자는 염농도가 높은 간장 숙성과정에서 지방질을 분해하여 특유의 향미를 주는 유익한 효모이다. 반면에 후자는 고농도 당을 함유하는 벌꿀, 잼 등에서 생육하여 가스 생성 등으로 품질을 저하시킨다. 내삼투압성 *Zygosaccharomyces* 효모는 일반적인 식품보존제로 사용되는 소르브산(sorbic acid), 안식향산(benzoic acid), 아세트산(acetic acid)에 저항성을 가지면서 식품저장에 어려움을 초래한다.

(2) *Schizosaccharomyces*속

아프리카의 바나나로 만든 토속주인 폼베(pombe)라는 술에서 분리된 *Schiz. pombe* 가 대표적인 효모이며 다른 양조 효모와 다르게 간균형태로 세포크기(3~4㎛ 직경, 7~14 ㎛ 길이)를 갖는다. 과실, 당밀, 설탕, 벌꿀 등에 분포하는 내삼투압 효모이며, 생육적온이 다른 효모보다 높은 37℃이다. 포도당, 맥아당, 설탕 외에 덱스트린(dextrin)과 이눌린(inulin) 등을 발효시키며 알코올발효능이 강하고, 전통 양조발효에 관여한다[그림 1-9].

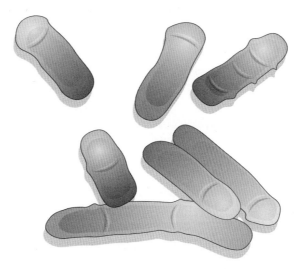

[그림 1-9] ***Schizosaccharomyces pombe* 모식도**

(3) *Pichia*속

발효액면에 피막을 만들어 생육하는 산막(酸膜)효모(film yeast)로서 당의 발효능은 미약하고 호기적 당 대사를 행한다. 유기산(organic acid)을 산화시키며 알코올을 탄소원으로 이용하여 분해 소화시키는 유해균이 대부분이지만 알코올과 유기산으로부터 에스터(ester)를 생성하여 포도주에 특유의 향기를 주는 균주도 있다. *P. alcoholophila*는 맥주나 포도주의 유해균으로 포도주에 이취(off-flavor)를 생성한다. *P. membranaefaciens*

는 10% 전후의 알코올 함유액에서 잘 생육하면서 알코올 및 에스터를 분해 소실시킨다.

(4) *Candida*속

세포는 구형 또는 장타원형이며 무포자 효모(Asporogenous yeasts)로서 포도당, 갈락토스, 설탕, 맥아당을 발효하고 자일로스(xylose)도 잘 이용한다. *C. mycoderma*와 *C. krusei*는 양조식품의 변패효모로 알려져 있고 액체배지에 건조피막을 만든다. *C. utilis*는 포도당과 설탕은 발효하나 맥아당, 유당은 발효하지 못한다. *Candida*속 효모에는 탄화수소를 자화(資化)하는 *C. tropicalis*, *C. rugosa*, *C. pelliculosa* 등은 단세포단백질(single cell protein) 제조용 석유 효모로 이용되고 있다. *C. rugosa* 건조 효모균체는 50% 이상의 조단백질과 무기질, 비타민 등으로 구성되어 있으며, GRAS (generally regarded as safe)로서 안전한 식품소재이다. 또한 *C. rugosa*는 단세포 단백질(single-cell protein, SCP) 이외에 세포 외 리파아제의 중요한 생산균주이다.

(5) *Torulopsis*속(또는 *Torula*속)

세포는 구형이고 무포자효모로서 당분이나 염분이 높은 환경에서 분리되며 식품의 변패에도 관계한다. *T. dattila*는 대추야자의 열매에서 분리되었는데 포도당, 설탕, 라피노오스를 발효한다. *T. glabrata*는 농축 오렌지 주스 중에 생육하며, *T. casoliana*는 15~20% 소금에 절인 오이에서 생육한다. *T. bacillaris*는 55% 당을 함유한 꿀에서 분리되었으며, *T. sphaerica*는 유당을 발효하여 유제품을 변패시킨다. *T. versatilis*는 간장발효 중에 볼 수 있는데, 간장에 특수한 향미를 주는 것으로 알려져 있다.

(6) *Rhodotorula*속

세포는 구형으로 무포자 적색효모(red yeast)이며 알코올 발효력은 없으나 적색 또는 황색의 카로티노이드(carotenoid)계 색소를 생성하는 것이 특징이다. 침채류에서 분홍색 반점을 형성하면서 품질을 저하시킨다. *R. glutinis*는 리파아제 효소 생산에 이용되며, 지방집적력이 강하여 유지효모(lipid yeast)로 알려져 있으며, 전체지방질이 효모 균체 무게 기준으로 60% 정도 포함한다.

(7) *Kluyveromyces*속

우유의 주된 탄수화물인 유당을 발효시키는 효모로, 치즈 가공 중에 생산되는 유청 (whey)의 발효는 유당불내증(lactose intolerance)을 유발하는 유당을 제거할 수 있다.

유청 또는 유당을 유일한 탄소원으로 생육하는 효모로서 *Kluyveromyces lactis*, *K. marxianus* (*K. fragilis*) 등이 있다. 또한 식품효소(food enzyme)인 펙티나아제, 레닛 (rennet), 리파아제 생산에 이용된다.

3) 세균

세균(細菌, bacteria)은 곰팡이와 효모에 비하여 작고, 주로 분열에 의해서 증식하는 분열균이다. 세균은 식품의 미생물적 변화에 관여하면서 유용한 발효를 유발하거나 또는 식중독의 원인이 되기도 한다. 한편 전통적인 식품발효, 양조산업 또는 아미노산발효 등 근대적 발효산업에 있어서도 세균은 중요한 역할을 한다. 세균의 크기는 종류에 따라 다양하지만, 간균의 경우 2.0~1.5×1.0~0.5μm 정도이다. 일반적인 세균의 크기는 [그림 1-10]에서 보여주고 있다.

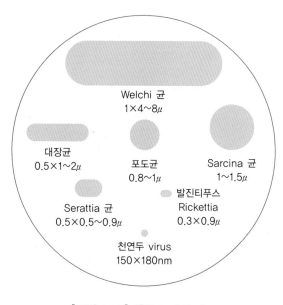

[그림 1-10] **세균 크기의 비교**

세균은 원핵세포(procaryotic cell) 생물이며, 주로 2분열법(fission)의 세포분열에 의해 증식하는 단세포생물이다. 분열 후의 모양이나 집합상태에 따라서 구균, 간균, 나선균으로 분류된다. 구균은 단구균(*Monococcus*), 쌍구균(*Diplococcus*), 4연구균(*Pediococcus*), 8연구균(*Sarcina*), 연쇄상구균(*Streptococcus*), 포도상구균(*Staphylococcus*)이 있다. 간균은 길이가 폭의 2배 이상인 것을 장간균이라 하고, 그 이하인 것을 단간균이라 한다 [그림 1-11].

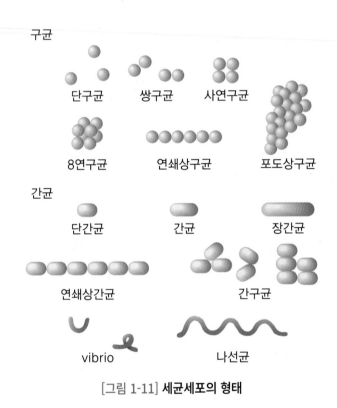

[그림 1-11] **세균세포의 형태**

미생물 생육에서의 산소요구성에 따라서 산소를 필요로 하는 세균(호기성균), 산소를 필요로 하지 않는 세균(편성혐기성균, 절대혐기성균) 또는 산소의 유무와 관계없이 생육 가능한 세균(통성혐기성균)이 있다.

호기성균인 *Acetobacter*속과 통성혐기성균인 젖산균들은 각각 식초생산과 젖산 (lactic acid)을 생산하여 발효식품에 맛과 저장성 및 기능성을 부여한다.

대표적인 호기성균인 *Bacillus*속과 혐기성균인 *Clostridium*속은 고온에서도 내성이 있는 포자(spore)를 형성하기 때문에 식품위생상 문제를 야기할 수 있으며, *Clostridium* 속의 포자는 통조림식품 살균의 기준이 된다. 세균의 분류는 세균동정편람(Bergey's Manual of Determinative Bacteriology)을 기준으로 하고 있다.

(1) 젖산균

당질을 분해하여 대사산물로서 주로 젖산을 생산하는 세균을 말하며, 그람 (gram) 양성의 통성혐기성균이다. 식품과 관련된 중요한 젖산균은 *Lactobacillus*속, *Streptococcus*속, *Leuconostoc*속, *Pediococcus*속, *Staphylococcus*속 등이 있다. *Leuconostoc*속은 당액, 야채, 과실, 우유 등에 주로 분포하는 hetero형 유산구균으로 포도당을 발효하여 젖산과 에탄올, 탄산가스를 생산한다.

*Leuc. mesenteroides*가 대표적인 균주로 생육온도는 비교적 낮은 20~22℃이며, 청 주 제조에 중요한 역할을 한다. 김치발효에서는 숙성에 관여하는 균주로 알려져 있으며, 야채발효 시에 설탕을 이용하여 젖산 및 포도당으로 구성된 고분자인 덱스트란을 만든 다. 제당공업에서는 당액이 흐르는 파이프 등에 생육하여 덱스트란을 만들기 때문에 점 도가 증가되어 흐름에 불리할 수도 있다. *Leuc. dextranicum*, *Leuc. citrovorum*은 우 유 중의 구연산을 발효해서 방향성분인 다이아세틸(diacetyl)을 만들며, *Streptococcus cremoris* 등은 유산구균의 생육을 촉진하므로 버터 밀크와 치즈 제조에서 스타터 (starter)로 이용된다.

젖산균은 포도당의 발효형식에 따라 정상젖산균(homo type)과 이상젖산균(hetero type)으로 구별되며 발효생성물은 아래와 같다.

정상젖산균(Homo type)
$C_6H_{12}O_6 \rightarrow 2CH_3 \cdot CHOH \cdot COOH$

이상젖산균(Hetero type)
$C_6H_{12}O_6 \rightarrow CH_3 \cdot CHOH \cdot COOH + C_2H_5OH + CO_2$
$2C_2H_5OH + H_2O \rightarrow 2CH_3CHOH \cdot COOH + C_2H_5OH + CH_3COOH + 2CO_2 + 2H_2$

표 1-6	*Lactobacillus*의 분류	
발효 양상	**특징**	**유산균 종류**
정상젖산균 (Homo type)	• 당으로부터 젖산 생산 • 가스 생성 안함	*L. bulgaricus* *L. delbrueckii* *L. thermophilus* *L. acidophilus* *L. plantarum* *L. casei* *L. lactis*
이상젖산균 (Hetero type)	• 당으로부터 50% 젖산, CO_2, 에탄올 생산	*L. fermenti* *L. brevis*

    *Lactobacillus*속의 발효분류를 [표 1-6]에서 나타내고 있다. *Lactobacillus*속의 경우에 정상젖산균은 증식의 최적온도가 28~32℃ 정도로 낮은 반면에, *L. bulgaricus*의 우유 발효적온은 40~45℃이며, 유당으로부터 다량의 젖산을 생성하므로 요구르트 제조에 널리 이용된다. *L. acidophilus*는 내산성이 강하여 장내에서 생육하고 정장작용이 강하여 젖산균제제나 발효유의 일종인 애시도필러스 요구르트 제조에 이용된다. 젖산균은 프로바이오틱스(probiotics)로서 항생제 대체물로 이용될 수 있다. 프로바이오틱은 사람이나 동물의 장내균총을 개선하여 유익한 영향을 주는 단일 또는 복합균주 형태의 생균을 말하며, 병원성세균의 억제능, 콜레스테롤 저하능, 면역증강 및 항암효과 등의 생리활성 및 기능성을 가진다. 따라서 프로바이오틱 유산균은 발효유, 유아식, 화장품, 건강보조식품 등에 사용되고 있다. *L. plantarum*은 치즈, 김치류, 사일리지(silage) 등의 발효에 주로 관여하는 젖산균이다. *L. sake*는 청주의 양조에 관여하며, *L. homohiochii*와 *L. heterohiochii*는 저장 중의 청주를 산패시킨다. 최근 장내에서 존재하는 프로바이오틱(probiotic), 프리바이오틱(prebiotic) 등이 상호작용을 통해서 건강에 도움을 주는 모든 물질을 파마바이오틱스(pharmabiotics)라 한다.

(2) *Bifidobacterium*속

    장내세균 중에서 그람 양성이며 유익한 편성혐기성 비피더스균은 젖산균과 같이 당을 발효하여 젖산을 만드는 작용을 하며, 초산도 생성한다. 즉, *Bifidobacterium*은

bifidum pathway를 거쳐서 젖산과 초산을 1:1.5의 비율로 생성한다.

> 2글루코스(glucose) → bifidum pathway → 3초산(acetate) + 2젖산(lactate)

또한, 비피더스균은 발효 시 탄산가스나 메탄가스 등은 전혀 생성하지 않으며, 단백질을 분해하여 암모니아, 아민, 황화수소 등의 독성물질을 만들지 않는다. 장내에서 증식하여 여러 가지 유익한 물질을 만들어 주어 몸에 이로운 작용을 하는 균이다. 이런 비피더스균은 아기의 장내, 성인 또는 동물의 소화관에 존재하며, 주요 비피더스균의 종류와 숙주는 [표 1-7]과 같다. 과거에는 혐기성균인 비피더스균을 배양하는 데 어려움이 있었으나 오늘날에는 아미노산, 당, 비타민 등의 합성배지를 사용하여 혐기적 배양 조건만 유지하면 비피더스균을 배양할 수 있다.

표 1-7	비피더스균의 종류와 숙주
균의 종류	**숙주**
Bif. bifidum	젖먹이, 성인
Bif. infantis	젖먹이
Bif. breve	젖먹이
Bif. longum	성인, 젖먹이
Bif. adollescentis	성인
Bif. animalis	흰쥐, 생쥐
Bif. pseudolongum	돼지, 닭, 소
Bif. thermophilus	돼지, 닭, 소
Bif. indicum	꿀벌
Bif. asteroides	꿀벌

*Bif. = Bifidobacterium

일본의 메이지제과 식료연구소(明治製菓 食料硏究所) 히다까(日高)에 의하면 프락토올리고당(fructooligosaccharide)이 비피더스균에 잘 이용되고 대장균이나 웰시균 등 부패균에 의해서는 이용되지 않는다. 올리고당은 장내의 비피더스균 생육을 촉진하는 것으로 확인되었으며, 비피더스균 증식촉진 물질로는 갈락토올리고당, 콩올리고당, 이소말토올리고당, 키틴올리고당, 키토산올리고당 등이 대표적인 프리바이오틱이다.

비피더스균은 다른 젖산균이 갖는 프로바이오틱스로서의 역할을 함과 동시에 인체에 생육하면서 아래와 같은 유익한 작용을 한다.

❶ 병원균의 감염으로부터 우리 몸을 보호한다.
❷ 장내의 부패를 억제한다.
❸ 비타민을 만들어 낸다.
❹ 장운동을 촉진하여 변비를 예방한다.
❺ 설사의 예방과 치료에 효과가 있다.
❻ 몸의 면역력을 강화시킨다.
❼ 발암물질(nitrosamine)을 파괴하여 암을 예방한다.

(3) *Bacillus*속

*Bacillus*속의 세균은 그람양성 호기성이고 자연계에 널리 분포하고 있으며, 생육이 부적합한 환경에서 내열성 포자를 형성하고 적당한 환경 조건이 주어지면 출아(出芽)하여 영양세포가 된다. 대표 균인 고초균(枯草菌, *Bacillus subtilis*)은 강력한 프로테아제와 아밀라아제를 생산하기 때문에 효소제의 생산균 또는 콩을 원료로 하는 장류나 청국장의 제조에 이용되어 왔다. 특히 고초균은 혈전분해효소, 점질물(r-PGA) 등의 기능성 물질을 생산하는 등 산업적으로도 유용한 균주이다. 납두(納豆)에서 분리된 납두균(*Bacillus natto*)은 고초균의 비오틴요구성 변종이다.

(4) *Clostridium*속

포자를 형성하는 그람양성 간균 중 편성혐기성 세균으로 통조림 부패세균으로 알려져 있다. *Clostridium*속은 토양 중에 많이 분포하며 먼지와 함께 동물, 생선, 곡류, 채소, 과일 등에 묻어 2차 오염으로 식품에 혼입된다. *Clostridium*속은 단백분해성(부패성)인 것과 탄수화물을 강력히 발효해서 초산, 탄산가스, H_2, 알코올, 아세톤을 생성하는 당질분해성인 것으로 분류된다. 육류나 생선에서 비롯되는 균은 단백분해력이 강해서 부패와 식중독을 일으키는 것이 많다. 식품에 분포하는 *Clostridium*의 대표적인 것은 [표 1-8]과 같다. *Cl. botulinum*, *Cl. perfringens* 등은 식중독균으로 유명하다. 특히 *Cl.*

*botulinum*은 치명적인 신경독소 단백질을 생산하는 위험한 세균이지만, botulinum 독소는 주름치료의 소재로 이용되고 있다. 아세톤 뷰탄올(Acetone-butanol)발효에 관계있는 균은 *Cl. acetobutylicum*, *Cl. madisonii* 등이고 부탄올 이소프로탄올(butanol-isopropanol) 발효에 관계있는 균은 *Cl. butyricum* 등이 있다.

표 1-8	식품 중의 *Clostridium*속
균	관여하는 식품
Cl. butyricum(당류분해성)	치즈, 산패우유, 녹말, 된장, 침채류, 어육소시지
Cl. pasteurianum(당류분해성)	산패과실통조림, 설탕
Cl. nigrificans(고온균)	통조림(옥수수, 시금치), 설탕, 녹말, 밀가루
Cl. sporogenes(단백질분해성)	육류, 소시지, 치즈, 수산연제품, 소금에 절인 고기
Cl. botulinum(식중독성)	연제품, 햄, 소시지, 통조림
Cl. welchii(식중독성)	냉동생굴, 수산연제품, 닭고기, 베이컨, 햄, 통조림, 과채류

(5) *Acetobacter*속

무포자, 그람음성의 호기성 간균이며, 에탄올을 호기적으로 산화하여 초산을 만드는 세균이므로 초산균으로 불린다. *Acetobacter oxydans*, *Acetobacter aceti*는 식초 양조에 사용된다. 포도주초 양조에 이용되는 *Acetobacter orleanense*, *Acetobacter rancens*도 있다. *Acetobacter xylinum*은 정치배양의 경우에 발효액 표면에 셀룰로스의 두꺼운 피막(microbial cellulose pellicle)을 만들며, 진탕배양에서는 셀룰로스 덩어리가 분산되는 현상을 보인다. 필리핀(Philippine)에서는 야자수나 파인애플 주스로부터 식용의 셀룰로스 막인 나타(nata)를 생산하는 데 이용되는 유용한 균이다.

*Gluconobacter*속은 주로 과실에서 분리되며, 얇은 피막을 만드는 간균으로 에탄올을 호기적으로 산화하여 초산을 만드는 균이다. 대표적인 *Gluconobacter suboxydans*는 TCA (tricarboxylic acid cycle)의 기능이 없으며, 포도당을 산화해서 글루콘산을 생산하는 능력이 있다.

A. aceti, *A. xylinum*, *A. peroxydans*는 *G. suboxydans*와는 달리 TCA기능을 포함하고 있어서, 에탄올을 아세테이트로 산화한 후 최종대사산물을 탄산가스로 완전히 산화시키는 능력이 있다.

(6) Corynebacterium속

그람양성이고 운동성이 없는 표주박(pleomorphic short rod) 모양의 간균으로 비오틴을 생육에 필요로 하는 균이다. Corynebact. glutamicum은 당질에서 글루탐산을 공업적으로 생산하는 데 이용되며 라이신(lysine), 메티오닌(methionine), 트레오닌(threonine), 페닐알라닌(phenylalanine), 트립토판(tryptophan) 등 각종 필수아미노산들을 공업적으로 생산하는 균주로서 이용된다. Corynebact. acetophilum, Corynebact. acetoacidophilum은 초산으로부터 글루탐산을 생산하며, Corynebact. petrophilum, Corynebact. hydrocarboclastus 등은 글루탐산을 생산하는 데 탄화수소를 이용한다.

(7) 대장균속(Escherichia속)

대장균은 그람음성으로 사람이나 동물의 대표적인 장내세균이다. 대장균군(coliform group)은 분뇨오염의 지표균인 동시에 식품의 부패세균으로 공중위생상 중요한 지표균으로 사용된다. 또한 유전학 및 생화학을 비롯한 미생물분야의 연구에 주로 이용되는 균이다.

3 발효 및 부패

미생물은 공기, 물 또는 토양 등 자연계에 무수히 존재하기 때문에 항상 식품에 부착될 수 있으며, 식품에는 그 자체에 가장 생육하기 쉬운 특정한 미생물군(microflora)이 있다. 미생물군을 좌우하는 인자에는 식품의 성분, 온도, 산소의 유무, pH, 수분함량 등의 영양적, 화학적 또는 물리적인 것이 있다. 식품은 미생물의 작용에 의해 색, 맛, 향과 조직감 등이 변화되어 식품의 품질에 큰 영향을 주는 발효 또는 부패가 일어난다. 미생물에 의한 발효와 부패현상은 모두가 미생물이 분비하는 분해효소들에 의해서 이루어지는 일종의 효소작용 결과이며, 식품원료와 발효환경에 의해서 좌우된다[그림 1-12].

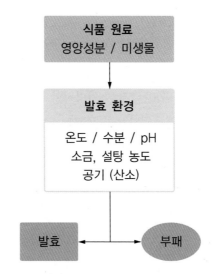

[그림 1-12] **발효환경 인자에 따른 발효와 부패**

발효(fermentation)는 미생물이 탄수화물을 에너지원으로 이용할 때 발효산물로서 알코올, 유기산, 탄산가스 등이 생성되는 현상을 말한다. 부패(putrefaction)는 주로 단백질이 암모니아, 아민 등으로 분해되어 불쾌취 및 유해 또는 유익하지 못한 물질을 생성하는 현상이다. 효모의 혐기적발효는 에너지 획득 수단이면서 탄수화물로부터 유용한 알코올을 생성하는 발효과정으로서 주류제조공정에서 중요하다.

$$C_6H_{12}O_6 \rightarrow 2C_2H_5OH + 2CO_2 + 27.9kcal$$

발효과정(fermentation)은 호기적 조건에서 당의 대사과정에서 보면 최종산물이 탄산가스와 물로 분해되며 세포의 증식에 이용될 수 있는 높은 에너지를 생산하는 호흡과정(respiration)과 비교된다. 이는 빵효모의 대량생산을 위한 조건으로 알코올발효와는 다르다.

$$C_6H_{12}O_6 + 6O_2 \rightarrow 6CO_2 + 6H_2O + 657.6kcal$$

　결국 어떤 기질에 미생물이 작용해서 얻어지는 결과가 목적에 부합되면 발효라고 정의하며, 유익하더라도 목적에 부합되지 않는 산물을 얻게 되면 이상발효 또는 부패라고 할 수 있다. 효모를 이용한 과실로부터 술을 만드는 양조업자에게는 발효산물인 술이 식초균에 의해서 산화되어 식초로 전환되는 것은 치명적인 경제적 손실을 주는 부패라고 볼 수 있다. 반면에 식초를 만드는 양조업자는 술로부터 더 많은 식초가 생산되기를 바라기 때문에 이것은 유용한 발효라고 볼 것이다.

4 균주개량 및 보존

　모든 발효식품들은 오랫동안 전통식품으로 섭취해오면서 안전성이 입증된 우수한 식품이다. 발효식품에 관여하는 미생물들은 본래의 식품소재에 존재하는 고유한 미생물로서 발효식품 제조에서 중요한 역할을 한다. 하지만 이들 발효식품에 관여하는 유용한 미생물들을 순수분리하여 균의 특징, 발효기작의 연구를 통하여 보다 효율적인 발효를 수행할 수 있다. 발효식품의 품질 및 위생 향상을 위해서는 발효식품제조에서 중요하게 관여하는 미생물을 분리한 후 이것을 순수배양하여 발효에 사용하는 것이 효과적이다.

　최근 유전공학과 분자생물학의 발전으로 미생물들의 발효능력을 향상시키거나 유용한 물질을 생성하도록 균주를 개량하는 것이 가능하다. 또한 균주의 기능이 유지되면서 장기간 보존할 수 있는 기술이 요구된다.

1) 균주개량

　자연발효식품에 관여하는 여러 미생물 중에서 주된 역할을 하는 균주를 분리한 후 순수배양하여 발효에 효과적으로 이용하기 위해서는 균주개량이 요구된다. 이런 균주들은 발효의 목적과 효율성을 위해서 인위적으로 탄소원 이용능 및 향기 생성능력 등을 부여하게 된다. 그 예로 일본에서는 소비자 요구의 다양화에 따른 주질의 개선을 위해서 청주양조용 효모인 *Sacch. cerevisiae*를 개량하여 알코올내성, killer toxin에 대한 내성 또는 향기 생성능력이 있는 개량 균주를 이용하고 있다.

　인공적으로 변이균주를 만드는 방법은 미생물의 유전자에 화학적 또는 물리적으로 변이를 유발시킴으로써 얻어질 수 있다. 이때 이용되는 변이유발원으로는 자외선 (ultraviolet), NTG (nitrosoguanidine), 질소 머스터드(nitrogen mustard) 등이 이용된다. 또한 유전자를 도입하는 방법으로 세포융합(cell fusion), 형질전환법(transformation)이 유용하게 이용되고 있으며, 고전압의 순간적인 충격에 의한 전기천공법(electroporation) 은 짧은 시간에 간단하게 다량의 형질변환균주의 획득이 가능한 방법으로 유산균, 효모, 세균 등의 유전자 도입에 효과적으로 이용된다. 생명공학의 발전으로 유전자 변형 생물 체(genetically modified organism, GMO)의 개발을 통해서 유용한 물질 생산과 신품종 (종자) 등의 개발이 가능하다. 특히 고초균, 곰팡이 유래의 GM미생물은 다양한 가수분 해효소 등의 상업용 식품효소생산에 활용되며, 대사공학, 신물질 생산, 항생제, 효소분 야에서 응용되고 있다.

2) 균주의 보존

발효공업이나 발효식품 제조에 이용되는 균주는 그 기능성이 항상 유지되도록 보존하 는 것이 매우 중요하다. 또한 균주 보존에서 균의 사멸, 변이, 잡균의 오염 등의 철저한 관리가 필요하다. 미생물의 보존방법으로는 계대배양법, 저온법, 동결법 및 동결건조법 등이 사용되어 왔다. 단기간 보존에는 0~4℃에서 미생물의 증식을 억제시키면서 일정기 간 보존이 가능하다. 하지만 미생물의 종류에 따라서 세포의 생육능력(viability)이 다르 며, 유산균의 경우는 1달 정도 보관이 가능하지만, 고분자 점질물을 생산하는 *Zoogloea ramigera*균은 이 정도 기간에서는 거의 모든 세포들이 생육능력을 소실하는 것으로 알 려져 있다. 영양세포나 포자를 일회용 유리관(ampule)에 넣어 -80℃ 액체질소에 보존 하는 방법이 보존성이나 해동 후의 생존율 면에서 가장 좋고 생리활성에도 거의 변화 가 없는 것으로 알려져 있다. 일반적으로 동결된 세포가 해동 후에 좋은 활성을 갖도 록 동결보호제(cryoprotective agents)를 첨가하여 동결시키며, 이에는 DMSO (dimethyl sulfoxide), 글리세롤(glycerol), 탈지유(nonfat milk), MSG (monosodium glutamate), 인삼엑기스 등이 사용되고 있다. 현재는 유산균, 효모 등 대부분 균주들이 동결건조법 (lyophilization)으로 처리됨으로써 균주를 필요로 하는 연구자들에게 공급이 용이하고 실온에서 수년간 보존이 가능하게 되었다.

현재 국내의 균주전문 보존기관으로 한국생명공학연구원 유전자은행의 KCTC (Korean Collection for Type Cultures; http://kctc.kribb.re.kr)가 있으며, 한국종균협회의 KCCM (Korea Culture Center of Microorganims, http://www.kccm.or.kr), 외국의 유명한 균주보존기관으로는 ATCC (American Type Culture Collection, http://www.atcc.org), NRRL (Northern Regional Research Laboratory, http://nrrl.ncaur.usda.gov) 등이 있다. 발효공업 및 발효식품제조에 관여하는 미생물의 기탁 또는 분양을 위해서 균주 전문기관들을 이용할 수 있다.

Chapter 02

간장류

1 간장의 분류

우리나라의 발효식품에 장(醬)은 콩을 원료로 하여 발효시킨 간장을 비롯한 된장, 고추장, 청국장, 막장 등이 있다. 콩 원료가 일정 염농도에서 미생물에 의해 발효됨으로써 맛이 형성되는 간장은 곡류와 채소류 위주의 식문화에 맛을 부여해주는 중요한 조미료로 조상의 지혜가 담긴 과학적인 발효식품이다. 오늘날 대부분의 양조간장은 세균을 접종하여 일정 발효기간에 효율적인 생산공정에 의해서 얻어지며, 필요에 따라서 산분해간장 등이 첨가되기도 한다. 현재 대량으로 생산되는 양조간장의 제조공업은 기술적 또는 학문적으로 일본에서 발전되어 장류공업에 큰 영향을 미치면서 다양한 장류를 생산하고 있다.

가공식품 제조 기준인 식품공전에 의하면 '장류'라 함은 동·식물성 원료에 누룩균 등을 배양하거나 메주 등을 주원료로 하여 식염 등을 섞어 발효·숙성시킨 것을 제조·가공한 것으로 메주, 한식간장, 양조간장, 산분해간장, 효소분해간장, 혼합간장, 한식된장, 된장, 조미된장, 고추장, 조미고추장, 춘장, 청국장, 혼합장 등을 말한다. 특히 간장은 단백질 및 탄수화물이 함유된 원료로 제국하거나 메주를 주원료로 하여 식염수 등을 섞어 발효한 것과 효소분해 또는 산분해법 등으로 가수분해하여 얻은 여액을 가공한 것으로 정의한다.

간장에는 원료와 제조방법에 따라 크게 조선간장(kanjang, soysauce, soybean sauce), 일본간장(soyu, 개량간장), 산분해간장 또는 어간장(fermented fish sauce)으로 구별된다 [표 2-1].

표 2-1   간장의 분류

분류	원료	발효미생물	종류
조선간장	콩(대두)	*B. subtilis*	재래간장(막간장, 겹장), 한식간장
일본간장	콩, 전분질	*Asp. oryzae*	양조간장, 다마리장유, 혼합장유
어(魚)간장	어체, 내장	단백질분해효소	어간장(한국), Patis(필리핀), Budu(말레이시아), Nuoc-mam(베트남)

조선간장은 콩만을 원료로 하여 곰팡이, 세균(*Bacillus subtilis*)이 주로 번식된 메주를 만들고 소금물에서 발효숙성된다. 반면에 일본간장은 콩 이외에 전분질 원료를 혼합이 용하며, 발효제인 코지 제조에 곰팡이 *Asp. oryzae*를 이용한다. 어간장은 생선의 어체, 내장을 원료로 하여 자체에 존재하는 분해효소에 의한 자기소화(autolysis)로 단백질이 분해되고 숙성된 발효액이다. 이는 주로 동남아 지역에서 중요한 소스(sauce)로 이용되고 우리나라에서도 일부 어간장이 생산되어 조미료로 이용되고 있다.

2 조선간장

조선간장의 제법은 비교적 간단하며, 크게 콩으로 메주를 만드는 과정과 메주와 염수 혼합액에서 발효숙성시키는 과정으로 분류할 수 있으며, 염수농도를 조절하는 것이 중요하다. 발효숙성이 끝나면 메주덩어리를 분리한 후 발효액을 열처리하여 살균하면 간장이 완성된다. [그림 2-1]은 조선간장 제조공정을 나타낸다.

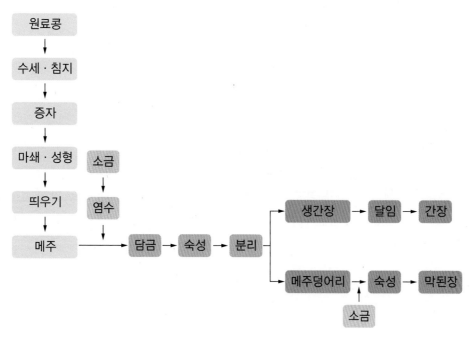

[그림 2-1] 조선간장 제조공정

1) 제조공정

(1) 원료 콩의 처리

원료 콩을 잘 씻은 후 8~12시간 동안 침지하여 증자한다. 불린 콩을 2시간 이상 푹 삶아 콩 단백질이 변성되도록 하며, 콩이 식기 전에 마쇄하는 것이 유리하다.

(2) 메주 만들기

증자한 콩은 절구나 분쇄기(직경 8~10mm)를 이용하여 마쇄한다. 마쇄된 증두는 적당한 크기로 성형을 하며 개인이나 지역에 따라 형태와 규격이 다양하다. 일반적으로 전라도 메주는 15×15×20cm 정도 크기이다. 성형된 메주는 볏짚을 깔고 약 2주 동안 겉말림을 한 후에 볏짚으로 메주덩어리를 묶어 따뜻한 방 안에 겨울동안 매달아 둔다[그림 2-2]. 이때 볏짚이나 공기로부터 곰팡이, 효모, 세균 등의 미생물들이 자연적으로 접종되어 생육하게 된다.

[그림 2-2] 메주

기업적인 메주생산의 경우, 메주건조는 30℃ 정도의 건조공기로 3일 정도 말리면 표면이 완전히 굳어진다. 이후 35℃ 정도의 환경에서 7일 정도 띄운 후 상온(15℃)에서 30일 정도 숙성하면 메주가 완성된다. 메주의 수분 함량은 24~35% 정도이며 pH는 6.5~7.6이다.

메주의 표면에는 주로 곰팡이가 많다. 특히 털곰팡이(*Mucor*)와 거미줄곰팡이(*Rhizopus*)가 주류를 이루며 내부에는 주로 고초균(*Bacillus subtilis*)이 증식하면서 독특한 메주 냄새를 내고 단백질분해효소 프로테아제와 전분질분해효소 아밀라아제 등 각종 효소를 분비한다. [표 2-2]는 메주발효 관련 미생물들의 종류와 특징을 나타낸 것이다.

표 2-2		메주제조에 관여하는 미생물	
미생물 종류	분포(%)	관련 미생물	특징
곰팡이	1%	*Mucor abundans* *Scopulariopsis brevicaulis* *Aspergillus oryzae* *Penicillium lanosum* *Aspergillus sojae*	• 주로 메주의 표면에만 존재 • 메주덩어리의 갈라진 틈으로 균사가 　발육하여 생성
세균	99%	*Bacillus subtilis* *Bacillus pumilus*	• 메주의 표면 및 내부에 분포 • 메주 내부에는 세균만 존재 • 강력한 단백질, 탄수화물 분해효소 분비
효모	0.01%	*Rhodotorula flava* *Torulopsis dattila*	• 향미생성에 관여

　최근에는 증자한 콩에 *Aspergillus oryzae*를 접종·배양하여 상품화한 알 메주 등의 개량메주는 일본식의 콩 코지에 해당하며 우리의 전통메주와는 미생물상 등이 완전히 다르다.

(3) 담금 숙성

　완성된 메주를 염수와 함께 항아리에 담는다. 음력 정월부터 3월 초 사이에 장을 담는 것이 일반적이다. 담금 과정에서 염수타기는 매우 중요한 작업으로 미생물의 생육 및 장의 숙성과 밀접한 관계가 있다. 옛날에는 소금과 물의 비율을 용량비로 하여 물 4말(斗, 18L)에 소금 1말(斗)로 사용했다. 이는 오늘날 장 담그기의 염농도 표준(Be′ 19°)과 유사하다. Be′(Baumè)도는 물을 0°로 하고 10%(w/w) NaCl 용액을 10°로 규정한 것이다.

　메주는 표면을 물로 씻고 2~3쪽으로 쪼개서 햇빛에 충분히 말려서 사용한다. 담그는 시기는 음력으로 1~3월 사이인데, 1월에 담그는 장(正月장)은 3월 장에 비하여 소금양을 조금 적게 사용한다. 담금이 끝나면 액면 위로 나온 메주덩어리에 소금을 한줌씩 얹어 놓아서 노출된 메주의 표면에 잡균이 붙지 못하도록 한다. 발효숙성 중에는 햇빛이 있으면 뚜껑을 열어주면서 액면에 생길 수 있는 산막효모의 발생을 억제하여 간장의 풍미저하를 예방한다.

조선간장덧(소금+메주)의 숙성 중에 관여하는 미생물로는 호기성 세균인 *Bacillus* 속과 내염성 젖산균 및 내염성 효모류가 있다. 이중에서 내염성 젖산균과 내염성 효모는 간장의 독특한 풍미형성에 크게 관여한다. 젖산균으로는 *Pediococcus halophilus*, *L. casei*, *L. plantarum*, *Leuc. mesenteroides* 등이 있으며, 효모에는 *Zygosacch rouxii*, *Torulopsis dattila* 등이 관여한다. [그림 2-3]은 조선간장의 숙성기간 중 미생물상의 변화를 나타낸다. 간장덧의 젖산균과 호기성 세균 및 효모는 숙성 중에 증가했다가 감소하는 경향을 보이며, 살균 후에는 젖산균과 효모가 거의 사멸된다.

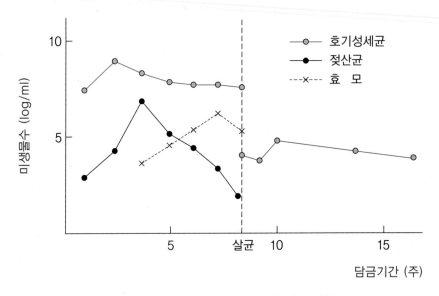

[그림 2-3] 조선간장 숙성 중 미생물상의 변화

(4) 여과와 달임(살균)

숙성 후에 액체부(간장)와 고형물부(메주)를 분리하는 작업을 가르기(여과)라 한다. 메주덩어리를 건져내고 항아리 바닥에 침전된 메주 부스러기를 체로 받쳐서 분리한다. 달이지 않은 간장은 생간장으로 각종 효소나 미생물이 잔존하며 미숙한 맛과 풍미를 갖는다. 생간장의 저장성을 높이고 풍미와 색깔을 향상시키기 위해서 달이게 된다. 동시에 생간장은 끓는 상태에서 10~20분 정도 가열시킴으로써 간장을 농축시키는 효과도 있다.

2) 일반성분 및 식품학적 의의

　조선간장의 일반성분은 장류의 종류와 지역, 제조자, 제조방식 등에 따라 크게 차이가 있다. 장류의 성분은 아미노산과 당류, 발효산물인 알코올과 유기산, 소금을 주성분으로 하여 구수한 맛, 단맛, 고유 향미, 짠맛이 조화된 천연의 조미료이다. 조선간장은 개량간장에 비해 염분이 더 많은 편이다. 조선간장에 함유된 유기산은 뷰티르산(butyric acid), 프로피온산(propionic acid), 아세트산(acetic acid), 포름산(formic acid) 등이다. 간장 맛을 좌우하는 아미노산은 영양적으로도 중요한 성분이며 숙성기간에 따라 큰 차이가 생긴다.

　조선간장의 염분농도는 19~27%로 상당히 높으며, 총질소는 0.36~0.95%로 큰 차이가 있다. 총산은 0.5% 전후이며 당질과 환원당의 함량은 각각 1.2%, 0.8%로 원료에 따라서 차이가 생길 수 있다. [표 2-3]은 콩 메주로 만든 장류의 일반성분이다.

표 2-3	콩 메주로 만든 장류의 일반성분					(단위: %)	
종류	수분	회분	조단백질	조지방	조섬유	탄수화물	소금
대두	9.0	4.6	38.0	20.7	4.7	23.0	0.2
재래메주	3.2	4.1	43.0	17.8	5.8	6.1	0.3
조선간장	68.9	24.2	4.4	0.1	-	2.3	23.6

　간장은 우리나라 전통 발효식품이면서 장기간 저장할 수 있는 기본적인 조미료이다. 장류는 곡류위주의 식생활에서 부족한 제한 아미노산을 보충해 주며 맛을 부여해 준다. 콩을 사용하여 메주를 만드는 과정은 자연의 미생물에 의존하는 발효방식으로 콩 단백질을 효과적으로 이용하는 과학적인 방법이다.

3 일본간장

일본간장(Japanese Shoyu)은 대두의 가수분해에 의한 고기 맛과 짠맛을 갖는 갈색 또는 검은색 액체로 전분원료인 밀을 첨가하여 제조된다. 일본식 간장제조는 호기적 조건의 고상에서 곰팡이를 키우는 코지제조과정과 숙성과정에서 유산균과 효모에 의한 혐기적 액침발효과정으로 구분할 수 있다. 소금용액(18%)에서 *Asp. oryzae* 또는 *Asp. sojae* 가 분비하는 효소들에 의해서 콩 단백질과 탄수화물이 분해된다.

일본간장은 짠맛과 향미, 색깔을 부여해주는 조미료로 곡류, 생선, 두부, 발효 콩, 야채 등을 위주로 한 일본인의 담백한 식사에 매우 중요하다. 일본간장의 80% 이상은 검붉은 갈색과 강한 풍미를 가진 koikuchi 형태로서, 이는 대두와 밀을 동량 혼합하여 *Asp. oryzae*의 가수분해효소에 의해서 가수분해된 후 발효숙성과정에서 젖산균과 효모에 의한 젖산 또는 알코올발효가 수반되며 비교적 고온에서 살균처리된다. 일본간장의 나머지 10% 정도는 usukuchi 형태로서 전체 질소 함량은 1.2%이며 밝은 색을 띤다. 일본에서 많이 생산되는 또 다른 간장(shoyu)은 tamari 형태로서 주로 콩을 원료로 하면서 일부 밀을 사용하여 제조되는 일종의 중국 간장(Chinese soy sauce)이라고 할 수 있다.

1) 원료

일본간장의 주원료는 대두, 탈지대두, 소맥, 식염 등이 사용되며 부원료로는 밀기울, 쌀, 캐러멜색소 등이 사용된다.

(1) 대두

간장의 주원료인 대두는 쌀과 맥류의 다음가는 주요 작물 중 하나이다. '밭에서 나는 고기'라 할 정도로 대두의 단백질과 지질 함량이 매우 높다. 또한 탄수화물, 식이성 섬유, 비타민류를 비롯하여 필수지방산과 레시틴 및 플라보노이드 등을 함유하여 대두의 식품영양적 가치는 매우 높다. 대두의 성분은 품종, 산지, 토질, 기후 등에 따라 차이가 있으며, 최근에 수확량과 경제성을 위해서 유전자 조작된 대두가 일부 이용되고 있다. 산지별 대두의 일반성분은 [표 2-4]와 같다.

표 2-4	대두의 일반성분					(단위: %)
생산지	수분	조단백	조지방	탄수화물	조섬유	회분
한국	10.75	37.75	18.66	25.24	3.35	4.32
중국	10.93	37.26	19.95	21.96	5.39	4.43
일본	14.40	37.21	17.01	23.60	3.22	4.38
미국	11.57	40.36	13.38	13.13	3.89	3.43
만주	9.64	40.52	17.13	14.33	5.44	4.52

국내에서 생산되는 간장을 포함하여 장류, 대두유 등에 수입산 콩이 많이 사용되는데, 이는 수입산 콩의 가격이 낮고, 국내산 콩 자급률이 낮기 때문이다. 2014년 국내 콩 생산량은 14만톤 정도이다. 2014년 대두 총수입량은 129만 톤이었으며, 식용 GM 콩으로 수입된 양은 102만 톤으로 수입 비중의 80%로 추청되며 대부분 착유용 및 가공용으로 이용된다.

(2) 탈지대두

일본간장제조에서는 간장 제성과정에서 여과 후에 얻어지는 고형분은 간장박(粕)으로 식품에 활용되지 못하기 때문에 낮은 가격으로 콩 단백질을 보충할 수 있게 하기 위해서 주로 탈지대두를 이용한다. 대두를 헥산(n-hexane), 헵테인(n-heptane) 및 혼합 유기용매를 사용하여 유지를 추출·분리한 후 건조시켜 탈지대두박을 회수한다. 탈지대두는 50% 정도의 조단백질을 함유하며 일반성분은 [표 2-5]와 같다.

표 2-5	탈지대두의 일반성분					(단위: %)
수분	조단백질	조지방	당질	섬유	회분	수용성질소
8.0	49.0	0.4	33.6	3.0	6.0	27.0

용매를 회수할 때 가열온도는 탈지대두단백질의 성상 및 기능성(functional properties)에 영향을 줄 수 있으며, 가열온도가 높을 때에는 단백질이 열변성을 일으켜 글로불린(globulin)태인 글리시닌(glycinin)은 글루텔린(glutelin)태로 변성되어 보다 더 불용성

으로 된다. 탈지대두의 변성률은 탈지대두박의 수용성 질소의 양과 원료대두의 수용성 질소 양의 비로 나타낸다.

$$변성률(nitrogen\ solubility\ index) = \frac{탈지대두의\ 수용성\ 질소}{원료대두의\ 수용성\ 질소} \times 100$$

탈지대두의 단백질 변성과 가열의 관계는 [그림 2-4]와 같다. 간장의 발효숙성과정에서 효과적으로 효소에 의해 가수분해가 되도록 탈지대두의 열변성 정도와 이에 따른 기능성의 관계를 고려해야 한다.

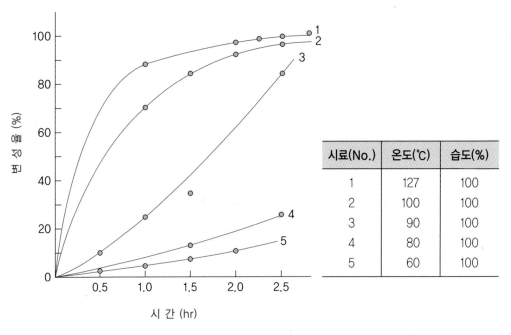

시료(No.)	온도(℃)	습도(%)
1	127	100
2	100	100
3	90	100
4	80	100
5	60	100

[그림 2-4] 가열조건에 따른 탈지대두의 열변성

(3) 전분질 원료

전분질 원료로 주로 밀(소맥)이 이용되며, 소맥은 약 80% 이상이 전분질과 12% 정도의 단백질, 12% 수분을 함유하고 있으며, 배유, 배아, 밀기울이 각각 83:2:15 중량비율로 구성된다. 밀은 장유덧 중에서 발효를 유도하며, 독특한 향기나 색택을 형성하는 역할을 한다. 밀기울(wheat bran)은 코지용으로 첨가되거나 간장덧에 소맥과 혼합해서 사용하는 경우가 있다.

(4) 식염 및 용수

장유담금에서 가장 중요한 원료 중의 하나가 소금이며, 제품의 맛과 직접적인 관계가 있다. 소금은 정제염과 천일염, 암염 등으로 분류되며, 90% 이상의 NaCl을 포함하고 다양한 염($CaSO_4$, $MgSO_4$, $MgCl_2$, KCl)을 함유하고 있다. 쓴맛을 부여하는 $MgCl_2$나 제품의 색택에 영향을 미치는 철분 함량이 낮은 식염을 사용한다.

식염의 용해도는 온도 상승에 크게 영향을 받지 않으나 약간씩 증가하며, 이들의 관계는 [표 2-6]과 같다. 용수(用水)도 장유제조에서 중요한 원료이며 염수제조, 대두처리 및 잡용수 등으로 사용된다. 물은 칼슘, 마그네슘 염류의 용해량에 따라 경수와 연수로 구별된다. 산화칼슘으로 환산한 이들 염류가 물에 1ppm 함유하는 경우에 경도 1로 하여 4도 이하를 연수, 4도 이상을 경수라고 한다. 국균의 번식을 위해서는 무기성분의 영양분이 더 함유된 경수가 유리하나 담금에서 식염의 사용으로 다량의 염류가 함유되기 때문에 용수의 차이로 인한 영향은 거의 없으며, 가능하면 철분 함량이 낮으면서 음용가능한 물이면 좋다.

표 2-6	식염의 용해도	
온도(℃)	소금(g/100g 물)*	염농도(%)
0	35.8	26.2
10	35.9	26.3
20	35.6	26.4
50	36.7	26.6
100	39.4	28.7

*물 100g에 용해되는 NaCl의 g 수

2) 제조공정

일본간장의 제조공정은 원료처리공정, 발효공정 및 제성공정으로 구분할 수 있다. 원료는 대두와 밀을 사용하며, 발효제로서 코지와 발효숙성 과정에서 추가로 접종된 *Ped. soyae*와 *Zygosacch. rouxii*들이 장유의 숙성에 관여한다. 숙성된 간장덧은 압착여과하여 고형분과 액상으로 분리시킨 후 가열처리공정을 거친다. [그림 2-5]는 대표적인 일본간장 제조공정도를 나타낸 것이다.

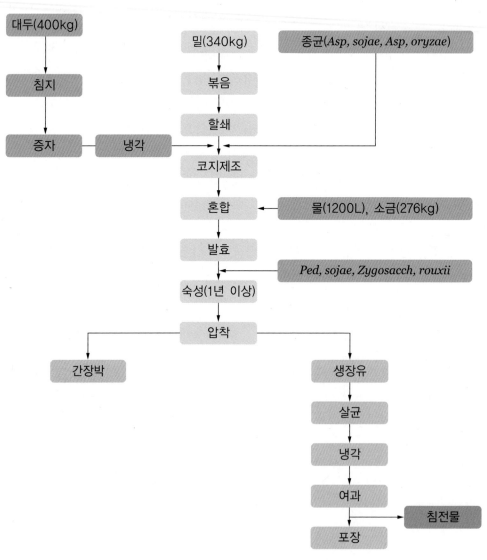

[그림 2-5] **일본간장**(koikuchi shoyu) **제조공정도**

(1) 원료의 처리

대두는 위생적으로 세척 및 침지한 후 발효과정 중에 효소에 의한 가수분해를 최적화하기 위해서 단백질의 효과적인 열변성되는 것이 필요하다.

① 대두의 침지

정선된 대두는 세척 침지한다. 대두를 실온에서 10~15시간 침지하면서 잡세균의 생육을 방지하기 위해서 수 시간 간격으로 물을 갈아 준다. 대두의 침지율은 대두의 품종, 물의 온도 등에 따라 차이가 있다. 대두의 침지 정도는 150% 함수율로 하는 것이 적당하며, 이때 대두는 원대두 중량의 2.5배 정도 된다. 여름철에는 6시간, 봄·가을에는 8~12시간, 겨울철에는 18시간 정도가 적당하다. 50℃ 이상의 온도에서의 침지는 대두성분(수용성 고형분)의 용출에 의한 손실로 부적합하다.

② 대두의 증자

수화된 콩은 N.K(일본 Kikkoman)회전식 증자관에서 1kg/㎠ 게이지(gauge) 압력의 수증기로 1시간 동안 가열한 후 단시간 내에 급냉시킨다. 대두증자의 목적은 원료 살균과 코지의 곰팡이 효소인 프로테아제에 의한 대두 단백질의 분해를 용이하게 하므로 질소 이용률과 밀접한 관계가 있다.

• 단백질의 변성

콩 단백질은 글리시닌과 콘글리신닌(conglycinin)으로 구성된 구상단백질로 이들의 3차 구조는 소수결합, 수소결합, 이황화(disulfide)결합 등으로 이루어져 있다. 열처리에 의해서 치밀한 구상구조의 콩 단백질(native protein)이 풀어지면서 입체구조에 변화를 일으켜 변성(denaturation)된다. 변성 단백질(denatured protein)은 가수분해효소들의 분해작용에 의해서 효과적으로 펩타이드(peptide)나 아미노산을 생성할 수 있다. 콩 단백질의 변성이 불충분하거나 과변성되어 불용성의 상태로 될 경우에는 발효과정에서 단백질 가수분해효소에 의한 분해가 어렵게 되며 숙성 후에도 그대로 남게 된다. 미변성 단백질을 포함하는 장유는 끓이는 과정에서 단백질 변성으로 인한 침전물이 형성되면서 제품의 혼탁을 유발한다. 이런 간장은 맛이 거칠고 혼탁되기 쉬워 제품의 품질이 저하된다.

열처리에 의한 단백질의 부분적인 변성은 처리온도와 처리시간에 의해서 결정된다. 고온에서 장시간 열처리에 따른 단백질의 과도한 변성은 오히려 변성된 단백질들의 노출된 소수성잔기들의 결합에 의한 불용성 물질(단백질의 2차 변성)을 형성하게 되어 단백질 가수분해효소에 의한 분해가 어렵게 된다. 일반적으로 효과적인 단백질의 열변성 조건은 고온에서 단시간 처리하는 것이 바람직하며, 고온에서의 열처리를 위해서는 대기압보다 높은 압력에서 수행된다. 가열온도와 증자압력 및 증자시간을 달리하여 얻은 변성 대두를 37℃에서 7일간 효소처리한 후의 단백질분해율은 [표 2-7]과 같다.

표 2-7	증자압력과 시간에 따른 변성대두의 효소분해율	
증기압력(kg$_f$/㎠)(온도)	증자시간(분)	분해율(%)
0.9(117℃)	45	86.13
1.8(131℃)	8	91.40
2.0(133℃)	5	91.60
3.0(143℃)	3	92.99
4.0(152℃)	2	93.74
5.0(159℃)	1	94.50

• 단백질의 변성방법

콩 단백질을 변성시키는 방법은 평압증자법에서 고온단시간처리법으로 발전되어 왔다. 평압법은 콩을 솥에 넣고 삶거나 불린 콩을 쪄서 사용하였다. 일본의 N.K (Nippon Kikkoman)증자관이 널리 이용되며, N.K식 증자는 회전증자와 진공냉각하는 방법이 행해진다[그림 2-6].

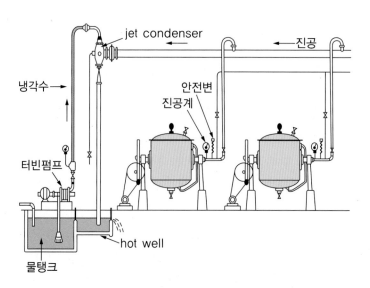

[그림 2-6] N.K증자관

최근에 고온단시간연속 처리법은 비연속 작업형태인 N.K식의 결점을 보완하는 방법으로 콩을 대량으로 연속 처리할 수 있는 방법으로 질소의 이용률이 N.K식보다 7~8% 향상되었다.

• **탈지대두의 처리**

탈지대두의 성상이 분말이므로 열수(90~100℃)를 살포하고 이때 살수량은 원료중량의 120~130% 정도가 적당하다. 탈지대두 역시 가압증자법으로 열처리가 가능하다. 충분히 수분을 흡습한 원료는 증자관 내의 증기(1kg/㎠)에서 1~2시간 동안 증자된다.

• **소맥, 밀기울의 처리**

소맥의 처리는 제국과정 전에 밀의 볶음과 할쇄(割碎)과정을 말한다.

볶음

밀을 볶는 목적은 소맥 중의 수분이 고열에 의해 급격히 팽창되면서 할쇄를 용이하게 하고 전분을 호화시켜서 제국 시에 효소의 작용을 용이하게 하는 것이며, 탈지대두와 혼합할 때 수분을 조절하는 데 있다. 또한 미생물을 사멸시키고 적당한 착색과 향기를 부여한다.

할쇄

볶은 밀은 수분이 4% 정도 되며, 40℃ 정도로 냉각하여 roll분쇄기로 할쇄한다. 타개는 정도는 30~50% 정도가 적당하며 어느 정도 분말을 갖는 것이 좋다. 할쇄의 목적은 국균이 번식할 수 있는 표면적을 증가시켜서 효소작용을 도와주며, 수분을 조절하여 제국을 용이하게 하는 데 있다.

(2) 제국

간장제조를 위한 제국(koji making)은 증자된 대두 또는 탈지대두와 할쇄된 소맥을 혼합하고 종균(種菌)을 접종한 후 국실 내의 온도와 습도를 적절히 관리하면서 국균을 증식배양시켜 필요한 단백질, 탄수화물 가수분해효소들을 생성시키는 작업을 말한다.

① 국균

장류국에 사용하는 국균은 주로 *Asp. oryzae*와 *Asp. sojae*이고, 그 외에 다수의 변종이 있다. *Asp. oryzae*는 황국장모균이며, 프로테아제 활성보다 아밀라제 활성이 더 강하다. *Asp. sojae*는 황국단모균으로 효소역가는 프로테아제 활성이 강한 것이 특징이다. 국균의 효소는 균체 외로 분비되는 효소로서 탄수화물 분해효소인 아밀라아제, 말타아제(maltase), 인버테이스(invertase), 셀룰라아제(cellulase) 등이 있고, 단백질 분해효소로서 펩신(pepsin), 트립신(trypsin), 펩티다아제(peptidase) 등과 산화효소인 과산화효소(peroxidase), 산화효소(oxidase), 카탈라아제(catalase), 리파아제 등이 있다.

국균 *Asp. oryzae*의 프로테아제(protease) 생산을 위한 발효온도는 저온(25℃)이 좋으며 아밀라아제 생성에는 35℃ 정도가 좋다. 또한 *Asp. oryzae*는 산성과 알칼리성에서 활성을 나타내는 7종류의 프로테아제를 생산하면서 단백질을 효과적으로 분해시킬 수 있다. 반면에, 간장 코지는 저온에서 제국하는 것이 유리하며, 50시간 전후에 프로테아제 생성이 최고치에 달한다. 간장의 풍미면에서는 4일 제국이 유리하다. 일반적으로 곰팡이를 이용한 코지 제조 시에 가수분해효소의 생산을 최적화하기 위해서 원료의 수분함량이 중요하다.

② 종국

종국(seed koji)은 코지를 띄우기 위해서 원료에 접종해 주는 일종의 곰팡이 스타터 배양물을 말한다. 선택된 국균을 증자된 쌀, 보리쌀, 좁쌀 등에 접종하여 최적 생육온도에서 가급적 순수배양하며 배양된 종국은 저온 건조시켜서 수분을 5~8%로 만든다. 간장용 종국은 보통 3×10^9/g의 포자를 함유하며, 이중 80% 정도는 활성이 유지되어 발아되어야 한다. 종국의 사용량은 일반적으로 원료에 대하여 0.1~0.2% 정도의 배양물을 사용한다.

③ 제국법

제국을 실시하는 방법은 거적국법, 상자국법, 기계제국이 있으며, 중소공장에서는 국실에 의한 제국이 일반적이며 대규모 공장에서는 기계제국이 행해지고 있다. 국실은 온도, 습도, 환기조절이 용이해야 하며 조작이 간편하고 살균을 할 수 있는 구조이어야 한다.

거적국법은 가장 고전적인 방법으로 간단하나 양질의 코지를 얻기 위해서는 부적합한 방법이다. 증숙해서 냉각된 원료를 국실 내의 거적 위에 옮기고 종국을 잘 혼합하여 일정 두께로 분산시켜 37℃ 이하의 온도에서 4일 동안 발효시킨다. 이렇게 제조된 코지를 4일국이라 한다.

상자국법은 개량된 방법으로 국실 내에서 국상자를 이용하여 실시하며, 이들 상자(30×45×6cm)에 종국과 혼합된 원료를 담아서 제국한다. 온도조절이 거적국법에 비해서 용이한 장점이 있다.

기계제국법은 통기조절과 품온의 조절이 용이하여 좁은 면적에서도 효율적으로 강력한 프로테아제를 갖는 코지를 만들어 원료의 이용률을 높이고 잡균의 오염도 방지할 수 있다. 기계제국에서는 통기량과 공기의 온도를 조절하면서 3일국 또는 4일국 제국과정 중의 품온변화를 27℃에서 최고 31℃범위에 있도록 한다. [그림 2-7]은 기계제국의 송풍온도와 품온의 변화를 나타낸다.

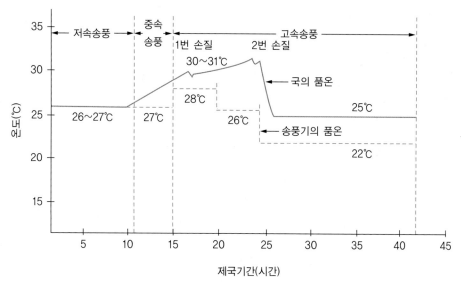

[그림 2-7] **기계제국의 송풍온도 및 품온의 변화**

④ 제국공정

증자한 탈지대두와 할쇄한 소맥의 배합률은 원료용량으로서 5:5 또는 6:4의 비율로 혼합한다. 일반적으로 원료 125kg에 대하여 종국 70~80g(포자수 2×10^9/g) 정도를 균일하게 혼합한다. 국실에서 20시간 전후에 국균은 발아하고 품온은 상승한다. 이때 손질과 옮겨쌓음을 하면서 품온의 상승을 조절하게 되며 입국 후 72시간 만에 출국하게 된다. 코지제조과정에서 원료의 전체 질소 함량은 거의 변화가 없으나, 전체 탄수화물 함량은 25% 정도가 곰팡이 생육과정에서 감소된다.

⑤ 코지 중의 미생물

개방적으로 제조되는 간장용 코지에는 각종 미생물이 다수 존재한다. 코지에는 접종된 곰팡이 이외에 *Bacillus*균, 젖산균 및 효모 등이 존재하면서 간장덧의 발효 및 간장의 품질에 영향을 미친다. *Bacillus*균은 코지의 pH를 상승시키며, *Ped. sojae*는 젖산을 생성하기 때문에 pH를 저하시킨다. 특히 코지 중의 효모균 수는 제국일수의 경과에 따라 증가되며, 대부분의 효모들은 식염농도 0~10%에서는 잘 생육하나 15~18%에서는 생육이 거의 억제된다.

(3) 담금

간장용 코지를 양조용기에서 식염수와 혼합해서 간장덧을 만드는 조작을 담금이라고 한다. 용기는 5KL의 나무통이나, 18KL의 콘크리트 탱크 또는 90KL 정도의 대형 스테인리스 용기를 사용한다.

① 담금공정

담금에서 염수의 농도와 급수량(급수비)은 간장의 숙성과 품질에 큰 영향을 미친다. 원료 1L에 대하여 1.1~1.3L의 염수로 담금하는 것이 일반적인 급수비로 되어 있다. 원료 1L를 무게로 환산하면 대두는 0.72kg, 소맥은 0.75kg, 탈지대두는 0.6kg에 해당한다. 급수가 적으면 진한 장유를 얻을 수 있으나 질소의 이용률이 저하되는 단점이 있다. 담금 시 −5℃의 염수를 사용함으로써 산생성균들의 생육이 억제되어 간장덧의 pH 저하가 지연되면서 단백질분해효소들의 활성이 유지되고 질소이용률을 향상시킬 수 있다.

담금에 있어서 염수의 농도는 매우 중요하다. 대두 단백질은 코지균 프로테아제에 의하여 대략 90%까지는 수용성이 되고 60%까지는 아미노산으로 분해된다. 식염 농도가 적당히 낮으면 총질소 및 아미노질소의 용출이 좋고 발효가 양호해서 잔당이 적게 되며, 간장의 색은 짙어지고, 산미를 띄게 된다. 반대로 식염의 농도가 높으면 코지의 효소작용에 지장을 주어 단백질이 아미노산으로 전환되는데 영향을 줄 수 있다. NaCl 23.2~24.6%의 염수를 사용하며, 최종 간장덧의 염농도는 16.5~18% 정도가 적당하다.

> **담금공정의 예**
>
> 1kℓ 원석(原石)(국원료)당 55:25:20, Be'18.93°, 급수(汲水)비 12.2수(水)라 하면, 사용 원료 1kℓ 중 탈지대두 550L, 소맥 250L, 밀기울 200L의 비율로 되어 있는 원료를 제국해서 Be'18.93°(식염 22.72g/100mL) 식염수 1.22kℓ 중에 담금한다는 것을 의미한다.

(4) 숙성

곰팡이에 의해서 생성된 각종 효소를 포함하는 코지와 식염수를 가하여 담금하면 이들 효소는 원료국의 성분에 작용하여 단백질, 탄수화물 등을 가수분해시키며, 간장덧 중의 효모와 세균들이 분비하는 효소들이 작용하면서 복잡한 생화학적 변화를 일으켜 맛과 풍미가 부여되는 과정을 숙성이라 한다. 전통적인 발효는 자연적인 온도에서 1~3년 동안 계속 숙성되어 색과 맛이 더 강해진다.

① 간장덧의 관리

담금 직후에는 코지가 식염수에 잘 분산되도록 매일 한 번씩 교반을 하며, 후기에는 2~3일에 한 번씩 교반시키면서 6~12개월간 숙성시킨다. 덧을 교반하는 목적은 효소의 용출을 용이하게 하여 숙성을 촉진시키며, 간장덧의 온도를 균일하게 하고, 공기를 공급하여 발효미생물들의 정상적인 발효를 도와준다.

② 간장덧의 미생물

간장 양조에 관여하는 미생물은 국균, 효모, 젖산균, 고초균으로 볼 수 있으며, 특히 곰팡이 *Asp. oryzae* 또는 *Asp. sojae*는 간장 양조에서 필수적인 미생물이다. 장유덧은 염분이 18% 정도이므로 주로 내염성 미생물들이 관여하는데, 발효숙성에 영향을 주는 것은 내염성 젖산균으로 *Ped. cerevisiae (Ped. sojae)* 또는 *L. delbruckii*와 내염성 효모로서 *Sacch. rouxii (Zygosaccharomyces rouxii)*이다. 국균은 제국과정에서 대두나 소맥 중의 단백질과 전분질을 분해하여 가용화시키지만, 간장덧 중에서는 포자의 상태로 일정기간 존재한다.

간장덧 중에서 비내염성의 젖산균은 18%의 염수 중에서 급격히 사멸하며, 가장 유용한 세균은 내염성 젖산균인 *Ped. sojae*이다. 간장덧의 초기에는 1mL당 10^2~10^3이지만 상온에서 4개월 후에는 mL당 10^8~10^9이 되며 pH는 떨어진다[그림 2-8]. 간장덧에 접종

된 *Ped. sojae*는 20% 염농도에서도 잘 생육하여 젖산을 생성하면서 10일 내에 pH 4.9
로 떨어진다. 이런 내염성 젖산균은 장유덧에 필수적인 향과 풍미를 형성하기 때문에 중
요하다. 젖산균에 의한 pH의 저하는 내염성 효모의 생육을 위한 조건을 만든다.

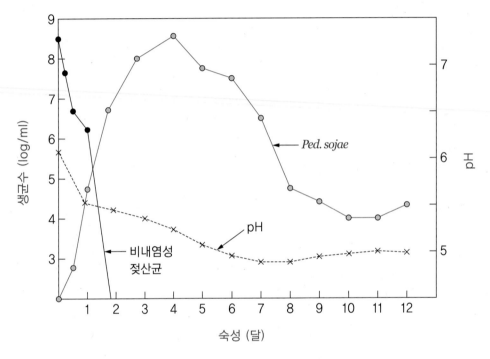

[그림 2-8] **간장덧 숙성 중의 유산균**

*Zygosacch. rouxii*는 꿀, 시럽, 고당식품 등에서 잠재적인 변패 미생물이지만 고농도
염의 간장덧의 발효에서는 중요한 미생물이다. *Zygosacch. rouxii*는 고농도 당으로부터
는 불쾌취 또는 조직감의 손상을 초래할 수 있으나, 고농도 염용액에서는 알코올, 글리
세롤, 농축된 아미노산 등을 생산하여 간장덧에 좋은 풍미(meat-like flavors)를 부여한
다. *Zygosacch. rouxii*는 간장의 생산에 필수적인 효모로서 18% 염용액, pH 5.0 이하
의 조건에서 생육하면서 아미노산으로부터 고급 알코올(fusel alcohol)을 생산한다.

*Asp. sojae*만으로 제조된 간장덧은 가열 또는 냉각과정에서 단백질분해물인 다량
의 폴리펩타이드(polypeptide)에 의한 침전물이 형성됨으로써 제품의 품질이 저하된다.

*B. subtilis*의 배양액을 첨가함으로써 *Asp. sojae*만으로 양조된 간장덧의 불쾌취(off-flavor)와 폴리펩타이드에 의한 탁도(turbidity)를 감소시킬 수 있다. 호기적 포자형성 세균인 *B. subtilis*는 코지제조과정에 주로 관여하면서 포자는 장유덧에서 생존한다.

③ 간장덧의 생화학적 변화

간장덧의 초기 pH는 6.5~7.0이며, *Asp. oryzae*와 젖산균에 의해서 pH 4.8~5.0으로 감소하며 이 때 효모에 의한 발효가 시작된다[표 2-8].

표 2-8	간장덧 발효 중의 미생물 및 화학적 변화						(단위: % 건물 함량 기준)
기간(일)	pH	생균수*		총질소	아미노 태질소	암모니아	환원당
		효모	젖산균				
0	6.5	4.6	0.7	0.81	0.20	0.02	0.65
3	6.5	2.4	2.6	1.54	0.46	0.02	3.2
6	5.5	2.1	1.2	1.39	0.51	0.02	4.8
14	5.0	7.5	0.05	1.20	0.51	0.02	5.0
22	4.5	7.0	0.01	1.27	0.53	0.03	5.1
31	4.5	4.9	0.0	1.46	0.41	0.03	6.0

*생균수(×10^7/g 건물 함량)

간장덧 중의 단백질은 과거 50년대에는 가용성이 65% 정도였던 것이 현재는 간장덧을 100일 정도 숙성시키면 80% 이상이 용해되어 이용되고 있다.

양질의 일본간장은 전체 질소 함량이 1.5~1.8%(w/v)가 되며, 저급 펩타이드나 펩톤은 40~50% 정도이고, 아미노산 함량 40~50% 중에 글루탐산(glutamic acid)이 20% 정도를 차지한다. 또한 1% 미만의 단백질은 잔존하지만 열처리과정에서 응고되어 제거된다. 발효된 일본간장은 18% 염농도를 포함하며, 환원당 2~5%, 알코올 1~2%(v/v) 및 유기산 1~2%를 함유하고 있다. 환원당의 60%는 포도당이고, 유기산의 60~80%가 젖산이며, pH는 4.6~4.9를 갖는다.

일본간장을 비롯한 중국, 동남아시아 간장의 성분분석은 [표 2-9]와 같다. 일본간장에서 풍미와 향을 구성하는 물질은 단백질 가수분해물인 아미노산들이며, 이들 중에서 글루탐산과 염은 간장의 구수한 맛에 중요한 성분이다.

표 2-9	동남아시아의 간장 성분분석				(단위: %, w/v)
종류	염농도	총질소	환원당	알코올	색깔
Koikuchi(일본)	17.1	1.7	5.7	1.7	++
Usukuchi(일본)	19.6	1.2	4.1	0.8	+
Tamari(중국)	25.2	2.1	3.7	0.1	+++
Soy sauce(말레이지아)	20.9	2.6	8.2	0.2	+++
Soy sauce(인도네시아)	12.6	2.3	3.4	0.1	+++
Fish sauce(말레이시아)	27.6	2.3	0.0	0.1	+

(5) 제성

발효숙성된 걸쭉한 간장덧을 압착여과하여 얻은 생간장의 성분을 조정하고 살균처리하는 것을 말한다. 일본간장의 간장덧에는 점조성의 콜로이드(colloid) 물질이 다량 존재하여 조선간장과는 매우 다른 성상이므로 간장액(液)과 간장박(粕)을 분리하기 위해서 압력을 가한다.

① 간장덧의 압착 및 여과

간장덧의 고형분을 분리하기 위해서는 압착기와 압착포를 이용해서 여과한다. 발효된 간장덧은 2~3일 동안 필터 압착기에서 압착된다. 압착의 정도는 간장박 중의 수분으로 평가되며 일반적으로 25~30% 범위의 수분이 되도록 한다. [그림 2-9]는 간장덧 압착기이다.

② 조합과 달임

압착여과된 생간장을 맛의 표준화를 위해서 성분을 조정하고 필요에 따라서 설탕, 캐러멜 등 부원료를 첨가하거나 또는 산분해간장의 일부를 혼합하여 전체

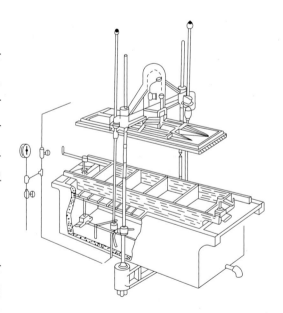

[그림 2-9] 간장덧 압착기

질소 함량을 조절하는 것을 조합(調合, blending)이라 한다. 생간장에는 잔존하는 효소에

의해서 생화학적 변화가 일어날 수 있으며 맛, 색깔, 풍미 등이 완전하지 못하고, 품질이 변할 수 있다.

간장 달임은 생간장 중의 잔존효소를 파괴하고 미생물을 살균하는 동시에 향기와 풍미를 조화시키고 청징화하여 간장품질을 향상시킨다. 열처리는 밀폐식 열교환기(plate heat exchanger)를 이용하며, 달임 온도 60~70℃에서 10분 정도 가열하면 잔존효소의 파괴는 가능하나 완전한 보존성을 위해서는 85℃에서 20~30분간 가열한다. 달임에 의해서 간장의 색도는 짙어지고 보존성은 향상된다.

③ 제품화

달임이 끝난 장유는 즉시 냉각함으로써 알코올이나 휘발성 성분들의 손실을 최소화한다. 달임의 과정에서 불용성의 단백질 침전물은 여과·제거되며, 대부분의 경우 규조토 여과공정을 거친다. 또한 Pichia, Hansenula 등의 산막효모에 의한 품질저하를 방지하기 위해서 합성보존제로서 POBA의 에스터, 안식향산 등이 사용된다. 최근에는 여과 후 살균과정을 한외여과(ultrafiltration) 공정으로 대체시켜 장유에 잔존하는 효모, 세균, 미분해 단백질, 불순물을 제거함으로써 맛과 향의 향상은 물론, 완벽한 제균에 의한 안전성 확보 및 침전물질의 제거로 인한 맑고 투명한 간장의 제조가 가능하다.

4 산분해간장

산분해간장은 아미노산간장 또는 화학간장이라 하며, 콩 단백질이나 밀 단백질인 글루텐을 염산으로 가수분해한 후 알칼리로 중화하여 농축된 아미노산을 포함하는 장유를 얻는다. 간장 유형별 국내 생산현황을 보면 최근 3년 동안 모든 유형의 간장 생산량이 증가하고 있으며, 2014년 28만 톤 정도 생산되었다. 이중에서 양조간장은 22.6%, 산분해간장은 19.4%를 차지하였다. 양조간장에 산분해간장을 3:1 또는 1:3 가량 섞어 제조한 혼합간장이 56% 정도 차지하였다. 최근 간장 유형별 생산현황은 [표 2-10]에서 나타내고 있다.

표 2-10	간장 유형별 생산현황						(단위: ton, %)
연도 분류	2012년		2013년		2014년	
	수량	비율	수량	비율	수량	비율
양조간장	59,226	23.2	63,467	23.2	64,513	22.6
혼합간장	140,939	55.4	152,617	55.9	160,592	56.3
산분해간장	50,612	19.9	52,991	19.4	55,324	19.4
한식간장	3,685	1.4	3,754	1.4	4,343	1.5
효소분해간장	156	0.1	352	0.1	471	0.2
계	254,477	100	273,181	100	285,243	100

1) 제조공정

원료로는 가격이 저렴하고 지방 함량이 적으며 단백질 함량이 높은 탈지대두 또는 글루텐을 이용하며, 염산가수분해시킨 후에 중화와 여과공정을 거쳐서 탈취시킨다. 제조공정은 [그림 2-10]과 같다.

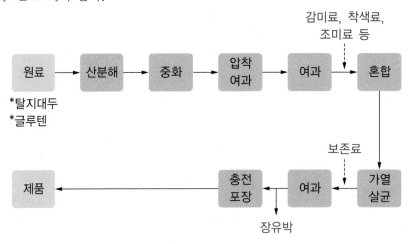

[그림 2-10] 산분해간장 제조공정

산분해간장의 분해용 용기는 염산에 부식이 없는 재질을 사용하며, 단백질 원료와 염산의 비율을 조정하여 염산 농도가 18% 정도가 되도록 한다. 분해액은 중화조에 옮기고

가성소다(NaOH)로 중화하여 pH는 4.8~5.2 정도로 조정한다. 중화된 액은 압착 여과하여 장유액과 고형분을 분리시킨다. 산분해간장의 결점이 되는 분해취를 적게 하기 위해서 분해 온도를 80℃ 내외로 하고 60~70시간 분해시킴으로써 향상된 품질의 제품을 얻을 수 있다.

2) 간장의 성분

산분해간장은 짧은 시간에 고농도의 아미노산을 포함하는 장유를 얻을 수 있는 장점을 가지면서 경제성이 높다. 하지만 산분해간장 제조 중에 생성되는 MCPD (2-chloro-1,3-propanediol)와 DCP (1,3-dichloro-2-propanol) 성분은 산분해간장의 식품안전성에 문제를 일으킬 수 있다. 이들 유해성분은 원료 중의 유지성분이 염산과 반응하여 형성되는 일종의 클로로하이드린(chlorohydrin) 물질이며, MCPD와 DCP의 생성량은 단백질 분해반응에서 사용되는 염산의 농도가 증가할수록 많아진다[그림 2-11].

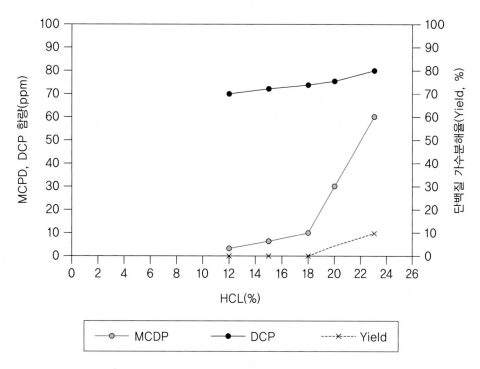

[그림 2-11] 염산농도에 따른 단백질 가수분해율, MCPD 및 DCP의 생성량

이들 유해물질의 생성을 최소화하기 위해서는 염산농도를 12~18% 정도로 해야 하며 단백질 원료의 지방 함량이 1% 미만인 원료를 사용하는 것이 요구된다.

양조간장과 염산분해에 의해 제조된 간장은 아미노산 조성에서 차이가 있다. 산분해 간장은 트립토판이 없으며, 세린(serine)과 메티오닌 함량이 적고, 아르지닌(arginine) 함량이 높다. 유기산으로는 수산, 포름산, 레불린산(levulinic acid) 등을 다량 포함하며, 젖산, 석신산, 피로피온산 등은 비교적 적게 함유하고 있다. [표 2-11]은 양조간장과 산분해 간장의 총질소량과 유기산 함량을 나타낸다.

표 2-11	양조간장과 산분해간장에서 총질소 및 유기산 함량	(단위: mg%)
성분	양조간장	산분해간장
총질소	1,540	2,220
뷰티르산(Butyric acid)	1.03	4.30
아이소뷰티르산(Isobutyric acid)	0.66	1.20
프로피온산(Propionic acid)	11.89	2.64
레불린산(Levulinic acid)	172.28	1244.51
아세트산(Acetic acid)	157.92	122.54
피루브산(Pyruvic acid)	8.81	–
포름산(Formic acid)	26.13	287.80
α-케토글루타르산 (α-Ketoglutaric acid)	1.68	4.67
석신산(Succinic acid)	77.15	–
젖산(Lactic acid)	1175.25	29.53
피로글루탐산 (Pyroglutamic acid)	8.81	–
글리콜산(Glycolic acid)	18.32	4.16
사과산(Malic acid)	4.21	3.28
구연산(Citric acid)	7.49	25.27

간장의 일반성분은 장류의 종류에 따라 큰 차이가 있다. 양질의 간장은 높은 엑기스 함량과 완충능을 보인다. [표 2-12]는 장류에 속하는 간장의 식품공전규격이다.

표 2-12	간장의 종류별 규격	
항목	양조간장, 혼합간장, 산분해간장, 효소분해간장	조선간장
① 총질소(w/v%) ② 타르색소	0.8 이상 검출되어서는 아니된다.	0.7 이상 검출되어서는 아니된다.
③ 대장균군 ④ 총아플라톡신(μg/kg)	n=5, c=1, m=0, M=10[혼합장(살균제품)에 한한다.] 15 이하(B_1, B_2, G_1, G_2의 합으로서, 단 B_1은 10μg/kg 이하이어야 하며, 메주에 한함]	
⑤ 보존료 (g/kg 다만, 간장은 g/L)	다음에서 정하는 이외의 보존료가 검출되어서는 아니된다.	
안식향산 안식향산나트륨 안식향산칼륨 안식향산칼슘	0.6 이하(안식향산으로서 간장에 한한다. 파라옥시안식향산에틸 또는 파라옥시안식향산메틸과 병용할 때에는 안식향산으로서 사용량과 파라옥시안식향산으로서 사용량의 합계가 0.6g/kg 이하이어야 하며, 그중 파라옥시안식향산으로서의 사용량은 0.25g/kg 이하)	
파라옥시안식향산메틸 파라옥시안식향산에틸	0.25 이하(파라옥시안식향산으로서 간장에 한한다. 안식향산, 안식향산나트륨, 안식향산칼륨 또는 안식향산칼슘과 병용할 때에는 파라옥시안식향산으로서 사용량과 안식향산으로서 사용량의 합계가 0.6g/kg 이하이어야 하며, 그중 파라옥시안식향산으로서의 사용량은 0.25g/kg 이하)	
소브산 소브산칼륨 소브산칼슘	1.0 이하[소브산으로서 한식된장, 된장, 조미된장, 고추장, 조미고추장, 춘장, 청국장(비건조 제품에 한함), 혼합장에 한한다.]	

장류에서 혼합장은 간장, 된장, 고추장, 춘장 또는 청국장 등을 주원료로 하거나 이에 식품 또는 식품첨가물을 혼합하여 제조·가공한 것(장류 50% 이상이어야 함)을 말한다.

5 어간장(fish sauce)

어간장은 청어나 멸치 같은 생선이 주로 이용되며, 높은 농도의 소금에 절여 어체에 존재하는 단백질 가수분해효소에 의한 장기간 분해과정을 거쳐 제조되는 일종의 간장이다. 우리나라의 남해안에서 일부 생산되며, 특히 필리핀에서는 Patis, 말레이시아에서는 Budu, 베트남에서는 Nuocmam 등이 있으며 동남아 지역에서 매우 중요한 조미료로 이용된다.

1) 어간장의 제조

어간장의 제조에 있어서 중요한 원료는 생선과 소금이며, 주로 신선한 작은 생선이 사용된다. 어간장의 제조공정은 [그림 2-12]와 같다.

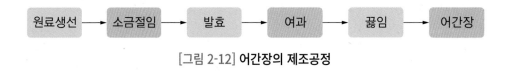

[그림 2-12] 어간장의 제조공정

상업적인 어간장의 생산을 위해서 어체와 소금을 2.5~3.0:1로 혼합하여 발효탱크에 넣는다. 이 때 발효탱크는 발효액을 취할 수 있는 밸브장치가 하단부에 장치되어 있다. 가수분해과정은 원료 양과 소금 양의 비율에 의해서 조절되며 발효탱크 상단에 대나무 판과 무거운 돌을 올려놓아 발효가 진행되면서 형성된 액체 위에 가수분해되지 않은 어체들이 잠기도록 한다. 보통 발효는 9~12달 걸리지만, 어간장 제조공정을 단축시키기 위해서 단백질분해효소와 소량의 코지를 첨가하여 3달 정도 발효를 수행할 수 있다. 어체가 완전히 가수분해되면 가수분해물은 정치탱크에 옮겨져 상층부의 액체는 고형분과 분리된다. 액상의 어간장은 80℃에서 15분 정도 열처리한 후 여과시켜 제품화한다.

2) 숙성 및 성분

어간장의 발효에서 생선 내장 속에 있는 효소(fish enzymes)들은 단백질의 가수분해에 주도적인 역할을 한다. 반면에 높은 염농도 때문에 미생물들의 역할은 미미하며 발효가 진행되면서 존재하는 미생물들의 수는 감소한다. 숙성된 어간장의 성분 변화를 보면, 발효기간 중에 총질소 함량과 총유기산 함량은 증가한다. [표 2-13]은 태국 어간장의 발효기간 중 성분분석이다. 발효가 진행되면서 총질소(total-nitrogen) 함량과 총산은 증가하고 소금농도는 감소하였다.

표 2-13	태국 어간장의 발효기간 중 성분분석					(단위: mmol/100mL)
발효기간(달)	pH	소금(%)	총질소	암모니아 질소	총산(젖산)	휘발성산(초산)
1	6.4	30.1	49	8	6.8	4.3
3	6.2	30.3	52	7	8.0	3.3
6	6.6	30.2	56	14	5.2	8.7
9	6.2	30.2	130	15	5.9	4.3
12	6.4	27.9	140	15	15.8	6.3

Chapter 03

된장류

1 된장과 식문화

모든 나라의 식문화는 역사와 함께 발전되어 왔으며, 지역에 따라 고유한 식문화가 있다. 우리 선조들은 지혜와 경험을 바탕으로 고유한 식품소재를 활용하여 민족의 정서와 문화가 담긴 전통식품을 만들었다. 이 중에서 된장은 한국인의 식생활에서 가장 애용되는 부식 내지 조미료로서 모든 음식의 기본이었다. 탄수화물을 주식으로 하는 우리의 식문화에 단백질과 지방의 공급원인 콩은 매우 중요한 식품재료였으며, 콩 발효식품인 된장은 우리 음식에 맛과 영양을 공급하는 소중한 식품이었다. 예로부터 조상들은 정성을 들여서 한 해 동안 집안의 음식 맛을 좌우하는 된장을 담그는 일을 매우 중요하게 생각했다. 옛날에는 된장의 발효에 관여하는 미생물에 대한 지식이 없었던 관계로 장 담그는 일이 일종의 성사(聖事)였으며, 장 담그는 3일 전부터 부정한 일을 피하고 당일에는 목욕 재계하고 음기(陰氣)를 발산치 않기 위해서 창호지로 입을 막고 장을 담갔다.

된장은 우리 민족 맛의 근본이었기에 된장의 독특한 성질과 관련된 오덕(五德)이 있다.

❶ 된장은 다른 맛과 섞여도 제 맛을 잃지 않는다(丹心).
❷ 오래두어도 변질되지 않는다(恒心).
❸ 비리고 기름진 냄새를 제거해 준다(佛心).
❹ 매운맛을 부드럽게 해준다(善心).
❺ 어떤 음식과도 잘 조화된다(和心).

이처럼 된장은 우리 음식에 맛의 조화와 영양을 공급하면서 우리 식문화에 없어서는 안 될 중요한 발효식품이다. 또한 곡류와 채식을 위주로 하는 일본, 인도 등에서도 콩을 원료로 한 발효식품이 제조되어 중요한 단백질 공급원이 되고 있다.

2 된장의 분류

우리나라에서 콩을 원료로 하는 발효식품인 된장(doenjang, soybean paste)은 재래 된장과 개량된장의 2종류가 있으며, 일본된장(Japanese type soybean paste)인 미소

(miso), 인도네시아의 tauco를 비롯한 춘장 등이 있다. 재래된장은 곰팡이와 *Bacillus subtilis*가 주로 관여하는 메주로 만든 조선간장의 부산물을 말하며, 일본된장은 콩과 *Aspergillus oryzae*를 번식시킨 밀 코지를 이용하여 제조한다. 이들 된장들은 원료의 종류, 제조방법 및 지역에 따라 여러 종류가 있다. 개량식 된장은 재래식과 일본식 방법을 혼용해서 공장에서 대량으로 제조하는 공장식 된장 또는 절충식 된장을 말한다. [표 3-1]은 된장의 분류 및 특징을 보여준다.

표 3-1	된장의 분류와 특징
종류	**특징**
재래된장	• 막된장: 조선간장 제조 시에 얻어진 부산물이다. • 토장: 막된장과 메주 및 염수를 혼합 숙성했거나 메주만으로 담은 된장, 상온에서 장기 숙성시킨다. • 막장: 일종의 속성된장으로 메주를 소금물과 섞어서 따뜻한 곳에서 6~7일 숙성시킨다. 현재는 보릿가루를 엿기름, 고춧가루, 소금 및 메주가루를 혼합해 더운 곳에 30~40일간 숙성시킨다. • 담북장: 볶은 콩으로 메주를 띄워 고춧가루, 마늘, 소금 등을 넣어 익힌다. 따뜻한 장소에서 7~10일 발효시켜 단기간에 만들어 먹을 수 있으며 된장보다 맛이 담백하다. 일종의 청국장 가공품이다. • 즙장: 막장과 비슷하게 제조되나 수분이 많으며 약간의 산미도 있다. 밀과 콩으로 메주를 띄워 초가을 무나 고추, 배춧잎을 많이 넣어 담근다. • 청태장: 마르지 않은 생콩을 시루에 삶고 쪄서 떡 모양으로 만들어 콩잎을 덮어서 뜨거운 장소에서 메주를 띄운다. 청태콩 메주에 햇고추를 섞어 간을 맞춘다.
일본된장	• 쌀미소: 다당다염형, 다당소염형, 소당소염형 등 • 보리미소: 다당소염형, 소당다염형 • 콩미소: 소당다염형 • 아까미소: 단기숙성형, 감미형의 적(赤)미소, 저장성이 짧음 • 시로미소: 장기숙성형, 신미형의 백(白)미소, 젊은 코지 이용

3 재래된장

1) 제조

재래된장(조선된장)은 옛날부터 가정에서 만들어 먹은 콩 발효식품으로 간장과 동일하게 콩을 쪄서 메주를 만들어 소금물에 담근다. 메주는 볏짚으로 싸서 고초균($B. subtilis$)이 접종되도록 한다. 발효가 끝나면 메주덩어리를 걸러내어 액체 부분은 조선간장을 만들고, 부산물인 고형분은 소금을 첨가하여 항아리에 재워 두면 재래된장이 된다. 따라서 이런 된장의 맛은 간장의 맛과 밀접한 관계가 있다. [그림 3-1]은 재래된장의 제조공정도이다.

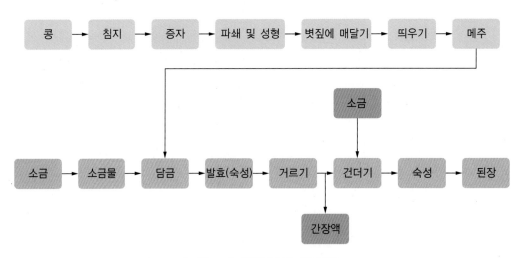

[그림 3-1] **재래된장의 제조공정**

된장은 간장을 거르고 남은 건더기에 소금으로 간을 맞춘 다음 항아리에 담는다. 메주를 만들었을 때의 1/10에 해당되는 콩을 삶아 찧어 혼합하여 담으면 맛이 더욱 향상된다. 항아리에 담을 때는 공기가 들어가지 않도록 눌러 담으며 표면에 소금을 두껍게 뿌린다. 소금은 잡균에 의한 부패방지효과가 있다. 항아리 입구를 베보자기로 씌워 햇볕에 놓아두면 숙성되면서 된장이 된다.

2) 성분

재래된장의 성분은 된장의 제조 원료 및 방법에 따라 수분은 50~60%의 범위에 있으며, 단백질은 12~13%, 지방은 3~8%로 차이가 있다. 특히 지방성분의 차이는 숙성과정과 지질분해정도에 따른 결과로 보인다. 재래된장은 개량된장에 비해 단백질이 적고 수분, 회분, 염분이 많다. 염분은 12% 정도이다. [표 3-2]는 재래된장과 개량된장의 성분비교표이다.

표 3-2	재래된장의 성분 비교	(단위: %)
성분	재래된장	개량된장
수분	51.5	50.0
단백질	12.0	14.0
지방질	4.1	5.0
당질	10.7	14.3
섬유	3.8	1.9
회분(mg %)	17.9	14.8
열량(kcal/100g)	138.0	156.0

숙성과정 중의 아미노산 함량은 3개월부터 완만한 증가를 보이며 유리아미노산 종류는 루신(leucine), 페닐알라닌, 발린(valine), 글루탐산, 타이로신(tyrosine), 히스티딘(histidine), 라이신, 알라닌(alanine), 프롤린(proline), 아르지닌 등이다. 된장의 아미노산 조성은 [표 3-3]과 같다.

표 3-3	된장의 아미노산 조성	(단위: mg/g)
아미노산	재래된장	개량된장
아스파트산(Aspartic acid)	8.67	10.32
트레오닌(Threonine)	8.80	3.63
세린(Serine)	4.46	4.50
글루탐산(Glutamic acid)	15.00	18.60
프롤린(Proline)	4.47	5.59
글리신(Glycine)	4.17	3.88
알라닌(Alanine)	6.40	4.09
발린(Valine)	5.80	4.84
이소루신(Isoleucine)	5.04	4.61
루신(Leucine)	8.28	7.42
타이로신(Tyrosine)	5.26	3.50
페닐알라닌(Phenylalanine)	5.87	4.71
라이신(Lysine)	6.48	4.71
히스티딘(Histidine)	2.07	1.70
아르지닌(Arginine)	3.58	4.89
메티오닌(Methionine)	0.81	0.80
시스틴(Cystine)	1.35	1.05
트립토판(Tryptophan)	1.46	0.84

3) 영양 및 기능성

된장은 식물성 단백질 함량이 높고 소화율도 85% 이상으로 양질의 발효식품이다. 특히 쌀에서 부족하기 쉬운 필수아미노산인 라이신 함량이 높으며 필수지방산인 리놀레산(linoleic acid) 53%, 리놀렌산(linolenic acid) 8%가 함유되어 피부병 예방, 혈관질환 예방 및 성장 등에 중요한 역할을 한다. 비타민 E는 미용과 노화방지에도 효과가 있으며, 레시틴(lecithin)은 기억력, 집중력, 학습력을 증진시킨다. 콩의 식이섬유는 장의 기능을 조화 있게 해 주고 변비를 예방해 줄 뿐만 아니라 콜레스테롤도 낮추어 준다.

고문헌(古文憲)에 보면 "된장은 성질이 차고 맛이 짜며 독이 없어서 해독, 해열에 사용되며 독벌레나 뱀, 벌에 물리거나 쏘여 생기는 독을 풀어 주고, 화상이나 머리의 타

박상에 바르면 치료효과가 있다"고 되어있다. 이는 고초균(*B. subtilis*)에 의해서 생성된 서브틸린(subtilin)이란 항생물질에 기인한 효과라고 생각된다. 재래된장은 콩 발효식품으로서 콩이 가지는 불포화지방산, 이소플라본(isoflavones), 트립신 저해제(trypsin inhibitor), 비타민 E 등을 함유하고 있으며, 암 예방 효과도 가지고 있다. 암 유발물질로 알려진 아플라톡신 B$_1$의 *Salmonella typhimurium* TA98과 TA100에 대한 돌연변이 유발효과가 된장추출물 존재 하에서 현저히 억제되었다. 재래된장은 메주의 자연발효과정에서 혼입될 수 있는 유해한 곰팡이가 생산하는 곰팡이독(mycotoxin)의 오염에 대한 우려가 있었으나 발효과정 중에 파괴 또는 제거된다는 것이 보고되었다. 따라서 재래된장은 콩의 영양성분과 생리활성 물질을 포함하면서 다른 식품들과 조화를 이루며 맛을 부여하는 조미료로서 뛰어난 발효식품이다.

4 일본된장

일본된장은 미소(miso, Japanese bean paste)라 불리며, 땅콩버터와 같은 조직감과 구수한 고기맛과 유사한 풍미를 가진다. 쌀을 주식으로 하는 일본사람들의 식단에서 가장 중요한 것이 미소국이다. 미소는 색과 풍미가 중요한 발효식품이며, 이들의 차이점은 원료의 종류(쌀, 보리), 콩에 대한 곡류의 비율, 염농도, 발효시간 및 온도 등에 기인한다. 증자된 콩에 첨가되는 전분질 원료에 따라서 쌀 미소, 보리 미소, 콩 미소로 구별된다. 모든 미소는 콩과 코지(쌀 코지, 밀 코지, 보리코지)의 혼합물에 소금을 첨가하여 발효숙성된다.

1) 제조공정

미소 제조공정은 대두, 식염, 쌀, 보리의 원료처리공정, 전분질 원료를 이용한 코지 제조공정, 원료들의 혼합 담금공정, 발효공정 및 제품화 단계로 구별된다. 쌀미소의 일반제조공정은 [그림 3-2]와 같다.

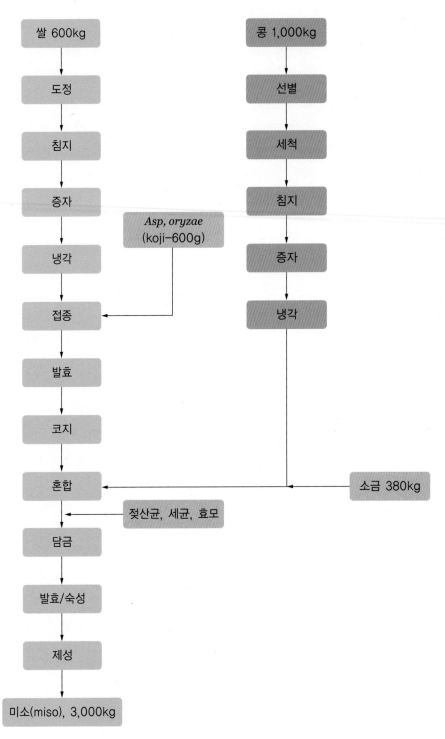

[그림 3-2] 쌀미소의 일반적 제조공정

증자된 원료 쌀의 중량 0.1%에 해당되는 곰팡이(*Asp. oryzae*)를 접종하여 쌀 코지를 제조한다. 쌀 중량의 1.7배에 해당되는 콩을 증자하여 쌀 코지와 혼합한 후에 초기 건조콩 무게의 38%에 해당되는 소금을 첨가한다. 콩, 코지 및 소금의 혼합물을 마쇄기(sausage-type grinder)에 통과시켜서 분쇄한 후 일정기간 숙성발효시킨다.

2) 원료 및 원료의 처리

미소에 사용되는 원료는 콩, 전분질 원료인 쌀, 보리, 밀과 소금 등이다.

콩은 백색 또는 황색종을 사용하며 토사 등의 이물질을 철저하게 세척한다. 일반적으로 콩의 침지는 25℃에서 16~17시간 실시하며, 침지액은 콩의 건조중량의 2.0배 정도가 적당하다. 콩의 증숙은 압력솥에서 0.8kg/㎠로 20~30분 정도 증자하며 백색계의 미소 제조용은 1kg/㎠에서 10분 정도 증자한다.

쌀은 장기 숙성용 적색계 미소제조에는 낮은 정백도(精白度)로 하고, 백색을 띠는 백색계 미소 제조의 경우에는 높은 정백도로 한다. 쌀은 25℃에서 17시간 정도 침지하여 수분이 40% 정도 되게 하며 중량은 45% 증가되도록 한다. 보리는 10~30%의 중량감소 범위에서 도정하며 원료의 침지시간은 도정률과 품종에 따라서 달리한다. 침지시간은 대략 3~6시간 정도로 한다.

쌀이나 보리는 평압증숙으로 증자하며 쌀은 60~90분 정도 증숙하고, 보리는 40~60분간 찐다. 증숙 후의 증미는 원료 쌀의 1.5배 정도로 무게가 증가한다.

3) 제국(koji-making)

코지는 도정미나 보리를 증자한 후 종균으로서 *Asp. oryzae*를 접종한다. 미소용 제국은 장유용 제국의 경우와 유사하며, 쌀과 종국의 혼합물을 나무상자(23×40cm)에 5cm 정도 두께로 펼친 후 3일 동안 발효시킨 3일국이다. 곰팡이가 생육하면서부터는 온도가 43℃를 초과해서는 안 되며 발효 2일에 온도를 40℃까지 도달하게 함으로써 단백질분해효소들의 생산을 최적화한다. 제국과정에서 원료의 수분 함량, 발효온도 등은 접종된 곰팡이로부터 분비되는 가수분해효소들의 생산에 큰 영향을 미친다. 밀기울(wheat bran) 코지 제조 시에 원료 밀기울에 첨가되는 수분 함량에 따라 단백질, 탄수화물분해효소의 활성에 차이가 있음을 보여준다[그림 3-3]. 3kg의 쌀로부터 3.85kg 정도의 코지를 얻을 수 있다.

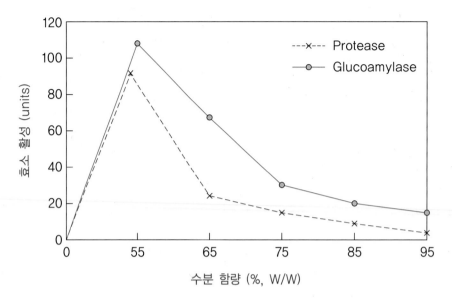

[그림 3-3] 수분 함량에 따른 밀기울 코지의 효소활성

4) 담금

담금이란 코지, 증두, 소금, 스타터 등을 혼합하고 마쇄하여 용기에 다져넣는 공정을 말한다. 또한 양질의 숙성미소(밑된장)를 첨가함으로써 유용한 내염성 효모(*Zygosacch. rouxii*)와 젖산균(*Pediococcus halophilus*)의 첨가효과를 얻을 수 있다. 미소의 수분 함량은 발효숙성에 매우 중요한 영향을 주게 되며, 미소의 종류, 계절, 발효방법, 원료 등에 따라 차이가 있지만 대략 45~50%의 범위가 적당하다.

담금 용기로 개방형의 콘크리트(2×2×2m)는 비위생적이며, 온도조절이 어려운 문제점이 있어서 현재는 2톤 용량의 이동식 스테인리스 탱크를 사용하는데 자유롭게 이동시킬 수 있어서 작업이 간편하다. 혼합을 위해서는 회분식 혼합기를 이용하는 경우와 연속식 방법이 있다.

미소를 원활하게 발효시키기 위해서 담금 시에 젖산균과 효모 등의 배양액을 첨가한다. *Zygosacch. rouxii*는 효모(yeast)/맥아추출물(malt extract) 한천배지에서 활성화시킨 후 효모배양액은 0.3% 효모추출물, 0.3% 맥아추출물, 0.5% 펩톤, 10.0% 소금을 포함하는 액체배지에서 진탕배양하여 제조한다. 효모의 첨가량은 1g 미소에 대하여 10^5의 생균수가 되게 종수(種水)에 혼합해서 사용한다. *Zygosacch. rouxii*는 유포자내염성 효모로서 알코올과 미소의 향기성분을 생성함으로써 좋은 제품을 만드는 데 기여한다. 내염성 젖산균인 *Ped. halophilus*나 *Streptococcus faecalis*가 스타터로 이용되며, 이들 젖산균은 젖산을 생성해서 pH를 낮추면서 효모의 증식을 촉진한다.

5) 숙성(발효)

미소 제조에 사용되는 원료들의 혼합물(미숙성 미소)을 마쇄기로 통과시켜 분쇄한 후 용기에 다져 넣고 판자뚜껑을 덮은 후 위에 중석(重石)을 눌러 놓는다. 이는 된장덧 중의 수분이 고르게 분포하도록 하기 위해서이다. 발효는 28℃에서 7일 저장한 후 35℃에서 60일 발효시킨다. 일반적인 발효온도는 30℃가 표준이며 숙성기간은 수개월이 걸리는 것도 있다.

발효 중 코지 중에서 유래된 아밀라아제들은 전분을 덱스트린, 맥아당, 포도당으로 분해시켜 단맛을 부여하며, 단백질분해효소들은 단백질로부터 펩톤(peptones), 펩타이드, 아미노산(amino acids) 등을 생산한다. 지질분해효소인 리파아제는 유리지방산을 생산한다. 젖산균은 풍미에 영향을 주는 젖산과 초산을 생산하며 효모에 의해서 알코올이 생성된다. 또한 알코올과 유기산류로부터 에스테르가 생성되어 독특한 미소향을 형성시킨다.

6) 제품화(제성)

미소의 제성단계는 혼합과 살균공정을 포함한다. 일반적으로 미소는 마쇄되고 일정 품질을 유지하기 위해서 발효숙성된 여러 미소들을 혼합기를 이용하여 혼합한다.

숙성된 미소에 존재하는 효소들을 불활성화시키고 생존하는 효모를 살균시키기 위해서 열처리를 한다. 이는 미소가 플라스틱 용기에 포장되어 탄산가스를 생성하여 품질을 손상시키는 것을 방지하기 위해서이다. 가열살균은 플라스틱 필름으로 소포장하여 열탕 속에서 가열하는 방법과 스크류(screw)식 연속가열살균기를 이용하여 미소를 60℃에서 10분간 가열하여 냉각한 것을 포장하는 방법이 있다. 살균처리 후 솔빈산 또는 솔빈산 칼륨 및 주정을 방부제로 첨가하여 보존성을 향상시킨다.

7) 일본된장의 성분

미소의 성분은 제조방법, 사용원료, 숙성기간 등에 따라 변할 수 있기 때문에 미소성분의 변화는 대체적인 미소의 숙성정도를 알 수 있다. 여러 미소들의 성분분석 결과는 [표 3-4]와 같다.

표 3-4 미소의 성분분석 (미소 100g당 성분 함량)								
미소	열량 (kcal)	수분 (g)	단백질 (g)	지방 (g)	탄수화물 (g)	회분 (mg)	칼슘 (mg)	소금 (g)
아마 (Ama, 단맛)	178	42.0	11.0	4.0	34.9	7.0	70.0	5.5
신주 (Shinshu, 짠맛, 밝은색)	158	47.0	13.5	5.9	19.6	14.0	90.0	12.5
아카이로 카라 (Akairo-kara, 짠맛, 진한색)	156	47.0	13.5	5.9	19.1	14.5	11.5	13.0
마메 (Mame, 콩이 주 원료)	180	45.0	19.5	9.4	13.2	13.0	340.0	11.0

숙성 후의 일반성분, 영양성분 및 특징적인 풍미성분을 살펴보면 수분 함량은 45% 정도이며, 단백질 함량은 11~21%로 미소의 종류에 따라 다양하며 전체 질소성분의 60%가 수용성이고 쉽게 소화될 수 있다. 정미 단백질이용률(Net protein utilization, NPU)은 원료인 쌀 60, 보리 60, 콩 61보다 높은 72이다. 미소는 영양이 풍부한 식품일 뿐만 아니라 탄수화물, 단백질 효소를 포함하고 있어 소화를 돕는 기능을 갖는다. 미소는 비타민 A (retinol)의 파괴를 막는 강력한 항산화제를 포함하고 있어서 부가적인 항산화제의 첨가가 불필요하다. 발효 미생물에 의해서 비타민 B_2 (riboflavin)와 비타민 B_{12} (cyanocobalamine)가 미소발효 중에 생성된다.

미소의 아미노산 조성을 보면 글루탐산이 비교적 높은 함량을 나타내며, [표 3-5]는 미소류 중의 하나인 에도(江戶)미소의 아미노산 성분표이다. 일반적인 미소의 향기성분으로는 카르보닐 화합물, 에스테르류, 알코올류 등이 있다.

표 3-5	에도(江戶)미소의 아미노산 성분표	(단위: mg/g)
아미노산류	전체 아미노산 함량	유리아미노산 함량
아르지닌(Arginine)	8.8	3.5
라이신(Lysine)	8.6	2.4
히스티딘(Histidine)	1.5	0.3
글리신(Glycine)	6.4	1.4
발린(Valine)	7.5	2.0
루신(Leucine)	11.7	3.2
이소루신(Isoleucine)	11.5	3.6
메티오닌(Methionine)	2.3	1.2
세린(Serine)	8.6	2.9
트레오닌(Threonine)	4.3	1.4
페닐알라닌(Phenylalanine)	5.5	1.7
타이로신(Tyrosine)	4.3	1.5
트립토판(Tryptophan)	0.9	0.3
프롤린(Proline)	6.4	2.7
아스파트산(Asparaginic acid)	9.6	2.3
글루탐산(Glutamic acid)	20.0	4.9

8) 이용방안

일본된장은 한국의 재래된장에 비해 순한 맛, 밝은 색, 작은 입자 크기 및 짠맛이 적은 특징을 갖고 있다. 미소의 이용을 촉진하기 위해서는 소금의 양을 줄이는 것이 바람직하며, 그러기 위해서는 젖산을 첨가함으로써 pH 4.5로 낮추어서 *Clostridium botulinum*의 생육을 억제하여 보툴리눔(botulinum) 독성물질 오염에 따른 위험을 제거할 필요가 있다. 또한 일정량의 주정(에탄올)을 첨가함으로써 유해한 미생물들의 생육을 억제할 수 있다.

미소는 건조될 수 있으며, 진공건조 방법을 일반적으로 이용한다. 건조된 미소는 동결건조된 야채, 열처리된 밀단백질 및 조미료 등과 혼합되어 스프(soup)의 재료로 사용된다.

미소는 식품소재로서 소금농도에 의한 저장성, 조직감, 색, 풍미 등이 우수하고 저렴한 가격으로 생산되는 장점을 갖고 있어서 다양한 가공식품의 식품소재로 이용될 수 있다. 그 예로 토마토소스와 여러 식품소재들을 미소와 혼합 가열처리하여 독특한 바베큐(barbecue) 소스를 생산하였다[표 3-6].

표 3-6 미소를 이용한 바베큐 소스 제조	(단위: g)
성분	**함량**
토마토케첩(tomato catsup)	200
칠리분말(chili powder)	1.7
소스(worcester shire sauce)	14
설탕(sugar)	3.0
농축오렌지(orange concentrate)	22
소스(tabasco sauce)	0.2
적색 미소(red miso)	150
물(water)	225

5 절충식 된장

한국 전통된장은 가정에서 소규모로 생산되며 된장의 품질을 좌우하는 메주제법의 표준화가 이루어지지 못하고 있다. 일부 기업에서 대량으로 생산하는 한식된장 또는 공장된장은 대두와 소맥분을 혼합한 원료를 사용해서 제조한다. 미생물도 일본된장에 쓰이는 *Aspergillus oryzae*와 재래된장에 관여하는 주된 세균인 *Bacillus subtilis*를 사용하여 효율적으로 된장을 제조하는 것이 특징이다. 절충식 된장의 제조공정은 [그림 3-4]와 같다.

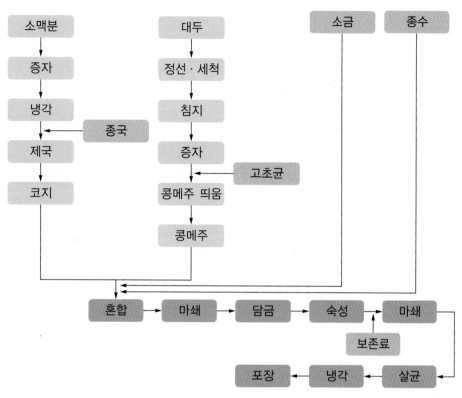

[그림 3-4] **절충식 된장의 제조공정**

1) 원료의 처리

　단백질 원료로는 대두를 사용하고 전분질 원료로는 소맥분, 쌀, 보리쌀, 밀쌀 등이 주로 사용된다. 대두는 세척 침지하여 N.K.증자관에서 0.8kg/㎠ 게이지 압력에서 30분간 증자한다.

　소맥분은 수분 함량이 35% 정도 되도록 연속 반죽 증숙기로 처리한 후 35℃ 이하의 온도로 냉각하여 종균을 접종한다.

2) 제국

　순수배양된 *B. subtilis* 종균을 생리적 식염수에 현탁하여 증두에 분무하면서 균일하게 혼합한 후 국상자에 일정량씩 담아서 발효시킨다. 발효실의 온도는 40℃로 유지하면서 70시간 정도 띄우기를 하여 콩 메주를 제조한다. 완성된 콩 메주는 표면이 꼬들꼬들 말라 있으면서 쉰냄새나 기타 다른 냄새가 없고 독특한 청국장 냄새가 나는 것이 좋다.

소맥분과 같은 전분질 원료는 황국균에 의한 통상적 제국법으로 약간 노국(老麴)이 되도록 제국한다. 황국균(*Asp. oryzae*)의 종국 0.2%를 증자된 소맥분에 균일하게 혼합하고 국실에서 밀코지를 만든다. 전분질 코지는 표면에 약간씩 포자가 앉을 정도이며 코지균 특유의 독특한 향기가 있어야 한다.

3) 담금·숙성

완성된 콩 메주와 밀코지에 소금 및 종수를 일정비율로 혼합하고 마쇄하여 용기에 다져 넣는다. 된장의 종류에 따라 원료의 배합비율도 다르게 되며, 그 비율에 의하여 된장의 성분과 풍미, 숙성기간이나 저장성 등에도 큰 차이가 있다. 각 원료의 담금비율의 예는 [표 3-7]과 같으며 단백질의 함량이 높을수록 고품질의 된장이 된다.

표 3-7	절충식 된장의 담금비율		(제품 1,000kg 기준)
원료	특품	중품	하품
대두	408	330	250
소맥분	102	180	260
식염	110	110	110

된장 담금에 혼합하는 액체를 총칭하여 종수(種水)라 하는데, 보통 사용되는 종수는 물, 염수, 대두증자액(煮汁), 효모 또는 세균의 배양물 등이 사용된다. 종수의 첨가는 담금 작업을 용이하게 하고 된장의 중량을 증가시키며 숙성을 촉진하는 이점이 있다. 담금 시에 수분의 함량은 된장의 숙성과 품질에 영향을 주며 48~52% 정도가 최적이다. 식염을 많이 넣으면 짠맛이 증가하는 것은 물론 숙성이 지연되지만 저장성은 증가한다. 반면에 식염이 적으면 숙성이 빠르며 산미가 증가하고 때로는 부패하게 된다. 된장의 숙성기일은 계절에 따라 차이가 있으나 보통 40~70일 정도이다.

4) 성분

절충식 된장의 숙성과정 중의 변화는 일본된장과 개량된장 제조에 관여하는 국균이나 효모 및 세균 등의 각종 효소들에 의하여 복잡한 과정을 거쳐 완료된다. 재래된장에서 보다는 *B. subtilis* 종균의 접종으로 보다 효과적인 단백질의 분해가 예상된다. 시판 중인 절충식 된장의 아미노산 함량에 대한 변화를 보면 각 제품마다 아미노산 조성에 차이가 있으며, 아르지닌, 세린 및 메티오닌 등의 함량이 적었다. 이들 제품의 성분차이는 원료 대두의 품종 및 종류(수입콩, 국산콩), 배합비율, 숙성기간, 숙성온도, 제국 조건 등에 의해서 크게 좌우된다. 대두와 밀쌀을 7:3으로 담금한 절충식 된장의 숙성과정에서의 성분 변화는 [표 3-8]과 같다.

표 3-8	절충식 된장의 숙성과정 중 성분의 변화					
숙성(일)	수분(%)	소금(%)	pH	AN[1](mg%)	산도[2](mL)	품온(℃)
0	50.84	11.68	6.56	250	6.6	25
12	49.42	11.71	5.94	680	12.0	–
18	49.58	11.70	5.59	758	12.4	25
24	49.89	11.60	5.34	743	12.3	–
31	51.16	11.93	5.43	790	12.1	24
40	51.84	11.82	5.22	813	14.2	21
49	51.21	12.09	5.06	881	13.4	–

*1 AN: 아미노태 질소
2 밀쌀 코지, 콩 메주(48시간)

된장의 맛은 녹말질 함량이 많으면 당화에 의해 단맛이 증가하며, 젖산과 같은 유기산이 생성되어 신맛을 부여한다. 단백질 함량이 많으면 아미노산 생성이 많아져서 감칠 맛(구수한 맛)이 증가한다.

5) 제품

담금 후 3~5개월이 경과하면 된장은 숙성되어 특유의 향기와 맛을 갖는다. 숙성된 된장은 마쇄기로 담글 때보다 곱게 마쇄된 후 원통형 된장가열살균기에 통과시키면서

60℃로 가열하면 된장 중의 효모가 대부분 사멸한다. 열처리된 된장은 냉각하여 플라스틱 용기에 담는다. 된장의 변질방지 및 보존성 향상을 위해서 보존료로서 0.1% 이하의 솔빈산칼륨을 첨가하거나 또는 주정(에탄올)을 첨가한다.

6 춘장

식품공전에 따르면, 춘장이라 함은 대두, 쌀, 보리, 밀 또는 탈지대두 등을 주원료로 하여 식염, 종국을 섞어 발효하여 숙성시킨 후 캐러멜색소 등을 첨가하여 가공한 것을 말한다. 우리나라 식품위생법에서는 장류의 식품군 중에 간장, 된장, 고추장, 청국장, 춘장 등을 포함시키고 있다. 춘장은 중국식과 일본식으로 분류된다. 중국식은 캐러멜색소를 첨가하지 않고 콩을 발효하여 검은 색을 띠도록 오랫동안 숙성시킨 것이다. 우리가 사용하는 춘장은 거의 일본식 춘장으로 일본된장(미소)에 캐러멜, 스테비오사이드, 물엿 등의 첨가물을 혼합하여 제조하는 것으로 자장면의 재료로 사용된다. 최근 검은콩 전통메주와 흑미국을 발효숙성시켜서 캐러멜 색소가 첨가되지 않은 발효 춘장이 개발되었다.

1) 원료 및 원료의 처리

춘장의 원료는 소맥분, 대두, 탈지대두, 밀쌀, 소금, 종국 등을 포함한다.

원료 대두의 이물질을 제거한 후 N.K 증자기에 각각 투입하여 침지시킨다. 침지는 하절기 9시간, 동절기에는 15시간 정도 침지한다. N.K 증자기에 증기를 투입하면서 물을 완전히 빼낸다. N.K 증자기의 압력이 $1kg_f/cm^2$이 될 때까지 증기를 투입하여 증자한다. 냉각은 N.K 증자기의 증기를 빼고 대두를 냉각시킨 후 증자기를 회전시켜서 콘베아를 이용하여 한 번 더 냉각시키면서 대두 사일로(silo)로 이송한다.

밀쌀은 세척된 후 N.K 증자기에 투입되어 침지된다. 탈지대두와 밀쌀을 혼합하여 N.K 증자기에서 증자한 후 냉각시킨다.

2) 제조공정

소맥분은 연속증자기에서 증자하여 냉각한 다음 종국(*Asp. oryzae*)을 투입하고 36~40℃의 온도로 자동제국실에서 48시간 제국 후 출국한다. 증자된 대두, 밀쌀, 탈지대두, 밀코지와 식염, 정수를 혼합하여 마쇄시킨 후 발효탱크에 삽입하여 2~3개월 숙성시킨다. 숙성된 당화물을 초퍼기(ø1.5mm)로 마쇄한 후 캐러멜 및 첨가물을 혼합하여 60℃에서 30분간 스팀 열처리 살균한 후 냉각하여 제품화한다. 춘장의 제조공정은 [그림 3-5]와 같다.

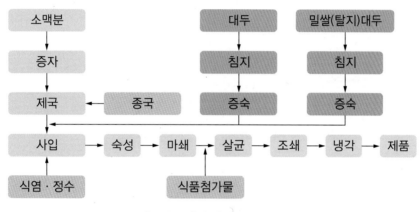

[그림 3-5] **춘장의 제조공정**

3) 성분

춘장은 일본된장(미소)의 제조공정과 거의 유사하며 차이점은 색을 부여하기 위해서 캐러멜 색소를 사용하는 것이다. 따라서 일반성분과 맛 성분의 변화는 사용원료의 배합비, 숙성기간 및 온도 등에 의해서 좌우된다. [표 3-9]는 시판되는 춘장의 성분표이다.

표 3-9	시판되는 춘장의 성분표	
원재료명	S 회사	Y 회사
소맥분	17.6%(수입산)	16.6%(수입산)
대두	15.8%(미국산)	25.0%(미국산)
식염	11%	-
캐러멜	8%	-
솔빈산칼륨	0.1% 이하	0.1% 이하
내용량	500g	300g

Chapter 04

고추장

1 역사와 유래

고추장은 콩과 전분질에 고춧가루를 혼합해서 발효시킨 우리 고유의 발효식품이다. 고추장(kochujang, fermented hot pepper soybean paste)은 콩 단백질과 찹쌀, 멥쌀, 보리쌀 등의 탄수화물 등이 여러 효소에 의하여 분해되어 얻어지는 구수한 맛, 단 맛과 고추의 매운 맛, 소금의 짠 맛 등이 조화된 독특한 색을 가지면서 영양적으로 우수한 발효식품이다.

고추장은 고추가 유입된 16세기 이후에 개발된 장류로 조선 후기 이후 식생활 양식에 큰 변화를 가져왔다. 고추장 담금법에 대한 최초의 기록은 조선 중기에 증보산림경제(增補山林經濟, 1766년)에 기록되어 있다. 영조 때 이표가 쓴 수문사설(諛聞事說, 1740년) 중에 '순창고초장조법'이 소개되었으며 전복, 새우, 홍합, 생강 등을 첨가하여 특이한 방법으로 담금을 하였다. 순창 고추장은 예로부터 임금님께 진상(進上)하였는데, 이는 순창의 물맛과 기후의 조화 속에서 이루어진 고유한 발효식품이기 때문이었다.

규합총서(閨閣叢書, 1815년)에 기록된 고추장제조를 보면 고추장메주를 따로 만들어 담그는 방법과 소금으로 간을 맞추는 방법 등 현재의 고추장 담금법과 유사한 방법이 사용되었다. 전통적으로 고추장은 가정에서 담그는 중요한 조미료로서 정성스럽게 제조되어 왔다. 현재 고추장의 공업적 생산을 위해서는 발효숙성법과 당화식 숙성법 등이 이용된다. 2014년도 국내에서 생산된 고추장은 14만 톤 정도이며, 조미 고추장은 6백 톤 정도였다.

2 고추장의 종류

식품공전에 따르면 고추장의 유형에는 고추장, 조미 고추장이 있으며, 고추장은 두류 또는 곡류 등을 제국한 후 덧밥, 고춧가루, 식염 등을 혼합하여 발효 또는 당화하여 숙성시킨 것을 말한다. 조미 고추장은 고추장(90% 이상)을 주원료로 하여 식품 또는 식품첨가물을 가한 것을 말한다.

고추장은 메주가루와 함께 넣은 주재료의 종류에 따라 찹쌀고추장, 멥쌀고추장, 보리

고추장과 밀가루, 수수, 팥 등을 사용한 고추장이 있다. 또한 고추장은 제조방법에 따라 전통고추장(재래식 고추장)과 개량식 고추장으로 분류된다[그림 4-1]. 개량식 고추장은 공업적으로 생산되는 것으로 숙성식과 당화식으로 제조된다.

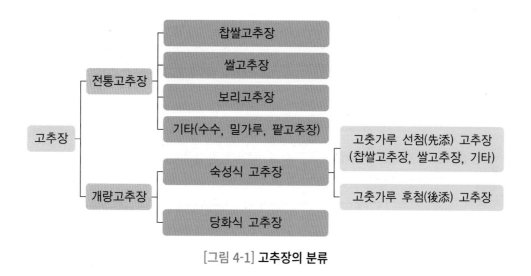

[그림 4-1] **고추장의 분류**

3 원료

고추장의 주원료는 콩과 전분질 원료(밀가루, 밀쌀, 찹쌀), 고춧가루와 소금이며 부원료로 엿기름이 있다.

1) 고추

고추(red pepper, *Capsicum annam*)는 한자로 당초(唐椒), 번초(蕃椒) 등으로 부른다. 원래 고추는 열대의 남미가 원산지로 스페인 사람이 유럽으로 가지고 간 것이 전세계로 전파되었다. 우리나라에는 임진왜란 때 일본으로부터 전래되었다 하여 왜개자(倭介子)라고도 불렀다. 우리가 고추를 알게 된 것은 4백 년에 불과한데 한국 음식의 대표 양념이 되었다. 우리나라 고추의 공급 동향은 [표 4-1]과 같다.

표 4-1	건고추 공급 동향			(단위: 천 톤)
공급량 \ 연도	2000년	2010년	2015년	
생산량	194	95	98	
수입량	30	101	106	
자급률(%)	89.4	52.9	56.8	

*수입량은 기타 소스, 혼합조미료, 냉동고추, 고추장, 고춧가루와 김치에 포함되어 있는 고춧가루를 건고추로 환산한 중량과 건고추 수입량을 합한 수치

국내 건고추의 재배면적과 생산량 감소로 국내산 자급률은 2000년 89%에서 2015년 57%까지 하락하였으며 동시에 수입량은 증가하였다.

고추는 세계적으로 1,600여만 톤 생산되며 중국이 700만 톤으로 세계생산량의 40%를 차지한다. 고추의 총수입량은 2000년 3만 톤에서 2015년 10만 6천 톤으로 연평균 8%씩 증가하였으며, 품목별로는 건고추나 고춧가루에 비해 관세율이 낮은 냉동고추, 혼합조미료, 기타 소스 등 고추 관련 품목을 중심으로 증가하고 있다.

2) 고추의 성분

고추는 단백질, 지질, 당질 및 섬유질을 비롯하여 비타민 A와 C가 풍부하며 칼슘과 철분 등 무기질이 골고루 함유되어 있다. 고추의 특성은 매운맛에 있으며, 고추과피의 빨간 빛깔은 캡산틴(capsanthin) 성분이고, 고추의 매운맛(辛味)은 산아마이드의 일종인 캡사이신(capsaicin, $C_{18}H_{27}NO_3$)이다. 고추의 매운맛 성분은 향신료 및 건위제(健胃劑)로 쓰이고 또 피부를 자극하여 혈액의 순환을 촉진시키는 작용이 있으므로 외용약으로 이용된다. 고추의 매운맛 성분인 캡사이신 함량과 붉은 색소성분인 캡산틴의 함량은 제품의 품질에 큰 영향을 미친다. [그림 4-2]는 매운맛 성분인 캡사이신과 적색색소인 캡산틴의 구조이다.

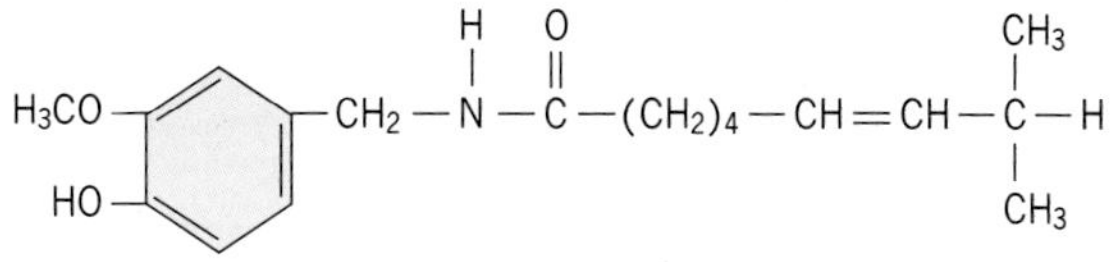

캡사이신(Capsaicin)

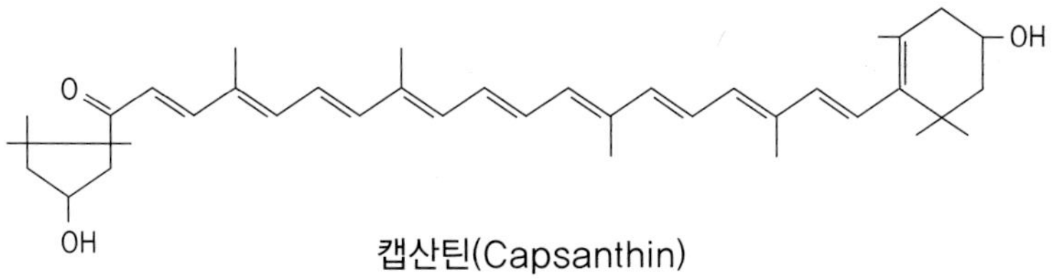

캡산틴(Capsanthin)

[그림 4-2] **캡사이신과 캡산틴의 구조**

매운맛 성분인 캡사이신의 함량은 고추의 과피에 많이 들어 있으며 고추의 품종이나 산지에 따라 차이가 크다. 고추는 캡사이신 함량에 따라 피망(sweet pepper), 고추(hot pepper)로 구분된다.

고추의 부위별 중량을 보면 과피가 45%, 종자가 28%, 꼭지가 12%, 열매 속에 있는 태좌부(胎座部)가 15% 정도이다. 국내산 고추의 부위별 성분은 [표 4-2]와 같다.

표 4-2	국내산 고추의 부위별 성분 함량							(단위: %)
품종	부위	수분	조단백	조지방	회분	섬유질	당질	매운맛 성분 (capsaicinoid)
청양	과피	14.81	9.11	7.35	5.39	15.65	47.69	0.226
	종자	8.56	14.89	19.51	2.93	23.31	30.80	0.048
다복	과피	16.73	11.92	6.70	5.06	17.30	47.35	0.054
	종자	10.09	16.95	18.65	2.90	21.12	30.29	0.003
아람	과피	13.51	11.08	8.60	4.26	17.27	45.10	0.254
	종자	8.68	17.17	22.51	3.01	23.13	25.50	0.011

청홍	과피	14.24	11.09	7.54	5.85	16.00	45.28	0.106
	종자	9.11	15.76	16.95	3.17	21.42	33.59	0.018
홍길	과피	14.35	11.15	9.42	4.54	15.65	44.89	0.118
	종자	9.16	17.05	21.82	2.87	22.73	26.37	0.007

고추의 적색소는 고추장의 품질을 결정하는 중요한 화학성분이다. 고추의 색소 성분은 여러 불포화 이중결합을 가지고 있어서 공기 중의 산소나 태양빛에 의해서 변색될 수 있다. 고춧가루 또는 고추장의 색도는 아세톤으로 추출된 색소의 흡광도 측정으로 가능하다. [표 4-3]은 고춧가루(또는 고추장)의 색도 LC(값)측정법을 나타낸다. 고추의 일반성분으로 당 성분은 과당이 가장 많으며 포도당, 설탕 순으로 존재한다.

표 4-3 고춧가루(또는 고추장)의 색도(LC값) 측정법 (단위: %)

항목	설명
색소의 추출	시료(고춧가루) 100mg 내외를 정칭하여 일정량(예: 100mL)의 아세톤으로 15분 동안 가끔씩 흔들어 주면서 추출하고 정량여지로 여과한 후 460μm의 파장으로 흡광도 OD를 측정한다. 이때 OD는 0.3~0.6 범위에 있는 값을 사용한다.
LC값의 정의 및 계산법	정의: 시료 1g이 나타내는 총 OD(optical density)값 = LC값(Lee's Colour Value)으로 표시한다. 계산법: $LC = \dfrac{OD값}{시료(mg)} \times 1,000 \times 희석배수$

최근에는 고추의 수입량이 증가함에 따라서 이들 수입 고추의 성분 조성과 품질을 비교하는 것이 필요하다. [표 4-4]는 국내·외 생산된 고추의 대표적인 성분을 나타낸다.

표 4-4	국내·외 고추 성분		
국명	캡사이신(mg/g)	캡산틴(mg/g)	총당(%)
한국	1.26	3.76	27.3
중국	1.83	3.11	13.9
일본, 미국	6.03	3.14	8.4
태국, 멕시코	7.45	2.49	11.8

3) 고추의 가공

수확된 고추의 일부는 건조되지 않고 유통되지만, 붉은 고추는 대부분 건조되어 이용된다. 전통적으로 농가에서 가을에 햇볕으로 건조시킨 것이 색상이 뛰어나 품질이 우수한 건조고추로 생산된다. 최근에는 날씨에 무관하게 고추를 대량으로 건조하는 장치(화력건조기)를 사용하여 능률적으로 고추를 건조 처리한다. 화력 건조된 고추는 15~20%의 수분 함량을 함유하며 고춧가루 제조를 위해서는 수분 함량을 13~14%로 낮추는 것이 분쇄를 위해서 필요하다. 고추 건조는 40~50℃의 온도 범위에서 열풍 건조함으로써 품질의 손상을 최소화한다. 건조 고추의 일반 성분은 [표 4-5]와 같다.

표 4-5	건조 고추의 일반 성분		(단위: %)
성분	함량	성분	함량
단백질	9.3	회분	6.10
지질	13.9	칼슘	0.12
당질	33.2	인	0.13
섬유질	18.1	철분	0.01

건조 고추는 사용용도에 따라 분말화되며 김치용과 고추장용으로 용도에 따라 고춧가루의 입자 크기를 달리한다. 건조고추의 분쇄는 이속이중(異速二重) 로울러에 의한 압착과 비비는 원리에 의해서 분쇄된다. 김치용 고춧가루는 15 메시(mesh)를 통과한 분말을

사용하며, 고추장용의 경우는 30~50 메시로 더 곱게 분쇄한다. 고춧가루 품질의 문제점으로 분쇄과정 중에 로울러 재질의 마모에 기인한 철분의 혼입이 식품위생상의 문제뿐만 아니라 고춧가루로 생산된 고추장의 색상에도 큰 영향을 줄 수 있다.

전형적인 위생적 고춧가루 생산을 위한 과정을 보면 고추는 수확부터 분말화 단계까지 위생적으로 처리된다[그림 4-3]. 수확된 고추는 선별된 후 철저하게 물로 세척하여 이물질, 농약 등을 제거시킨다. 색상을 유지하는 최적의 건조조건에서 건조하여 분쇄시키면서 대장균 등 미생물의 오염방지 및 살균과정을 거쳐서 청결고춧가루를 생산한다.

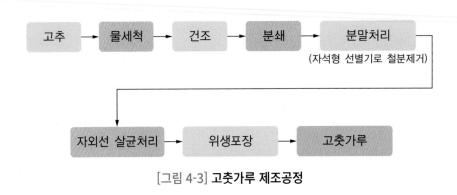

[그림 4-3] **고춧가루 제조공정**

일반적으로 분말화된 고춧가루의 색도는 Hunter 색도계의 L값, a값, b값으로 품질관리가 가능하다. 특히 고춧가루의 적색 향상을 위한 인공색소(artificial food colors)의 첨가는 엄격히 규제된다.

4 제조방법

고추장은 사용하는 원료와 이들의 사용비율에 따라서 맛 등의 차이가 크다. 일반적인 전통(재래) 고추장 제조와 코지를 만들어 제조하는 개량(코지) 고추장의 제조방법이 대표적이다.

1) 재래식 고추장의 제조

재래식 고추장은 찹쌀, 멥쌀, 보리, 밀 등을 주원료로 해서 만든 전분질 고추장이 대부분이며, 숙성기간, 원료, 담금법 등에 따라 다양한 종류의 고추장이 존재한다.

재래식 고추장은 콩과 기타 전분질 원료를 이용하여 고추장용 메주를 만든 후 전분질 원료 및 고춧가루, 소금 등을 혼합해서 담금을 한다. [그림 4-4]는 재래식 고추장의 제조 공정이다.

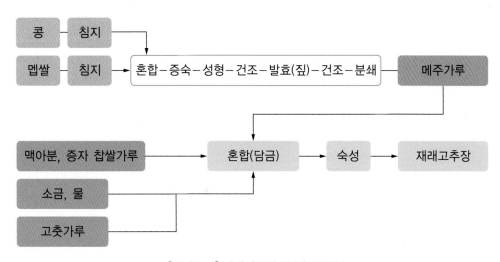

[그림 4-4] **재래식 고추장 제조공정**

재래식 고추장 제조는 메주제조와 담금(숙성)의 단계로 구별된다. 메주는 콩과 멥쌀을 원료로 하며, 침지·증숙시킨 후 메주를 띄운다. 콩은 8~10시간 침지해서 물을 빼고 멥쌀은 5~6시간 침지 후 물을 뺀다. 익힌 콩과 불린 쌀을 혼합해서 시루에서 찐다. 증숙이 끝나면 가급적 식기 전에 절구에서 거칠게 찧고 큰 주먹만 하게 빚어 볏짚 위에서 하루 정도 말린다.

겉면이 꼬들꼬들하게 마르면 짚으로 싸서 처마에 메달아 두거나 더운 곳에 둔다. 7~8일 경과 후 고초균이나 곰팡이 등이 서서히 증식되면 볕에 말린다. 고추장 메주는 간장 메주보다 곰팡이가 덜 뜨게 해야 하며, 바짝 마른 메주는 솔로 깨끗이 씻어 쪼갠 뒤 통풍이 잘 되는 곳에 말렸다가 가루로 곱게 빻는다. 고추장 메주는 독특한 고초균 냄새 외에 쉰냄새나 썩은 냄새가 나지 않아야 하고, 표면에 푸른곰팡이의 발생이 없어야 하며 내부에는 고초균의 증식이 고르게 되어 있는 것이 좋다. 메주의 제조 시기는 일반적으로 가을이며 고추장을 담는 시기는 다음해 음력 2~3월경이다.

　고추는 색깔이 빨간 태양초를 선택하여 고추씨를 다 빼고 매우 곱게 가루를 낸다. 고추장용 고추는 빨갛고, 달고, 맵고 가루가 많이 나는 것이 좋다. 고추장은 종류에 따라 전분질 원료(쌀, 보리, 찹쌀)를 준비하고, 소금은 일반 소금을 사용하며, 주원료인 고춧가루는 6% 이상 첨가한다. 원료의 준비 및 전처리가 끝난 후에는 용기에 혼합하여 26~30℃에서 3~4개월 동안 담금 숙성을 한다. 재래 고추장의 원료 배합비율은 [표 4-6]과 같다.

표 4-6	재래 고추장 원료 배합비율 (단위: %)

원료	함량
증자된 쌀(보리)	37
메주가루	8
고춧가루	12
소금	10
물	33

　재래식 고추장은 원료명을 따서 찹쌀고추장, 쌀고추장, 보리고추장 등으로 부르기도 하는데, 찹쌀 또는 쌀의 함유량이 15% 이상일 경우에는 각각 찹쌀고추장 또는 쌀고추장으로 기재할 수 있다. [표 4-7]은 지역별 재래식 고추장의 종류와 특징을 나타내고 있다.

표 4-7	지역별 재래식 고추장의 특징	
지역	고추장	주요 특징
서울·경기	보리고추장	보릿가루에 엿기름물을 뿌려 시루에 찌고 더운 방에 덮어 놓고 고춧가루와 메주가루를 섞어 소금 간을 하고 숙성시킴
강원도	찹쌀고추장	메주가루와 고춧가루, 찹쌀풀을 고루 섞고 항아리에 담아 숙성시킴
충청남도	호박고추장	늙은 호박을 손질하여 얇게 썰고 엿기름물을 붓고 약한 불에 끓이다가 뜨거울 때 메주가루를 넣고, 식은 후 고춧가루와 소금으로 간하며 20일 동안 햇빛에 숙성시킴

충청북도	인삼고추장	수삼을 달인 물에 엿기름가루를 넣고 윗물만 받아 끓이다가 찹쌀완자를 넣고 저어서 식힌 후 고춧가루, 메주가루, 소금을 섞어 30일 이상 햇빛에 숙성시킴
경상남도	밀고추장	밀가루풀을 끓이고 식힌 후 엿기름물로 삭힌 후 메주가루, 고춧가루, 소금을 넣고 발효시킴
경상북도	감고추장	홍시조청에 뜨거운 물을 붓고 식으면 고춧가루, 메주가루, 소금을 넣고 숙성시킴
전라남도	고구마고추장	삶은 고구마를 으깨어 엿기름물을 붓고 삭힌 후 끓여 엿이 되면 고춧가루, 메주가루, 소금으로 간하고 항아리에 담아 숙성시킴
전라북도	순창찹쌀고추장	끓여서 식은 물에 메주가루를 넣고 갠 것을 찹쌀밥에 끼었으면서 찧어 이틀 정도 삭힌 후 고춧가루를 섞어 간하고 항아리에 담아 햇볕에 놓고 숙성시킴
	엿고추장	메주가루 대신에 조청을 달여서 고춧가루를 넣고 소금으로 간을 하여 만든 고추장으로 '엿꼬장'이라고도 함

2) 코지고추장(개량고추장)의 제조

코지고추장은 소맥분을 원료로 하여 종균 *Asp. oryzae*를 접종하여 코지를 만드는 것이 재래식 고추장 제조와의 큰 차이점이다. 현재 공장에서 제조되는 고추장은 코지고추장에 해당하며 제조공정이 비교적 표준화 되어있다. 코지고추장 제조에는 밀가루가 주원료로 사용되는 경우가 많고 고품질을 위해서는 쌀이나 찹쌀을 섞는다. 식품위생법상으로 고추장 제품에 15% 이상 함유된 원료명(찹쌀)에 따라서 찹쌀고추장으로 표시할 수 있다. 코지고추장의 제조과정은 제국공정, 원료의 혼합, 담금, 숙성 및 제성공정으로 구별된다.

코지제조를 위해서 전분질 원료는 전량 또는 일부를 제국하며, 증자된 소맥분(수분 함량 40%) 또는 찐 찹쌀에 황국(*Asp. oryzae*)을 살포 후 2~3일, 25~35℃에서 보온시킨다.

흰색 균사가 발생하고 포자에 착색하기 시작하여 황색이 되면 건조한다. 여기에 고춧가루, 엿기름 등을 혼합하여 숙성하면 숙성식 고추장이 되며, 당화식 고추장은 숙성 전에 건조 코지를 제분한 후 온수를 첨가하여 60℃에서 3시간 동안 당화공정을 거친 후 소금, 고춧가루를 넣고 혼합·숙성과정을 거치게 된다. [그림 4-5]는 코지고추장(숙성식) 의 제조공정이며, [표 4-8]은 코지고추장의 원료배합의 예이다.

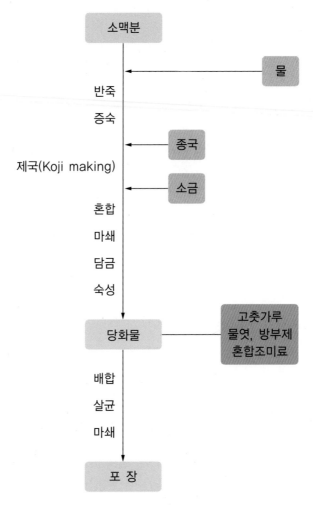

[그림 4-5] **코지고추장의 제조공정**

표 4-8	코지고추장의 원료배합			(단위: %)
원료	제품 Ⅰ	제품 Ⅱ	제품 Ⅲ	제품 Ⅳ
쌀	–	15.0	–	–
찹쌀	20.0	–	–	–
소맥분	26.0	30.0	51.0	40.0
대두	4.0	–	–	–
MSG	–	–	0.2	–
식염	8.5	9.0	8.5	8.0
고춧가루	7.5	6.5	6.5	10.0
물엿	–	–	5.0	12.0
종국	0.03	0.03	0.03	0.03
솔빈산칼륨	0.08	0.1	0.1	0.1
물	33.89	39.37	28.67	29.87

코지와 소금, 물 등을 혼합하여 8ø(직경 8mm)망을 통과시켜서 마쇄한 후 스테인리스 용기(2000kℓ)에 다져 넣는다. 담금 시에 숙성은 수분 함량에 따라 좌우되며 보통 50% 내외가 적당하다. 숙성기일은 계절에 따라 다르며 여름에는 약 30일, 기타의 계절에는 3개월 정도가 걸린다.

숙성이 끝난 고추장은 당화물이라 하며 여기에 고춧가루와 혼합조미료(색도 LC 390 이상)를 첨가하여 혼합한다. 제조된 제품 간의 차이와 성분규격을 맞추기 위해서 배합시키며 저장성 향상을 위해서 살균공정을 거친다. 일반적으로 고추장의 배합 및 살균을 위해서 스팀열 교환기인 당화기를 사용하며 당화기의 압력 1kg/㎠ 이하에서 가열함으로써 당화기 표면에 눌어붙지 않도록 한다. 고추장의 살균가열온도는 일반적으로 60~70℃의 범위에서 10~20분 정도가 적당하며, 그 이상의 온도에서는 고추장의 갈변에 의한 변색이 심하게 된다. 살균이 끝난 제품은 40℃ 이하로 냉각하여 마쇄기(2.25ø)를 통과시켜서 곱게 간 후 포장한다. 고추장은 냉장 5℃에서 3개월 이상 저장이 가능하다.

고추장 제조 시 홍국색소를 사용할 수 없으며, 시트리닌이 검출되어서는 안 된다. 식약처가 정한 규격으로 정해진 보존료(소르브산 1g/kg 이하) 이외의 보존료가 검출되지 않아야 하며, 혼합장(살균제품)의 대장균군은 음성이어야 한다.

5 성분 및 영양

고추장의 성분은 원료 종류, 배합 또는 제조방법에 따라서 차이가 있다. 고추의 매운 맛과 적색소의 함량은 고추장 품질을 결정하는 중요한 요소이다. 영양면에서 고추장은 다른 장류와 비교할 때 곡류의 함량이 많아 당질식품이며, 콩 가공식품이므로 단백질 급원식품이다.

숙성과정 중 탄수화물과 단백질의 분해효소 작용으로 발효성당과 아미노산이 생성된다. 이들 효소의 숙성과정 중 활성정도는 [그림 4-6]과 같다.

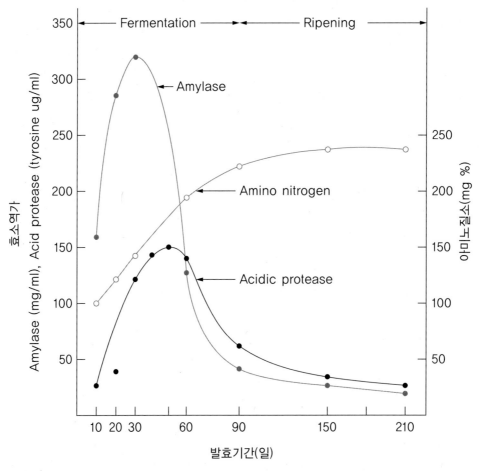

[그림 4-6] 고추장 숙성 중 탄수화물 및 단백질 분해 효소들의 활성

또한 효모와 유산균에 의한 발효가 일어나면서 고추장 맛의 조화와 향기, 풍미, 단맛 성분에 영향을 미친다. 고추장 담금 초기의 pH가 5.0이고 숙성 3개월일 때는 국균의 대사작용과 산 생성균의 작용으로 pH가 4.7~4.8로 낮아지면서 효모의 작용이 활발해진다. [표 4-9]는 고추장과 다른 장류와의 일반 성분을 비교한 것으로, 콩을 원료로 한 발효식품 중에서 간장이나 된장보다 탄수화물의 함량이 가장 높으면서 단맛이 특징이다.

표 4-9	간장, 된장, 고추장의 성분 비교		
성분	간장	된장	고추장
수분(%)	71.1	51.0	47.7
조단백(g)	4.3	12.0	8.9
조지방(g)	0.4	4.1	4.1
탄수화물(g)	4.4	10.7	25.9
칼슘(mg)	62.0	122.0	126.0
인(mg)	38.0	141.0	72.0
비타민B$_1$(mg)	0.03	0.04	0.35
비타민B$_2$(mg)	0.01	0.20	0.35
비타민B$_3$(mg)	1.2	0	1.50
아스코르브산(mg)	0	0	10.0
β-카로틴(μg)	0	0	210.0
열량(kcal)	38	128	171

고추장 성분 중에서 유리당은 포도당과 과당이 주된 성분이며 유기산은 피루브산 (pyruvic acid), 구연산, 젖산 등이 많이 검출된다. 고추장의 조지방은 2.24~2.53% 로 필수지방산인 리놀레산, 리놀렌산 등이 전 지방산의 61~85%를 포함하며, 비타민 B$_1$(thiamine), 비타민 B$_2$(riboflavin), 비타민 B$_3$(niacin)을 포함한 수용성 비타민을 상당량 함유한다. 고추장은 7.0% 정도의 염분과 200mg% 이상의 아미노질소를 포함한다.

전통발효식품인 고추장은 저장식품으로서 짠맛, 단맛, 구수한 맛, 매운 맛을 갖는 조미료이다. 고추장 성분 중의 비타민 C (ascorbic acid)는 자동산화 억제를 도와주며, 항돌연변이 및 항균작용에 효과가 있다. 고춧가루의 캡사이신은 *B. subtilis*균에 대한 항균작용이 있으며, 빨간색의 카로티노이드(carotenoids)인 캡산틴은 항암효과가 있다.

6 고추장의 세계화

세계적으로 매운맛 트렌드가 형성되면서 고추장에 대한 세계 소비자들의 수요가 증가하고 있으며, 2010년 고추장의 매운 맛을 GHU (Gochujang Hot taste Unit) 단위로 통일하여 5단계로 등급화하여 소비자들의 제품 선택에 도움을 주고 있다.

미국시장에서 고추장은 핫소스로 인식되고 있으며, 고추장 주요 수출국 중 일본을 제외하고 미국, 중국, 호주, 베트남의 소스 수출 규모는 지속적인 상승세를 보이고 있다.

고추장은 매운 맛의 발효식품을 대표하는 전통장류로서 풍부한 맛과 우수한 영양, 건강기능성을 지니고 있어서 세계적인 상품으로 발전 가능성이 크다.

Chapter 05

청국장

1 역사와 유래

청국장은 콩 발효식품 중에서 가장 짧은 기간(1~3일)에 발효가 완성되며 특이한 풍미와 우수한 영양성분을 포함하는 고유한 전통발효식품이다.

1760년 유중림(柳重臨)에 의해 출간된 「증보산림경제(增補山林經濟)」에 전국장(戰國醬) 제법에 관한 부분에서 "대두를 잘 씻어 삶아서 볏짚에 싸서 따뜻하게 3일간을 두면 생진(生絲)이 난다"고 하였다. 이는 전시(戰時)에 단시간으로 부식을 제조하였던 이유에서 비롯되었으며, 또는 청나라로부터 전래되었다는 의미로 청국장(淸國醬)이라고도 하였다. 청국장은 쌀을 주식으로 하는 동양과 동남아시아 등에서 중요한 단백질의 급원으로 발전해 왔다. 한국의 청국장, 일본의 낫또, 타이의 thua nao, 인도의 kenima, 나이지리아의 ugba 등은 식물성 단백질의 원료인 콩을 속성 발효시킨 일종의 청국장들이다. 한국의 청국장은 각 지방 또는 가정마다 제조방법이 일정하지 않다. 원료 콩은 볏짚에 부착된 야생 고초균(B. subtilis)에 의해서 발효가 이루어지며, 특히 B. subtilis의 단백질 분해효소의 역할이 매우 중요하다. 일본의 청국장은 승려들의 부식으로 절에 납품했던 이유에서 낫또(natto, 納豆)라 부르며, 제법이나 관여하는 미생물들이 우리의 청국장과 매우 유사하지만 식용방법에서 큰 차이가 있다.

2 청국장의 분류

청국장에는 우리 재래의 청국장과 일본의 낫또, 타이 thua nao, 인도의 kenima 등 콩을 원료로 발효시킨 청국장 등 유사한 발효식품이 전세계적으로 식용되고 있다. 대두뿐만 아니라 여러 콩(legume)을 이용하여 고초균에서 생산된 강력한 단백질 분해효소의 작용으로 독특한 향과 맛, 영양을 공급하는 중요한 단백질 급원이다.

우리의 청국장은 자연에 존재하는 고초균(Bacillus subtilis)을 주로 이용하며, 일본의 낫또는 Bacillus subtilis var. natto를 순수하게 배양한 종균을 이용하며 발효과정은 유사하다. 대부분 청국장 제조에 관여하는 세균들은 B. subtilis 등이 관여하면서 발효 콩의 pH가 중성이나 약알칼리를 띠는 관계로 알칼리성 발효(alkaline fermentation)로 분류된다. 식품공전에 따르면 청국장은 대두 등을 주원료로 하여 적절한 온도에서 발효시켜 제조한 것이거나, 이에 양념 등을 적절히 가하여 조미한 것을 말한다. [표 5-1]은 각국의 청국장 원료와 제품을 나타낸다.

표 5-1	각국의 청국장 제품		
국명	종류	원료	제조방법
한국	청국장	대두 (soybean)	• *B. subtilis* • 볏집과 함께 발효
일본	낫또	대두	• *B. subtilis* var. *natto* • 볏집 이용
타이	Thua-nao	대두	• *B. subtilis* 접종 또는 바나나 잎과 함께 발효
인도	Kenima	대두	• *B. subtilis*
아프리카	Daddawa	locust bean	• *B. subtilis* 2일 발효 • 10% 소금첨가
나이지리아	Ugba	oil bean	• *B. subtilis* • 자연발효
	Owoh	cotton seed	• *B. subtilis* • 2~3일 자연발효

3 청국장 균

청국장 제조에 관여하는 고초균은 단백질이 풍부한 콩 이외도 육류, 어패류 등에서도 잘 생육하면서 저장성을 떨어뜨리는 일종의 부패균에 속한다. 영양 요구성이 까다롭지 않으며 생육을 위한 영양분 중에는 탄소원으로 포도당, 자당, 과당 등을 잘 이용하며, 질소원으로는 아미노산과 단백질을 잘 이용한다. 청국장균의 전자현미경 사진은 [그림 5-1]과 같다.

1905년 일본의 Shin Sawamura는 청국장에서 세균을 분리하여 *B. natto Sawamura*로 명명하였다. 이것은 후에 *B. subtilis*로 분류되었으며 비오틴 요구성이 있는 것이 특징이다.

*B. subtilis*는 호기성이며 포자형성능이 있으며 생육온도는 40℃ 전후이다. 영양 성분 중에서 글루탐산은 점질물을 생성하는 중요한 기질이며, 아스파트산(aspartic acid), 알라닌, 아르지닌, 프롤린, 아스파라진(asparagine), 글루타민(glutamine) 등이 전구체로서 이용된다. *B. subtilis*의 Bergery's manual에 기술된 균의 특징은 [표 5-2]와 같다.

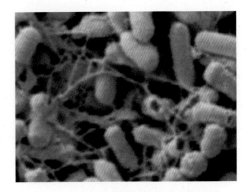

[그림 5-1] **청국장 균 전자현미경 사진**

표 5-2　　*Bacillus subtilis*의 특징

- 간상 영양세포(2~3×1.0 ㎛)
- 그람양성, 포자형성능
- 카탈라아제 양성
- 카제인, 젤라틴, 녹말(starch) 가수분해 양성
- 질산염(Nitrate)을 아질산염(nitrite)로 환원
- pH 5.7~6.8 생육(pH 4.5 이하 생육불가)
- 생육 염농도 0~7% NaCl
- 생육온도 40℃~50℃
- 영양배지(1L): 소고기 추출물(beef extract) 3g, 펩톤 5g, pH 6.8 또는
　　　　　　　 탈지대두분말 5%, 탈지유 용액(skim milk) 5%

---

4 청국장 제조

가을에서 초봄까지 메주콩을 증자한 후 식기 전에 시루에 볏짚을 깔고, 그 위에 뜨거운 메주콩을 담은 후 온돌방에서 이불을 씌워 40~50℃에서 2~3일간 보온하면 볏짚에

붙어 있는 야생 고초균인 *B. subtilis*가 번식하여 청국장을 만든다. 대량으로 청국장 생산을 위해서 순수 *B. subtilis* 종균을 배양하여 증두에 접종함으로써 위생적인 생청국장 제조가 가능하다. [그림 5-2]는 고체발효에 의한 생청국장 제조공정을 나타낸다.

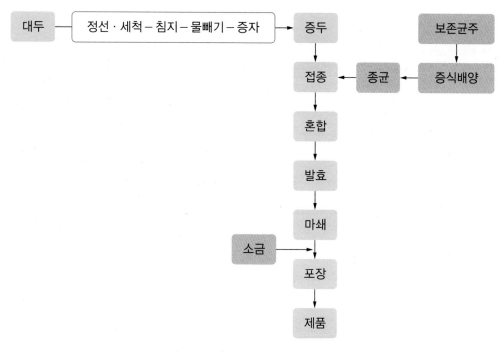

[그림 5-2] **생청국장의 제조공정**

일본청국장인 낫또는 생청국장 제조와 유사하다. 전통낫또는 볏짚으로 증두를 싸서 자연적으로 야생균의 도움으로 발효를 시켰으나, 현재는 순수 종균인(*B. subtilis var natto*)을 배양하여 스타터로 이용한다. 한국식 청국장과 일본 청국장의 제조 방법의 차이는 발효에 관여하는 종균의 차이에 있다.

1) 원료처리

원료대두는 선별하여 이물질을 제거한 후 물에 침지한다. 침지온도 상승에 따라서 침지시간은 감소하게 된다. 0~5℃에서는 24~30시간, 10~15℃에서는 16~20시간,

20~25℃에서는 8~12시간으로 한다. 대두의 증자는 평압식과 가압식으로 하며 대두의 적절한 변성을 위해서는 증자온도와 압력 및 시간 등을 조절한다. 일반적으로 가압식의 경우는 1.0~1.5kg/㎠의 게이지 압력 하에서 20~30분간 열처리하여 콩 단백질을 변성시킨다. 원료 콩은 충분히 부드럽게 마쇄될 정도로 증자시킨다.

2) 발효 및 제성

콩을 발효시키는 종균은 액체배양을 통하여 준비한다. 콩 삶은 물 또는 5% 탈지대두 분말용액을 살균한 후 *B. subtilis*를 접종하여 42℃에서 1일 정도 진탕 배양한다. 균의 접종량은 원료대두 1kg당 5×10^7 정도 되게 접종하며 접종된 대두는 발효상자에 약 3cm 두께로 담아서 발효시킨다. 발효실은 온도와 습도의 조절이 가능해야 한다. 발효실의 온도를 42~43℃로 유지하면 5~6시간 후에 접종

[그림 5-3] **청국장 발효실**

된 포자가 발아하면서 서서히 품온이 상승하고 실온도 상승한다. 품온을 50~53℃ 이하의 온도로 유지하였다가 품온을 서서히 내린다. 일본식 낫또는 입실 후 14~18시간에 발효를 중지하는 반면에 한국식 청국장은 24~36시간 발효시키는 것이 일반적이다. [그림 5-3]은 청국장 발효실에서 발효되는 증두의 모습이다.

제성이란 발효된 콩에 필요한 경우 소금을 첨가한 후 마쇄하는 공정을 말한다. 소금의 양은 발효물 중량의 7~8% 정도며 고르게 섞은 후 마쇄기 망(8ø)을 통과시킨다. 마쇄된 청국장은 계량포장하여 상품화된다. 일본식 낫또는 접종된 증두 100g 정도를 플라스틱 용기에 담아서 40~43℃의 발효실에서 그대로 발효시킨 후 상품화하기 때문에 제성공정이 생략된다.

5 성분

1) 일반 성분

청국장 제조과정에서 증자된 대두는 접종된 *B. subtilis*가 생산하는 강력한 단백질 분해효소에 의해서 저분자의 펩타이드 등이 만들어진다. 이런 현상은 발효된 콩의 단면을 염색하여 보면 콩의 분해과정이 외부에서 내부로 진행되는 것을 알 수 있다. 청국장 발효 중의 일반 성분 변화는 수분 함량이 60% 정도이며 단백질 41%, 지방 22%, 회분 5.3%, 섬유질 5.3%, 당분 12% 정도로 큰 변화는 없다. 하지만 발효 12시간 이후에는 단백질의 50% 이상이 수용성 질소화합물로 변한다. 또한 아미노태 질소 및 암모니아태 질소 성분의 함량은 크게 증가하는 것을 알 수 있다. 암모니아태 질소성분은 청국장의 독특한 냄새를 부여하는 성분으로 알려져 있다. [표 5-3]은 청국장 발효 중의 일반성분과 질소화합물의 변화를 나타낸다.

표 5-3	청국장 발효 중의 성분 변화								
발효기간 (시간)	수분	단백질	지방	회분	섬유	총질소	수용성 질소	아미노 태질소	암모니아 태질소
0	60.9	42.0	21.4	5.0	5.1	7.36	1.26	0.07	0.02
4	62.3	42.5	22.3	5.2	5.4	7.45	1.26	0.07	0.02
8	61.6	41.6	22.7	5.3	5.4	7.29	3.22	0.2	0.03
12	16.6	41.6	23.1	5.4	5.5	7.29	3.78	0.43	0.15
18	61.8	41.8	24.6	5.6	5.6	7.23	4.13	0.6	0.20

*일반성분: %, w/w(건물기준) / 질소화합물: %(무수물중)

2) 특수성분

풍미성분은 주로 단백질 분해물과 대사산물에 기인된다. 콩 단백질의 50% 이상이 질소화합물로 전환되며 이중에서 20% 정도는 아미노산까지 분해된다. 발효 중에 암모니아는 탈아민반응(deamination)에 의해서 형성되며 0.2% 이상의 암모니아태 질소 함량은 소비자에게 불쾌취를 주면서 품질을 저하시킨다. *B. subtilis* var. *natto*균은 공기 중의 질소를 이용하여 낫또의 전체질소함량을 증가시키는 능력이 있으며 100g의 낫또 중에는 0.6mg 비타민B$_1$, 0.27mg 비타민B$_2$와 0.6mg 비타민B$_3$가 함유되어 있다. 청국장의 독특한 풍미는 여러 가지 휘발성 물질의 혼합으로 형성되는 것으로 주로 초산(acetic acid), 피로피온산, 카프르산(capric acid), 다이아세틸, NH$_3$, 이소발레르산(isovaleric acid, 3-methylbutanoic acid), 지방산류 등이 관여한다. 또한 테트라메틸피라진(tetrametyl pyrazine)은 청국장의 독특한 냄새성분으로 알려져 있다[그림 5-4]

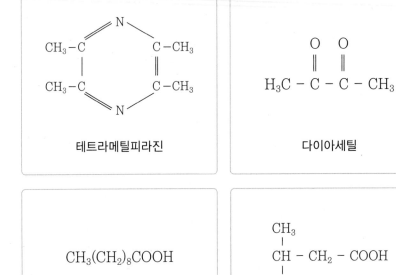

[그림 5-4] **청국장의 풍미성분**

청국장의 고미성분은 콩 단백질의 분해산물로서 소수성 아미노산인 이소루신(isoleucine)을 포함한 펩타이드류인 것으로 보고되었으며, 관능적인 면에서 저해요인이 되지만 최근에는 소수성 잔기로 이루어진 펩타이드들이 기능성 펩타이드로 인식되고 있다.

청국장의 점질물은 글루탐산이 중합된 고분자 폴리펩타이드와 과당이 중합된 프락탄(fructan)의 혼합물이다. 100g의 콩으로부터 220g의 발효된 낫또(수분포함)를 생산하며 이중에는 600mg 점질물(mucin)이 얻어진다. 이 점질물은 58% 폴리감마글루탐산(poly-γ-glutamic acid, γ-PGA)이며, 40% 정도는 fructan 다당류이다. 특히 고분자 점질물 γ-PGA의 생산과 분자량은 생산 고초

[그림 5-5] **일본 낫또의 점질물**

균의 종류에 따라 차이가 있으며, 기질로서 글루탐산 의존형 균주는 2,000kDa 정도의 고분자 점질물을 생산한다. 폴리감마글루탐산의 생합성은 γ-PGA 오페론(operon)에 존재하는 *PgsB*, *PgsC*, *PgsA* 유전자에 의한 단백질에 의해서 이루어지며, 또한 폴리글루탐산분해효소(PGA depolymerase)가 존재하여 고분자 γ-PGA를 엔도펩티다아제(endopeptidase) 활성으로 저분자화 시킨다. [그림 5-5]는 일본 낫또의 전형적인 점질물을 보여준다.

6 식품학적 의의

청국장은 콩의 단시간 발효에 의해서 제조되는 발효식품으로써 중요한 단백질 공급원이며 영양학적인 우수성과 질병에 대한 치유효과를 갖는 기능성 식품으로 인식되고 있다.

청국장 발효에 관여하는 *Bacillus*속 균주들은 다양한 세포외 및 세포내 프로테아제를 생산하는데, 여기에는 알칼리성 단백질가수분해효소(alkaline protease, subtilisin), 금속단백질분해효소(metalloprotease) 및 에스터 가수분해효소(esterase) 등이 있다.

청국장과 낫또는 다양한 효소들의 작용으로 단백질, 탄수화물, 지방질이 분해된 발효식품으로 소화성이 좋다. 청국장을 날로 먹는 것은 살아있는 각종 효소들과 섬유질을 포함한 여러 유용성분들의 섭취로 인해서 변비해소와 정장작용의 효과를 얻을 수 있다.

*B. subtilis*균이 생산하는 항생물질인 서브틸린(subtilin) 등은 병원성 세균의 증식을 억제하는 효과가 있으며, 식중독 원인균인 황색 포도상구균(*Staphylococcus aureus*)의

생육억제효과와 이질병, 장티푸스의 예방 및 치료에 효과적이라는 연구보고가 있다. 최근에는 청국장에서 단백질분해산물인 기능성 펩타이드들은 혈압상승억제 효과 및 암세포의 증식을 억제하는 항암작용 등이 보고되었다.

또한 청국장은 콩으로부터 유래되고 발효과정 중에 생성되는 각종 생리활성물질을 보유하며, 혈중 콜레스테롤 저하능, 항돌연변이성, 항산화성, 혈전용해능 등이 있다. 혈전 용해능을 나타내는 물질은 나토키나아제(nattokinase)로 분자량이 약 35,000인 세린 단백질 가수분해효소(serine protease)로 알려져 있다. 폴리 감마 글루탐산(poly-γ-glutamic acid, γ-PGA)은 글루탐산의 γ-카르복실기와 글루탐산의 α-아미노기가 아마이드 결합된 생물고분자(biopolymer)이다. 이는 수용성, 음이용성, 생분해성 고분자 소재로 고부가가치 의약품, 화장품, 기능성 식품, 환경용 등으로 이용범위가 다양하다[그림 5-6].

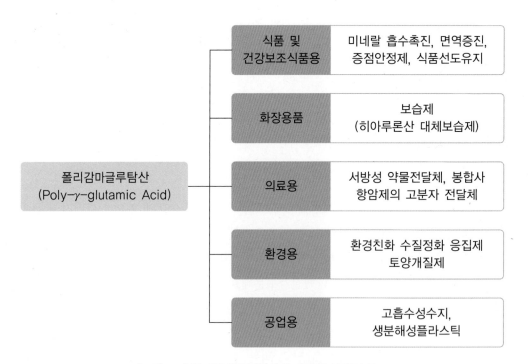

[그림 5-6] 폴리감마글루탐산의 다양한 산업적 용도

Chapter 06

김치류

1 역사와 유래

김치류는 한국의 대표적인 채소발효식품으로 우리 민족의 지혜와 슬기가 집합된 복합 발효식품이다. 김치는 배추나 무, 기타 채소의 주재료에 소금, 고춧가루, 젓갈, 마늘, 생강 등의 부재료를 첨가해서 발효시킨 것으로 고유의 발효식품이며 저장식품이다. 김치는 한국인의 기호성을 대표할 만한 중요한 식품으로 소금의 짠맛과 발효과정 중 생성된 각종 유기산과 조화된 맛에 부원료로부터 향신미, 지미 등이 부합된 독특한 맛을 가진다.

김치에 관한 문헌상 최초의 기록은 약 3000년 전 중국 최초의 시집인 「시경(詩經)」에 저(菹)라는 이름으로 등장한다. 기원전 300년경인 한나라 때의 「주례(周禮)」에는 오이 이외에도 부추, 순무, 순채, 아욱, 미나리, 죽순 등을 사용하여 7가지의 저(菹)를 만들고 관리하는 관청이 있었다는 기록이 있다. 「삼국지 위지동이전(魏志東夷傳, 290년경)」에는 고구려에서 채소를 먹고 있었으며, "그들은 소금을 이용하였고, 식품의 발효기술이 뛰어났다"는 기록이 있다.

우리나라 문헌상에 최초로 김치가 등장한 것은 고려 중엽의 이규보(1168~1241)가 쓴 「동국이상국집(東國李相國集)」의 시(詩) 가포육영(家圃六詠)에 나타나 있다. 고려시대의 김치는 장아찌와 소금절임의 형태였으며, 김치 담그기를 염지(鹽漬)라 하고, 김치를 지(漬)라 하였으며 소금에 절인 채소에 마늘과 같은 향신료를 섞어 재우는 형태라 해서 침채(沈菜)라 하였다. 지금도 전라도 일부 지방에서는 김치를 지(漬)라 하고 있으며, 황해도와 함경남도에서는 보통의 김치를 짠지라고 부른다.

조선시대 전기의 김치류는 허균의 「도문대작(屠門大嚼, 1611년)」에서 "호남지방에서 죽순해(竹筍醢)를 만들고 그 맛이 좋다"고 소개하고 있다. 이는 죽순을 소금 외에 술지게미나 쌀죽 등을 섞어 제조한 발효식품으로 짐작된다. 이후 김치에 여러 가지 젓갈과 생선 등 동물성 식품소재를 첨가하게 되었는데 안동 장씨 부인이 지은 「음식디미방(飲食知味方, 1670년경)」에 여러 가지 침채류를 만드는 방법이 있다. 특히 생치침채법(生雉沈菜法)을 보면 "꿩을 삶아 오이지와 같이 썰어 따뜻한 물에 소금을 알맞게 넣어 나박김치처럼 담가 먹는다"라는 기록이 있다.

1680년 음식책인 요록(要錄)에는 고추를 사용하지 않으면서 순무, 배추, 동아, 고사리, 청대콩 등의 김치와 소금으로 절인 순무뿌리를 묽은 소금물에 담근 동치미(冬沈)가 소개되었다.

조선 중기 임진왜란(1592~1598) 전후로 고추가 도입되면서 우리의 김치류의 변화를 주었다. 당질이 많은 고추가 도입되면서 김치에 첨가되기 시작하여 수백 종에 이르는 김치의 발전을 보게 되었다. 1766년 「증보산림경제(增補山林經濟)」에서는 김치에 고추를 사용함으로써 색깔과 맛에 조화를 이루는 오늘날과 같은 김치의 제조법을 기술하고 있다.

19세기에 들어서면서 우리나라의 다양한 김치 조리·가공법은 서유구의 「임원십육지(林園十六志)」에 소개되었다. 김치제조는 소금, 술지게미, 향신료 등과 젓갈, 장, 생강, 마늘, 식초 등의 짜고 시고 매운 것과 잘 조화시킨 것이라고 하였다.

지금은 김치류의 종류만 해도 200여종이 되며 김치 제조 시에 사용하는 재료와 담그는 시기, 담그는 방법에 따라서 맛과 품질이 결정된다. 김치는 우리의 전통발효식품이며 고유한 음식문화이면서 최근에는 일본인들의 식문화에 중요한 음식으로 자리 잡아 가고 있다. 따라서 김치의 고유한 맛을 유지시키면서 산업화를 위해서는 제조공정의 산업화, 저장성 향상 및 포장에 관한 전반적인 연구개발이 요구된다.

2 김치의 분류

김치류는 사용되는 원재료와 담그는 방법 또는 개인이나 지역에 따라 종류가 매우 다양하다. 김치류는 김치류, 깍두기류, 동치미류, 절임류, 짠지류, 식해류 등으로 구분되며 이들을 세분하여 192종으로 분류된다. 식품공전에 따르면 김치류는 배추, 무, 오이, 열무, 파 등 채소류를 식염에 절인 후 여러 가지 부원료를 첨가하여 발효·숙성시킨 것이나 이를 가공한 것을 말한다. 이들 김치류의 분류는 주로 주원료에 따라 분류되며 다시 부원료에 의해 종류별로 구분된다. 또한 각 지방에 따라 독특한 부원료를 사용하여 고유한 방법으로 담그는 향토적인 김치도 있다.

1) 주재료별 김치의 분류

김치의 분류에서 주재료에 따른 분류로 크게 김치류, 깍두기류, 동치미류, 소박이류, 겉절이류, 생채류, 식해류, 장아찌류 등 8군으로 분류할 수 있으며, 이들을 각각 세분하여 김치 108종, 깍두기 21종, 동치미 10종, 소박이류 11종, 겉절이 10종, 생채 8종, 식해 2종 등 총 192종으로 분류하였다. [표 6-1]은 김치의 종류이다.

표 6-1	김치의 종류		
종류			**명칭**
김치류 · 108종	배추김치류	11(종)	배추김치, 통배추김치, 양배추김치, 속대김치, 보쌈김치, 백김치, 씨도리김치, 얼갈이김치, 봄동겉절이김치, 강지, 배추겉절이김치
	무김치류	21	총각김치, 알타리김치, 빨간무김치, 숙김치, 서거리김치, 채김치, 비늘김치, 무청김치, 나박김치, 애무김치, 단무지, 열무감자김치, 비지미, 무묵음김치, 무백김치, 무명태김치, 무국화김치, 무배김치, 무오가리김치, 무말랭이김치, 무말랭이파김치
	나물김치류	20	호박김치, 깻잎김치, 미나리김치, 냉이김치, 시금치김치, 콩나물김치, 고들빼기김치, 박김치, 죽순김치, 쑥갓김치, 고구마줄거리김치, 고춧잎김치, 가지김치, 달래김치, 메밀순김치, 도라지김치, 두릅김치, 부추김치, 고추김치, 풋마늘김치
	석박지	6	멸치젓 석박지, 동아석박지, 배추석박지, 무석박지, 대구석박지, 고춧잎석박지
	파김치	5	실파김치, 쪽파김치, 오징어 파김치, 전라도 파김치, 황해도 파김치
	어패류 및 육류김치	10	굴김치, 꽁치김치, 새치김치, 대구김치, 북어김치, 오징어김치, 전복김치, 닭김치, 꿩김치, 제육김치
	해조류김치	4	파래김치, 미역김치, 청각김치, 톳김치
	물김치류	19	시금치물김치, 인삼·오이물김치, 청갓무김치, 가지물김치, 분디물김치, 알타리국물김치, 열무물김치, 돌나물물김치, 콩나물물김치, 더덕물김치, 갓물김치, 오이물김치, 열무오이물김치, 연배추물김치, 배추물김치, 평안도 통배추국물김치, 풋배추물김치, 속음배추물김치, 달랭이물김치
	기타 김치류	12	갓지, 석류김치, 어리김치, 골림김치, 곤지김치, 고추김치, 장김치, 율장김치, 원추리김치, 하루나김치, 냉면김치, 찌개김치
깍두기류		21	알깍두기, 굴깍두기, 아가미깍두기, 명태깍두기, 쑥갓깍두기, 우엉깍두기, 숙깍두기, 대구깍두기, 대구알깍두기, 즉석용 흰깍두기, 열무오이깍두기, 오이깍두기, 풋고추깍두기, 풋고추잎깍두기, 삶은무깍두기, 북어깍두기, 오징어깍두기, 채깍두기, 창란젓깍두기, 곤쟁이젓깍두기, 멸치젓깍두기

동치미류	10	동치미, 서울동치미, 나박동치미, 실파동치미, 무청동치미, 갓동치미, 총각무동치미, 알타리동치미, 궁중식 동치미, 배추 동치미
소박이류	11	소박이김치, 소배추소박이김치, 오이소박이, 통대구소박이, 빨간무소박이, 배추쌈오이소박이, 갓소박이, 고추소박이, 더덕소박이, 무청소박이, 오이송송이
겉절이류	10	상추겉절이김치, 얼절이김치, 배추겉절이김치, 배추시레기김치, 실파겉절이김치, 무겉절이김치, 오이겉절이김치, 깻잎·양파겉절이김치, 열무겉절이김치, 부추겉절이김치
생채류	8	도라지생채, 노각생채, 파생채, 오이생채, 오징어생채, 더덕생채, 무생채, 제육생채
식해류	2	가자미식해, 마른고기식해
장아찌류	22	마늘장아찌, 마늘종장아찌, 달래장아찌, 고춧잎장아찌, 풋고추장아찌, 배추꽃이장아찌, 배추잎장아찌, 무채장아찌, 무숙장아찌, 연무장아찌, 무청장아찌, 무말랭이젓장아찌, 배추무말랭이장아찌, 배추짠지, 파짠지, 파강회짠지, 무채짠지, 삭힌고추 짠지, 무배추고추잎짠지, 고갱이짠지, 열무짠지, 골곰짠지

2) 지방에 따른 김치의 종류

우리나라는 남북으로 겨울의 기온차가 크기 때문에 김치에 사용되는 소금의 양과 지역에 따른 부재료의 첨가에 따라서 김치의 맛에 차이가 있다. 지방의 고유한 맛을 담은 김치는 지방의 특징적인 기후조건과 환경에서 생산되는 원료들을 사용하여 자연조건에 알맞은 제조방법으로 생산된다.

중부지방의 김치는 짠맛이 적으며 맛이 담백하다. 서울지방의 김치는 종류가 다양하며 새우젓, 조기젓, 황석어젓 등 담백한 젓국을 많이 쓴다. 강원도 지역의 김치는 한랭한 기후에서 생산되는 고랭지 배추를 사용하며, 생오징어채나 생태살과 새우젓국으로 간을 하여 시원하고 개운한 맛을 낸다. 충청도 김치는 맛이 순하며, 김치에 양념은 별로 많지 않고 젓갈은 새우젓, 황석어젓, 조기젓 등을 많이 쓰는 것이 특징이다. 남부지방의 김치는 양념이 많아 맵고 간이 세며 김치국물이 적은 편이다. 김치의 보존을 위해 소금 양을 많이 사용하고 멸치젓을 주로 사용한다. 반면에 북부지방의 김치는 간이 싱겁고 양념을 적게 사용하여 맛이 시원하다. 동치미, 백김치 등 국물이 넉넉한 편으로 새우젓, 황석어젓이 주로 사용된다. [표 6-2]는 지방에 따른 김치의 종류를 나타낸다.

표 6-2	지방에 따른 김치의 종류
지역	**김치의 종류**
서울	감동젓김치, 배추김치, 깍두기, 백김치, 무청깍두기, 굴깍두기, 숙깍두기, 보쌈김치, 오이김치, 박김치, 열무김치, 갓김치, 장김치, 나박김치, 동치미, 석박지, 무·오이송송이, 석류김치
경기도	호박열무김치, 고수김치, 호박배추김치, 총각김치, 들깻잎짠지, 보쌈김치, 백김치, 비늘김치, 숙김치, 용인오이지, 씀바귀김치, 순무김치, 꿩김치, 동치미, 채김치, 순무짠지, 순무석박지, 고구마줄기김치, 팥잎김치, 연꽃동치미, 인삼물김치, 미나리물김치
강원도	짠짠지, 창란젓깍두기, 채김치, 해물김치, 강릉깍두기, 깍두기, 씀바귀김치, 서거리김치, 동치미, 파래김치, 꼴뚜기무생채, 무청김치
충청도	굴석박지, 총각김치, 파짠지, 오이지, 시금치김치, 나박김치, 열무김치, 가지김치, 갓김치, 묘삼나박김치, 박김치, 새우젓깍두기, 돌나물김치, 양파김치, 고춧잎김치, 알타리김치, 어리김치, 굴깍뚜기, 속은배추겉절이, 호박김치
전라도	검들김치, 약김치, 고추젓김치, 오이소박이, 가지김치, 고구마순김치, 고구마줄기김치, 고춧잎김치, 풋고추김치, 고들빼기조기젓김치, 고들빼기새우젓김치, 전복김치, 씀바귀김치, 갓김치, 고구마김치, 고들빼기김치, 부추김치, 양파김치, 파김치, 미나리김치, 콩나물김치, 가지김치, 박김치, 우엉김치, 감동김치, 감김치, 박깍두기, 무짠지, 파래김치, 반지(백지), 깻잎김치
경상도	안동식해, 콩잎김치, 깻잎김치, 고구마김치, 골골짠지, 분홍지, 우엉김치, 더덕지, 사연지, 쪽파김치, 쑥갓김치, 마늘줄기김치, 가지김치, 토란김치, 박김치, 씀바귀김치, 미나리김치, 고들빼기김치, 감김치, 무말랭이김치, 돗나물김치, 돌뱅이국물김치, 비지미, 부추김치
제주도	전복김치, 동지김치, 해물김치, 나박김치, 양하김치, 파김치, 당근김치, 귤물김치, 퍼데기김치
황해도	호박김치, 동치미, 갓김치, 고수김치, 꿩김치, 닭김치, 가두배추석박김치, 참나물김치, 석박지, 달래젓김치

평안도	냉면김장김치, 가지김치, 동치미, 백김치, 겨자김치, 삶은무김치, 매화김치, 알타리동치미, 연꽃동치미, 오이물김치
함경도	콩나물김치, 쑥갓김치, 함경도대구깍두기, 봄김치(햇김치), 가자미식해, 명태김치, 채칼김치, 풋절이, 물김치, 한치김치

3) 계절에 따른 김치의 종류

계절에 따라 얻어지는 다양한 원료들을 사용하여 특징적인 김치를 제조할 수 있다.

봄에는 움에 묻어 두었던 무를 이용한 나박김치, 햇배추 등으로 담그며, 3~4일 정도 단기간 숙성하여 채소성분의 파괴를 최소화한다. 여름에는 오이소박이, 열무김치, 가지, 박, 부추 등을 이용한 단기숙성김치와 소금물을 끓여 부어 익히는 오이지가 있다. 가을에는 수확한 무, 배추를 사용하여 담근 통배추김치가 대표적이며 겨울에는 김장김치를 들 수 있다. [표 6-3]은 계절별 대표적인 김치의 종류이다.

표 6-3	계절별 김치의 종류
계절	**김치의 종류**
봄(3~5월)	돌나물김치, 햇배추김치, 파(봄)김치, 시금치김치, 봄갓김치, 얼갈이김치, 미나리김치 등
여름(6~8월)	열무김치, 열무물김치, 부추김치, 오이소박이, 양배추김치, 가지김치, 박김치, 오이지 등
가을(9~11월)	고들빼기김치, 가지김치, 총각김치, 파김치, 고춧잎김치, 가을갓김치, 콩잎김치, 깻잎김치, 통배추김치, 동아김치, 풋고추김치 등
겨울(12~2월)	석박지, 통배추김치, 보쌈김치, 깍두기, 통무김치, 백김치, 동치미, 총각김치, 호박지 등

3 김치의 재료

계절별로 수확되는 다양한 채소류 및 산채류, 지역에 따른 향신료, 젓갈류 등은 김치의 특징적인 맛을 부여하며 다양한 맛의 김치를 제공한다. 김치의 재료는 주재료, 부재료 및 향신료로 크게 구분된다. 맛있는 김치를 담그기 위해서 질이 좋고 신선하며 용도에 알맞은 채소류와 소금, 양념류, 젓갈 등이 필요하다.

1) 주재료

김치의 맛은 주재료의 품질에 의해서 좌우될 수 있으며 크게 식물성과 동물성 재료로 구별된다. 주재료로 통배추, 무, 열무, 오이, 상추 등이 있으며 동물성 주재료는 북어, 가자미, 굴, 동태, 명태, 전복 같은 해물류가 있다. 부재료는 채소류, 과실류, 곡류, 동물성 재료가 있으며, 향신료와 새우젓, 멸치젓 같은 젓갈류는 김치의 독특한 맛을 한층 높이는 데 필수적인 양념류이다. 식물성 재료는 칼로리가 낮고 수분이 많으며 섬유소를 많이 함유하고 비타민도 상당량 함유한다. 특히 배추는 품종, 계절과 산지에 따라서 맛, 당도 및 조직감 등에 차이가 있다. [표 6-4]는 김치 재료의 종류를 나타낸다.

표 6-4		김치 재료의 종류
구분		**재료**
주재료	식물성	통배추, 햇배추, 무, 총각무, 열무, 가지, 오이, 상추, 고춧잎, 풋고추, 통마늘, 마늘종, 동과, 노각, 고들빼기, 톳, 분지, 콩나물, 속세, 더덕, 돌나물, 갓, 파, 부추, 양배추, 미나리, 고구마줄기, 무청
	동물성	북어, 가자미, 굴, 도루묵, 동태, 명태, 꿩, 닭, 전복
부재료	채소류	갓, 미나리, 당근, 쑥갓, 순무잎, 콩잎, 깻잎, 무청, 청각
	과실류	대추, 호박, 참외, 은행, 잣, 귤, 토마토, 곶감, 유자, 치자, 사과, 배, 밤
	곡류	쌀겨, 보리쌀, 찹쌀, 누룩, 밀가루, 엿기름, 좁쌀
	기타	표고버섯, 석이버섯, 대나무잎
	동물성	낙지, 굴, 조기, 동태, 새우, 오징어, 쇠고기, 돼지고기, 달걀, 대구, 문어, 연어

조미 향신료	향신료	파, 마늘, 고춧가루, 생강, 부추, 겨자, 후추, 양파, 달래, 계피
	조미료	소금, 간장, 식초, 화학조미료, 참기름, 감미료, 엿, 깨
	젓갈류	새우젓, 멸치젓, 황석어젓, 갈치젓, 창란젓, 조개젓, 소라젓, 조리젓, 꼴뚜기젓, 곤쟁이젓

2) 부재료

김치에 사용하는 부재료는 크게 식물성과 동물성 재료로 구분되며 이중에서 채소, 과일, 향신료 등은 65종이고, 젓갈류 10종 등 100종 이상의 부재료들이 김치에 이용되고 있다. [표 6-5]는 김치에 사용되는 재료들의 사용비율을 나타낸다.

표 6-5 김치 재료의 사용비율

종류/비율		70% 이상	50% 이상	30% 이상	30% 이하
김치류	김장김치	배추, 무, 마늘, 파, 생강, 미나리, 고춧가루	실고추, 갓	새우젓, 멸치젓, 청각, 밤, 배, 귤	조기젓, 통깨, 설탕
	열무김치	열무, 밀가루, 파, 마늘, 생강	–	고추, 미나리, 오이, 고춧가루, 실고추	대추, 설탕, 멸치젓, 새우젓국, 통깨, 찬밥, 부추, 가지, 닭
	장김치	무, 배추, 미나리, 파, 마늘, 실고추, 표고버섯, 배, 생강, 설탕, 간장, 밤	석이버섯, 실백	대추, 잣	당근, 청각, 고춧가루
	총각김치	무, 마늘, 파, 고춧가루, 생강	새우젓, 젓국	설탕	실고추, 통깨
	석박김치	배추, 무, 갓, 마늘, 파, 생강	미나리	고춧가루, 조기젓, 낙지, 전복, 청각, 밤, 배	고추, 젓국, 오이, 굴

김치류	나박김치	무, 마늘, 미나리, 파, 실고추, 생강	설탕	배추	고춧가루, 배, 고추, 달래, 당근, 실백, 통깨
	백김치	배추, 파, 마늘, 실고추, 생강	미나리, 무 새우젓, 갓	석이, 밤, 대추, 표고 버섯, 실백, 청각, 설탕	잣, 북어, 당근, 조개젓, 멸치젓
	오이김치	오이, 마늘, 파, 고춧가루, 생강	-	설탕	새우젓, 실고추, 당근, 미나리, 쇠고기, 식초, 참기름, 통깨, 무, 배, 부추, 밀가루, 간장, 실백
	갓김치	갓, 파, 마늘, 생강	실고추, 멸치젓, 고춧가루,	미나리, 통깨	밤, 실백, 새우젓, 무, 설탕, 배추, 잣, 동태, 고추, 생굴, 시금치
	돌나물 김치	돌나물, 파, 마늘, 밀가루, 생강	고춧가루	실고추, 설탕	미나리
	고들빼기김치	고춧가루, 고들빼기, 멸치젓, 마늘, 통깨, 실고추, 파	설탕, 소라젓, 생강, 무말랭이, 간장	꼴뚜기젓, 북어	찹쌀풀, 참기름, 밤
	파김치	파, 마늘, 생강, 고춧가루, 통깨	멸치젓, 간장	실고추, 젓국	밀가루, 새우젓, 무, 찹쌀가루
기타	장아찌	무, 간장, 파, 마늘, 생강, 설탕	고춧가루, 통깨, 참기름	-	고추, 미나리, 쇠고기, 후추
	오이지	오이, 소금, 물	-	-	설탕, 식초, 진간장
	깍두기	무, 마늘, 파, 새우 젓, 고춧가루, 생강	미나리	갓	설탕, 실고추, 젓국, 배추, 청각
	동치미	무, 파, 고추, 생강	마늘, 파	배, 갓, 청각	붉은고추, 설탕, 배추, 오이, 실고추, 유자
	식해	고춧가루, 가자미, 좁쌀, 마늘, 무, 생강	파, 엿기름	설탕	-
	짠지	무, 고추, 소금	-	청각, 파, 마늘, 꿀	생강

　배추김치에 사용되는 부재료는 무, 파, 마늘, 생강, 고추, 청각, 당근, 황석어젓, 새우젓, 멸치젓, 동태, 굴, 생새우, 낙지, 깨, 설탕, 소금, 미나리, 갓 등 30여종의 부재료가 쓰이고, 보쌈 김치의 경우는 35종의 부재료가 사용된다. 반면에 상업적으로 생산되는 배추김치의 경우에 무, 소금, 고춧가루 등 부재료는 10종 이하로 쓰인다. 특히 여러 종류의 젓갈과 굴, 새우, 생태, 낙지 등의 해산물은 단백질 공급원이면서 칼슘, 마그네슘, 철, 인 등의 무기질도 보충해 주고 독특한 맛과 풍미를 갖는 김치를 만든다.

　김치 제조 원료의 선택은 지역과 계절 또는 개인의 입맛에 따라서 다양할 수 있다. 부재료의 사용비율을 보면 소금은 3%, 고춧가루 2~3%, 마늘은 0.7~2% 정도 사용하며, 젓갈은 새우젓 87%, 굴 85%, 황석어젓 60%, 멸치젓 55%의 빈도로 사용되고 있다. 특히 고추는 재배지역과 품종에 따라서 매운 맛의 정도에 차이가 있어 사용목적에 따라 선택한다.

　김치 제조에 부재료가 제한적으로 사용되는 경우는 사찰음식에서 볼 수 있다. 김치는 사찰음식에서 매우 중요한 부식이다. 김치를 담글 때에는 자극적인 채소와 양념(파, 마늘, 부추), 젓갈은 사용하지 않으며 대신 김치 양념으로 소금, 간장, 고춧가루, 생강, 콩깨 등이 주로 쓰이고 잣즙, 들깨즙, 호박죽, 밀가루죽, 감자 삶은 물 등을 사용하여 담백함과 특유의 맛을 갖는 김치를 제조한다.

4 김치의 제법

　김치의 제조공정은 간단하지만 사용하는 원료들이 다양해 김치의 품질특성에 차이점이 있다. 김치의 맛은 주원료와 부원료에 따라 차이가 있지만 담그는 방법에 따라서도 크게 달라진다. 일반적으로 김치의 담금방법은 크게 원료의 절임공정과 발효숙성의 단계로 구분할 수 있다. 일반적으로 김치제조에서 채소류의 절임은 젖산발효를 위한 시작 단계이며, 첨가된 소금의 양에 따라서 발효숙성에 영향을 미치면서 김치의 품질에 영향을 준다. 주원료는 절임, 버무림, 발효저장 및 저장용기에 따라서도 맛이 달라진다. 또한 지방에 따라 제조방법이 특이하여 경기, 충청지방은 새우젓을 사용하며 경상·전라지역은 멸치젓을 주로 사용하고 북쪽지방은 싱겁고 고춧가루를 적게 사용한다. 경상지방 김치는 짜고 전라지방 김치는 비교적 매운 것이 특징이다. 일반적인 배추김치의 제조공정은 [그림 6-1]과 같다.

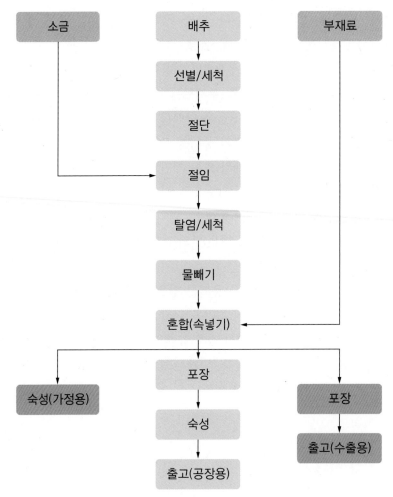

[그림 6-1] 일반적인 배추김치의 제조공정

1) 원료의 배합

김치에는 주재료와 부재료로 여러 종류의 젓갈과 굴, 새우, 생태, 낙지 등의 해산물과 여러 향신료를 첨가하면서 영양 강화 및 독특한 맛을 갖는다. 김치 재료들은 맛 이외에도 김치숙성 및 저장성 등에 영향을 줄 수 있다. 특히 여러 향신료들과 소금은 김치의 숙성과 맛에 영향을 주기 때문에 적당한 선택과 배합이 필요하다. 오래 두고 먹을 김치는 조금 짜게 담가야 하고, 마늘의 양이 생강의 2배 정도 되게 한다. 김치를 담글 때 굴, 생새우, 오징어, 흰살생선, 낙지 등의 해물을 넣으면 맛과 영양이 뛰어난 김치가 된다. 그러나 너무 많이 넣으면 김치가 빨리 시어질 우려가 있으므로 저장기간과 용도에 맞게 담근다. 밀가루 풀이나 찹쌀풀은 김치를 빨리 익게 하며 맛과 영양이 보완되어 여름철에 많이 사용된다.

2) 담금

배추김치(Chinese cabbage kimchi)를 담글 때의 절임과정은 매우 중요하며 소금절임의 중요한 역할은 아래와 같다.

❶ 세포기능의 정지로 조직의 불활성화 형태로 전환
❷ 조직의 유연성 증진 및 수분 함량 조절
❸ 삼투작용으로 야채의 조직으로부터 각종 영양물질의 유출

소금절임에 의한 담금과정은 마른 소금법과 염수법이 있으며 대량으로 김치를 생산하는 업체에서 일정한 품질을 갖도록 하기 위해서는 소금절임의 단계를 효율적으로 실시해야 한다.

마른 소금법은 배춧잎 사이사이에 마른 소금을 뿌려서 차곡차곡 쌓아 놓는 것이다. 소금의 사용량은 재료의 약 10~15%로 한다. 염수법은 15% 내외의 소금용액에서 배추를 6시간 정도 담가 놓는다. 절임 배추의 염농도는 3% 정도가 적당하며 저장기일이나 온도를 고려하여 조절한다. 상온에서 배추 중에 3%의 염농도를 갖게 하려면 20% 식염수에서 3시간, 15% 식염수에서 6시간 정도가 소요된다.

3) 발효숙성

절인 배추는 준비된 각종 부재료를 배합한 후 혼합한다. 이때 배합은 지방, 계절, 기호 등에 따라 차이가 있다. 부재료가 첨가된 배추는 용기에 차곡차곡 다져 넣는다. 숙성은 다양한 원료로부터 유입된 젖산균들이 혐기적 조건에서 잘 생육하면서 젖산을 생성하도록 최대한 산소의 접촉을 방지한다. 김치의 숙성은 숙성온도, 식염농도, 부재료의 종류

나 배합비율과 밀접한 관계가 있다. [표 6-6]은 배추김치의 숙성에 대한 숙성온도 및 식염농도의 관계이다.

표 6-6	식염농도와 온도에 따른 배추김치의 숙성기간(일)			
소금농도(%) 숙성온도(℃)	2.3	3.5	5.0	7.0
30	1~2	1~2	2	2
20	2~3	2~3	3~5	10~16
14	5~10	5~12	10~18	13~22
5	35~180	55~180	90~180	–

숙성온도가 낮을수록 또는 식염농도가 높을수록 숙성기일이 많이 소요된다. 따라서 김치의 숙성을 지연시키기 위해서는 낮은 온도에서 숙성시키는 것이 필요하다. 부재료 중에서 마늘, 고추, 멸치젓 등은 숙성을 촉진하는 반면에 파, 생강 등은 숙성에 별 영향을 미치지 않는다.

김치가 최적의 맛을 내기 위해서는 숙성김치의 유기산 함량이 매우 중요하며, 이는 숙성조건에 영향을 받는다. 천연 양념만으로 제조된 김치의 유기산 함량은 숙성온도가 높을수록 증가하면서 숙성기간이 짧아진다. 숙성온도가 4℃일 때 최적산도 0.5~0.7%에 도달하는데 10~20일 소요되며 8~10℃에서는 4~6일이 되면 0.7%에 도달한다. 숙성기간도 김치 원료의 종류와 배합비율에 의해서 변한다.

4) 발효미생물

김치의 숙성은 절임부터 미생물의 작용에 의해서 시작된다. 김치의 숙성은 순수접종균에 의한 것이 아니라 다양한 채소와 향신료 등의 원료에 존재하던 미생물들 중에서 일정 농도의 소금에 절여진 채소류에서 적응하여 생육하는 미생물들에 의해서 주로 이루어진다. 김치 숙성과정 중에 관여되는 미생물은 식염농도, 숙성온도, pH의 변화 및 산소의 존재유무 등에 따라 좌우되며, 김치의 숙성정도에 따라 관여하는 미생물상도 달라진다. 또한 미생물상이 달라지면 김치의 맛과 풍미도 변한다. 숙성초기부터 말기까지 관여하는 미생물들은 세균 중에서 젖산균과 효모이다. 김치의 발효는 여러 가지 미생물에 의해서 성분 변화가 계속적으로 일어나기 때문에 숙성의 최적기를 지나면 산생성량이 너무 높아 김치품질이 저하된다. 김치류는 어느 정도 숙성기간이 지나면 과숙되며 김치의 연부현상(softening)이 일어나 채소의 조직이 손상되어 물러진다. 따라서 숙성과 맛에 관여하는 미생물들의 선별적인 활용 및 숙성관리가 필요하다.

발효초기에는 초기 염농도 3% 정도에서 생육할 수 있는 내염성 세균들이 유기산을 생성하면서 pH가 낮아지고 혐기적 상태가 되면 내산성균과 혐기성 세균들이 생육하게 된다. 호기성균은 초기에는 증가를 보이지만 점차 감소되다가 숙성이 이루어지면 다시 증가되며, 혐기성균은 초기부터 계속 증가하다가 호기성균이 증가하게 되면 점차 감소되는 경향이다. [그림 6-2]는 김치발효 중의 미생물 생육을 나타낸다.

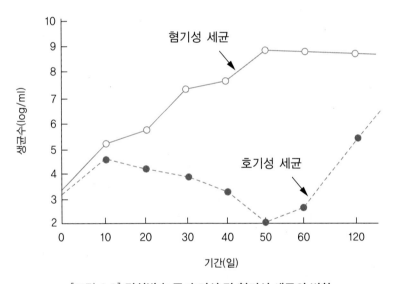

[그림 6-2] **김치발효 중 호기성 및 혐기성 세균의 변화**

김치 숙성 중의 호기성 세균으로는 *Pseudomonas mira*, *Ps. nigrifaciens*, *Bacillus macerans* 등이고, 혐기성 세균으로는 *Leuconostoc mesenteroides*와 *Lactobacillus plantarum* 및 *Streptococcus faecalis*, *Pediococcus cerevisiae* 등이며, 이 외에도 200여 균주의 미생물들이 분리되었다. 이상 젖산발효균인 *Leuc. mesenteroides*는 초기에 잘 생육하여 젖산 이외에 탄산가스 및 초산을 생성하므로 호기성 세균들의

생육을 억제시키는 역할을 하면서 김치의 숙성균으로 간주된다. *Streptococcus*속과 *Pediococcus*속은 중반기에 생육하며 그리고 *L. plantarum*과 *L. brevis*는 발효 후기에 생육된다. 정상 젖산균인 *L. plantarum*은 *Leuconostoc*속 보다 2배 산생성능이 높으며 김치 과숙 시 최고의 생육을 나타냄으로써 김치의 산패와 관계가 있다. *Str. faecalis*는 발효 초기에 나타났다가 소멸하는 것으로 보아 내산성이 약하며, *Ped. cerevisiae* 역시 *L. plantarum*과 더불어 내산성이 강하며 김치의 과숙성에 관여하는 것으로 보인다. [표 6-7]은 김치숙성 중의 세균수의 변화이다.

표 6-7	김치숙성 중의 미생물 생균수				(Log 생균수/mL)
숙성(일수) 균명	0	10	30	50	60
Pseudomonas mira	3.0	4.5	3.5	-	-
Ps. nigrifaciens	-	4.3	3.7	2.0	-
Bacillus macerans	-	-	-	2.0	2.6
Leuc. mesenteroides	3.6	4.7	7.2	7.0	-
L. plantarum	-	4.3	7.3	8.3	8.3
L. brevis	-	-	6.0	7.7	7.7
Str. faecalis	-	4.5	6.0	-	-
Pediococcus cerevisiae	-	-	-	8.5	-

서양의 채소발효식품인 사우어크라우트 제조 시에 7.5℃의 낮은 온도에서는 *Leuc. mesenteroides*만이 생육하면서 10일 동안 0.4% 산생성을 보이며 반면에 18℃ 온도에서는 산생성이 촉진되었다. 한편 23℃에서는 *L. brevis*와 *L. plantarum*의 생육이 활발해지면서 10일 안에 1.5% 정도의 산생성을 보이면서 발효는 30일 안에 완성된다. 이는 채소발효 시에 온도에 따라 관여하는 발효미생물의 종류 및 산생성에서의 차이를 의미한다.

[표 6-8]은 절임 중에 관여하는 젖산균들의 종류, 생육온도 및 내염성을 나타낸다. 김치숙성 중의 효모수의 변화는 120일까지는 완만하게 증가하면서 4×10^4 정도를 보였다. 효모 중에는 *Saccharomyces*를 비롯하여 *Torulopsis*, *Candida*, *Hansenula*, *Pichia* 등 총 17종의 효모가 확인되었다. 김치 중의 효모는 알코올, 비타민, 향기물질

을 생성하지만 *Pichia*, *Hansenula* 등은 김치 표면에 막을 형성하면서 품질에 손상을 준다.

표 6-8	숙성 중에 관여하는 젖산균의 종류와 특성			
균류	형태	발효형식	생육온도(℃)	내염성 NaCl(%)
Str. faecalis	구균	정상	10~45	10~13
Str. faecium	구균	정상	10~45	15~18
Ped. acidilactici	구균	정상	5~50	13~15
Ped. pentosaceus	구균	정상	5~45	13~15
Ped. halophilus	구균	정상	10~45	15~18
Leuc. mesenteroides	구균	이상	5~40	3
L. plantarum	간균	정상	10~45	13~15
L. brevis	간균	이상	15~45	−

5 성분 및 영양

김치의 숙성 중 산도와 pH의 변화는 김치의 맛과 품질을 좌우한다. 발효초기의 pH는 5.5~5.8에서 최적 숙성 김치의 pH는 4.5~4.2로 떨어진다. 최적 김치의 산도는 0.4~0.75%이며 과숙성되면 1.0% 이상에 도달하고 1.5~2.0% 범위의 산도를 나타낼 수 있다. 김치 중 유기산이나 pH의 변화는 숙성온도에 밀접한 관계가 있다[그림 6-3].

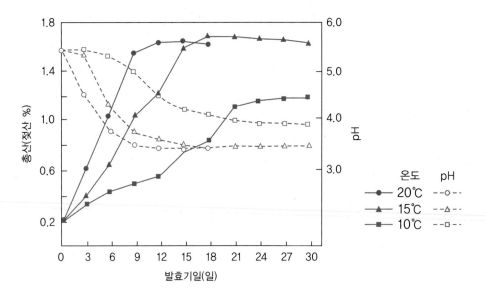

[그림 6-3] 김치 숙성과정에서 온도에 따른 총산과 pH

김치 중의 유기산은 젖산 이외에 구연산, 수산, 식초산(acetic acid), 포름산, 피루브산, 프말산(fumaric acid), 사과산(malic acid) 등이 존재한다. 숙성온도가 상승할수록 산도가 증가하는데 적당한 맛을 주는 김치는 10℃에서 15일, 15℃에서는 7일, 20℃에서는 약 5일이 소요된다.

소금 농도와 숙성온도에 따른 김치의 숙성을 보면 숙성온도가 높고 염분이 낮을수록 숙성기일이 단축된다[그림 6-4]. 소금농도와 숙성온도는 젖산균에 의한 유기산 생성에 영향을 미치면서 소금농도 7.0% 정도에서는 산 생성이 크게 억제된다. 또한 숙성온도가 낮을수록 생성된 총산이 감소하면서 숙성온도 5℃에서는 소금농도 2.3% 조건이 숙성 37일에 0.65%를 나타낸다.

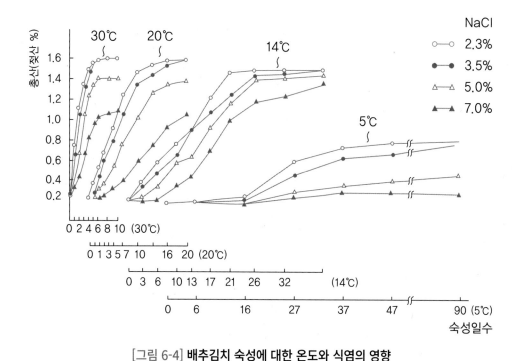

[그림 6-4] 배추김치 숙성에 대한 온도와 식염의 영향

김치에 함유된 비타민 A, B, C의 양은 최적 숙성기에 최고로 많으며, 비타민 B_1, B_2, B_{12} 등은 발효 최적기에 초기의 2배까지 함유량이 증가하지만 과숙성되면 감소한다.

김치의 영양성분은 사용된 원료의 종류와 배합비율에 따라 차이가 크다. 고추는 비타민 A와 C를 많이 함유하고 있으며, 마늘은 황화알릴(allyl sulfide)이라는 자극성 성분을 갖고 있어서 항균작용과 체내 비타민 B_1의 흡수를 촉진시킨다. 또한 김치의 원료에 함유된 다량의 섬유질은 변비를 막아주며, 젓갈은 단백질과 칼슘의 급원이 된다.

담근 김치에는 약간의 유해균이 있을 수 있지만 발효과정에서 대부분 사멸되면서 맛과 영양이 최적으로 숙성된다. 김치류는 익어감에 따라 항균작용이 있어 유해균의 생육이 억제되며, 생성된 젖산에 의해 독특한 맛이 부여된다. 다량의 젖산균은 장내 유해세균의 생육을 억제시킴으로써 이상발효를 막을 수 있으며, 정장작용 및 프로바이오틱스로서 역할을 한다. [표 6-9]는 김치류의 100g당 일반성분을 나타낸다.

종류	수분 (%)	단백질 (g)	지방 (g)	섬유소 (g)	칼슘 (mg)	철 (mg)	비타민					열량 (kcal)
							A (I.U)	B$_1$ (mg)	B$_2$ (mg)	B$_3$ (mg)	C (mg)	
무청김치	85.9	2.7	0.7	–	3	–	1,702	0.04	0.07	3.3	19	27
깍두기	87.0	2.7	0.8	5.6	5	–	946	0.03	0.06	5.8	10	31
배추김치	88.4	2.7	0.6	7.2	28	–	492	0.03	0.06	2.1	12	19
무짠지	89.7	0.9	0.1	0.9	43	1.0	0	–	0.02	0.2	0	14
동치미	93.6	0.7	0.2	4.2	1	–	0	0.01	0.03	1.0	7	9
단무지	90.3	0.3	0.2	0.4	37	0.7	0	0.02	0.01	0.3	0	17

표 6-9 김치류의 일반성분 (100g 당)

6 김치의 보존

최적의 숙성된 김치를 그대로 보존하려면 발효미생물과 효소의 작용을 억제시키는 방법이 필요하다. 최적의 김치 맛을 유지시키는 것은 매우 중요하며 기술적으로 어려운 과제이다. 김치의 기본적인 저장방법으로 냉장온도인 5℃ 이하에서의 보관은 김치의 저장성을 증가시킨다. 이외에도 산이나 염도를 높이는 방법, 방부제의 첨가, 열처리, 방사선처리, 천연 항균식물추출물 및 미생물 생육 저해제 등을 사용할 수 있다. 또한 연부효소의 작용을 억제하기 위해서는 김치조직이나 미생물에 기인하는 폴리갈락투로나아제(polygalacturonase)를 가열처리 등에 의해 불활성화시킨다.

김치의 맛을 유지시키기 위한 저장·보관 적온은 0~5℃이며, 100일까지도 산도가 0.7%를 유지한다. 수출용 김치의 대부분은 0~4℃ 온도의 컨테이너 박스에 포장되어 수송되는데 이 조건에서는 2~3개월간의 보존이 가능하다. 특히 −1℃ 온도를 유지하는 김치냉장고에서 김치의 숙성 및 저장은 여름철에도 4개월 이상 김치의 맛을 유지시킨다. 김치가 얼게 되면 김치 내부의 수분이 결정화되어 김치조직이 파괴되고 김치의 특성이 손상된다. 고염도 처리는 저장성을 증진시킬 수 있으나 식품학적 및 영양학적 측면에서 문제점이 있다. 가열 및 방사선 살균 역시 김치에 살아있는 효소와 젖산균을 사멸시켜 보존성의 증진 효과는 있으나 맛과 물성을 변화시켜 김치의 품질을 손상시킨다.

김치의 숙성은 미생물에 의한 발효로 이루어지므로 적당한 항균력을 지닌 천연물의 이용에 관한 많은 특허와 연구보고가 있다. 특히 젖산발효된 김치의 가식기간을 늘리기 위해서는 산의 생성량이 적은 이상젖산발효균의 번식에는 무관하면서 젖산생성량이 높은 정상젖산발효균의 생육을 선택적으로 억제시키는 항균제의 개발이 요구된다. 최근에는 배추김치의 저장성을 증진시키는 천연 물질 및 식품 추출물들이 보고되고 있다[표 6-10].

표 6-10 배추김치의 저장성을 증가시키는 천연소재	
소재	농도(%)
홉수지와 기름(hop resin/oil)	0.001~0.025
시나몬유(cinnamon oil)	0.01~0.1
생강유(ginger oil)	0.01~0.1
고추씨 추출물(extract of Chinese pepper seed)	0.1~0.1
키토산(chitosan)	1~5
인삼(ginseng)	2
양파(onion)	10
솔잎(pine needle)	2
나이신(nisin)	0.1

김치 담금재료에는 수많은 미생물들이 부착되어 있으며 이것은 김치보존성 및 품질에 영향을 미친다. 배추김치의 재료 중에서 배추, 고춧가루, 마늘, 생강 등에는 $10^4{\sim}10^6$/g 정도의 미생물이 존재하고 있으며, 적당한 온도조건이 되면 발효 또는 부패를 일으킬 수 있다. 따라서 미생물의 오염도가 낮은 청정채소류 및 위생적인 부재료 등을 이용하거나 담금재료를 효과적으로 세척하여 초기의 오염세균수를 감소시킴으로써 발효김치의 보존성 및 품질을 향상시킬 수 있다.

7 식품학적 의의

김치는 우리 고유의 전통발효식품이며 생리활성물질을 포함한 건강식품이다. 김치는 우수한 영양적 측면 이외에도 기능성에 관한 보고가 많다. 채소에 함유된 셀룰로스와 펙틴 등의 섬유소는 콜레스테롤의 억제로 동맥경화증 예방, 장내 노폐물 제거, 배변을 좋게 해주어 대장암예방에 효과적인 건강식품이다. 김치에 혼합되는 다양한 부재료 및 향신료들은 김치에 기능성을 더해준다. 마늘은 비타민 B군의 흡수를 도와 생리작용을 도우며, 노화방지에 효과적이다. 김치 재료의 여러 가지 성분들은 항산화 기능성 물질을 함유한다. 이런 항산화물질의 성분들은 일차적으로 식품의 품질 유지 및 지방질의 과산화 방지에 직접 관여할 뿐만 아니라 여러 가지 생물학적 활성 특히 항노화성, 항돌연변이성 및 항암성에 직접 관련이 있다.

특히 김치의 유산균과 생성된 젖산은 장내세균을 건전하게 보유하는 정장작용을 한다. 최근 김치유산균은 알레르기성 질환, 아토피, 자가면역질환 등에 예방 또는 개선효과가 있음이 보고되었다. 발효식품으로 김치는 영양 및 기능성이 밝혀지면서 세계적인 건강식품으로 주목받고 있다. 특히 김치는 2000년 제 40차 Codex 가공 과채류분과위원회의 심의를 거쳐 2001년 7월 Codex 총회에서 김치 Codex 규격으로 채택되었다.

8 김치의 산업화

김치의 종주국인 우리나라는 오랜 김치 제조와 식문화를 가지고 있다. 최근 품질이 우수한 김치가 공장에서 대량으로 생산되고 있다. 김치의 산업화 및 세계화를 위해서는 향미개선, 생산기술공정의 개선, 원료의 확보, 유통관리, 포장개발 및 미생물 제어기술을 통한 저장성의 연장 등이 해결해야 할 과제이다. 국내에서는 김치산업진흥법을 제정하여 김치산업의 경쟁력 강화와 세계화 등 김치산업의 활성화를 모색하고 있다.

우리나라 김치 제조업체수는 2008년 기준으로 818개 업체로 조사되었으며, 2012년 930개로 김치 제조업체가 급격히 증가하였다. 배추 등 농산물의 수급불안정과 생산기반의 취약으로 배추 및 원재료의 가격이 연중 평균 200% 이상의 가격차이가 있음에도 불구하고 최근 대부분 업체가 기계화된 시설을 보유하고 있어 생산효율을 높이고 있으며, 일부 김치공장은 하루에 100톤 이상의 김치를 생산하고 있다. 공장 김치의 수요는 2008년까지 매년 증가 추세를 보였지만, 2012년 국내 생산량 42만 톤, 소비량 37만 톤으로 감소하였다[표 6-11].

표 6-11	연도별 공장 김치의 국내 생산 및 수입 실적	(단위: 톤)
년도	생산량	수입량
2006	350,381	177,958
2008	412,408	222,369
2010	411,644	192,936
2012	421,989	218,844

2010년까지 김치수출 실적은 일본시장에 70% 이상으로 편중되고 있었지만 미국, 홍콩, 유럽인들의 입맛에 맞는 다양한 종류의 김치개발을 통한 수출 증대로 김치의 국제화가 가능하다[표 6-12]. 김치 수출은 2013년에 2만 3천 톤으로 나타났으며, 반면에 수입량은 중국 내 김치생산업체가 증가하면서 약 22만 톤으로 급증하였다.

표 6-12	국가별 김치 수출 현황				(단위: 톤)
국가 \ 년도	2009	2010	2011	2012	2013
일본	24,389	24,134	22,053	21,450	19,211
미국	686	868	794	1,047	1,206
대만	888	1,186	877	1,021	877
홍콩	430	536	683	903	937
기타	671	861	944	961	1,025
총계	27,064	27,585	25,351	25,382	23,256

김치를 건강식품으로 세계화하기 위해서 과학적 연구와 기호성 증진이 필요하다. 또한 김치의 산업화를 위해서는 계절에 따른 원재료의 규격화 및 중국 등에서 수입되는 원재료들의 품질관리가 필요하다. 또한 생산공정의 기계화 개선을 통하여 표준화된 맛과 품질을 갖는 김치제품생산이 요구된다.

Chapter 07

기타 절임류

1 쯔케모노(漬物, Tsukemono)

쯔케모노(Japanese pickle)는 일본식 절임을 말하며 채소를 바닷물로 절이기 시작한 데서 비롯되었다. 쯔케모노는 다양한 채소류를 원료로 하여 제조되며, 일본인들의 중요한 채소발효식품이다. 일본 침채류의 정의는 "채소, 과실, 버섯, 해조 등을 주원료로 하여 소금, 간장, 된장, 박(주박, 미림박), 코지(koji), 초(酢), 겨(쌀겨, 왕겨), 덧, 기타의 재료에 절인 것(절임)"을 말한다. 일본시장에서 유통되고 있는 쯔케모노는 주로 야채를 원료로 하여 가공한 상품이다.

1) 종류

쯔케모노의 분류방법은 원료종류와 절임방법 또는 숙성에 미생물의 관여 등에 따라서 다양하며 일본전국지물협회(日本全國漬物協會)에서 분류한 내용은 [표 7-1]과 같다. 이중에서 미생물의 작용을 받지 않는 절임은 소금절임, 간장절임과 초절임이며 박(粕)절임, 된장절임, 코지절임, 쌀겨절임 등은 미생물의 작용에 의존하는 절임방법이다.

표 7-1	쯔케모노의 분류			
종류	미생물 작용	종류	미생물 작용
간장절임	×	주박절임	○
초절임	×	된장절임	○
소금절임	×	코지절임	○
쌀겨절임	○		

2) 제조방법

쯔케모노에는 종류가 많고 그 제조법도 다양하나 크게 가공방법에 따라 대별되며 주로 소금절임하는 염지류(鹽漬類)인 1차 가공품과 염장한 것을 다시 조미절임하여 마무리한 2차 가공품으로 나눈다.

(1) 소금

쯔케모노의 원재료는 주원료인 채소류와 부원료인 소금, 쌀겨, 주박, 된장, 고추냉이, 코지 등이 있다. 소금은 쯔케모노 제조에 필수 원료이며 소금의 역할은 삼투압작용으로 채소 세포의 탈수에 의한 원형질 분리현상이 일어나면서 채소의 세포기능을 정지시킨다. 채소류의 세포 중에 존재하던 각종 효소들에 의해 세포의 사멸과 동시에 자기소화가 왕성하게 된다. 특히 식염의 역할은 고삼투압에 의한 생채소의 숨죽임의 작용과 부패균의 증식을 방지함으로써 미생물의 생육조절 및 제품의 보존성과 조미 등을 부여한다.

염분이 3%를 넘으면 대부분의 잡균은 억제되고 10% 이상에서는 대부분의 부패균은 방지되며 내삼투압성 효모, 젖산균, 곰팡이 등이 주류가 된다. 소금의 농도는 숙성발효에서 미생물의 생육과는 밀접한 관계가 있으며 제품의 품질과 맛을 좌우한다. [표 7-2]는 소금농도에 따른 미생물의 생육을 나타낸다.

표 7-2	소금농도와 미생물의 생육
소금농도(%)	**미생물의 생육**
6~8	효모, 젖산균, 낙산균, 부패균의 활동이 왕성하며 장기보존이 어려움
8~10	일반세균의 생육이 억제되며 내염성의 젖산균과 효모는 왕성하게 생육함
12~15	내염성의 효모와 세균 외의 균은 생육이 불가능하며, 보존 절임농도는 최소한 이 정도 이상에서 함
20 이상	미생물 생육이 불가능함

(2) 채소재료

거의 모든 채소가 쯔케모노의 재료가 될 수 있으며 엽채류, 과채류, 근채류 및 화채류에 따라서 분류하면 아래와 같다.

❶ 엽채류: 배추, 양배추, 갓, 산동배추, 고추냉이, 순무
❷ 과채류: 매실, 오이, 수박, 가지, 토마토, 모란채
❸ 근채류: 생강, 무, 당근, 우엉, 연근, 염교, 고추냉이, 순무
❹ 화채류: 모란채, 머위, 양하

[표 7-3]은 절임방법에 따른 쯔케모노의 주된 원료 채소류를 나타내며 주된 원료로 무가 이용된다.

표 7-3	쯔케모노 원료 채소류			
	무	오이	가지	기타
간장절임	○	○	○	소엽, 콩, 피망, 셀러리, 산우엉, 생강, 산채, 당근, 채소잎
박절임(粕漬)	○	○	△	수박, 셀러리, 고추냉이, 산채, 멜론
초절임(酢漬)	○	○	△	염교, 순무, 양파, 생강, 꽃양배추
된장절임	○	○	○	당근, 우엉, 양하, 생강, 곤포
겨자절임	△	△	○	소형 가지, 맛버섯, 표고
코지절임	○	○	○	소형 가지
단무지절임	○	×	×	–
소금절임	○	○	○	배추, 양배추, 매실, 산채

*○: 많이 사용, △: 소량 사용, ×: 사용되지 않음

(3) 절임

염지는 채소를 소금만으로 절이는 방법이며 염장이라고도 한다. 식염의 첨가량은 염장의 조건 즉 담는 시기의 온도, 저장기간, 담을 탱크의 상태 등을 고려하여 결정해야 하며, 또한 채소의 종류, 채소의 수분 함량 등을 고려해야 한다. [표 7-4]는 일반적인 소금절임의 종류와 소금의 첨가량을 나타낸다. 저장기간이 3~6개월인 경우는 제품 중의 소금농도가 9~14%, 6개월 이상에서는 15~20% 정도 되게 한다.

표 7-4	쯔케모노의 종류와 식염의 첨가량		
쯔케모노	염농도(%)	쯔케모노	염농도(%)
즉석절임	1~2	보존절임(2개월)	7~8
단기절임	2	보존절임(3~6개월)	9~14
속성절임(2~5일)	3	장기염장(6개월 이상)	15 이상
보존절임(1개월)	6		

절임공정에서 채소의 수분 함량을 고려하여 원하는 식염농도 제조를 위한 소금의 양을 계산한다. 일반적으로 채소류의 수분 함량은 80~97% 정도로 종류에 따라 다양하다. 부추나 우엉은 약 80% 전후이며 배추는 95% 정도이다.

$$X = \frac{AC}{(100-B-C)} \times \frac{D}{100}$$

X: 소금량(g)
A: 채소의 수분(%)
B: 소금의 수분(%)
C: 요구하는 염농도(%)
D: 채소의 무게(g)

예를 들어 수분 95%인 배추 1kg을 수분 함량 2% 되는 소금을 사용하여 15%의 식염농도로 만들 때 필요한 소금의 양은 아래와 같이 계산한다.

$$X = \frac{95 \times 15}{(100-2-15)} \times \frac{1000}{100} = \frac{1425}{83} \times 10 = 171g$$

3) 단무지(Takuanzuke) 절임 제조

쯔케모노의 대표적인 단무지(Takuanzuke) 절임은 생무 또는 말린 무를 염지한 후 조미료, 향신료, 색소 등을 가한 쌀겨나 밀기울에 절인 것을 말하며 쌀겨 절임(nukatsuke)이라 한다. 단무지의 종류는 제조상의 차이에 의해서 혼즈께(本漬, Honzuke) 단무지, 하야즈께(早漬, Hayazuke) 단무지, 신즈께(新漬, Shinzuke) 단무지, 이쵸즈께(一丁漬, Ichozuke) 단무지로 구분된다. 대표적인 단무지 제조의 원류(源流)는 혼즈께 단무지 제품으로 가을 무를 원료로 하여 주로 보존의 목적으로 설말림(Hoshi)에 의한 방법이 있으며, 또한 황지(荒漬), 중지(中漬)를 거쳐 수회 바꿈절임을 하여 쌀겨로 혼즈께하는 염압법(Shiooshi)이 있다. 혼즈께 단무지의 제조공정은 [그림 7-1]과 같다.

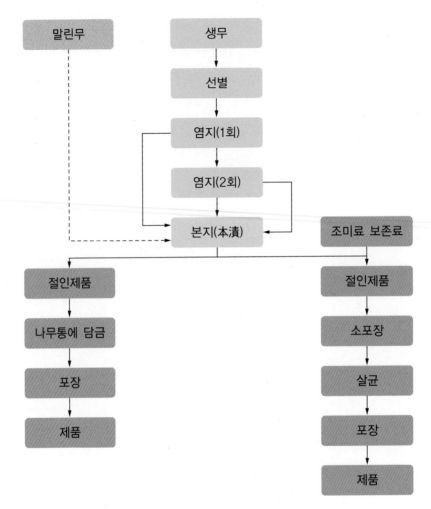

[그림 7-1] 혼즈께 단무지 제조공정

원료 무는 감미가 많고 육질이 치밀한 것을 택하며 건조 무를 사용하는 경우는 식용시기에 따라서 건조정도를 달리한다. [표 7-5]는 단무지용 무의 건조정도를 나타낸다.

표 7-5	단무지용 무의 식용 시기에 따른 건조 정도	
구별	**식용 시기**	**건조일수(일)**
소염(小鹽)	2~3월 하순	4~6
중염(中鹽)	4~6월 상순	7~9
다염(多鹽)	6월 이후	10~15

혼즈께 단무지의 부재료는 소금, 쌀겨, 감미료, 색소, 고춧가루 등이며 이들의 사용량은 제품의 사용 시기에 따라서 조금씩 달라진다. [표 7-6]은 계절에 따른 혼즈께 단무지 절임의 부재료 사용량이다.

표 7-6	혼즈께 단무지의 부재료 사용량					
식용 시기	**절인 무 (kg)**	**소금 (kg)**	**쌀겨 (kg)**	**설탕 (kg)**	**고춧가루 (g)**	**타트라진 색소(g)**
1~2월	60	2.4~3.0	3.0	1.2~1.8	30~40	15~20
4월	60	4.2~4.8	3.0	1.2~1.8	30~40	15~20
6월	60	6.0~6.6	2.4	1.5~2.1	40~60	15~20

참고

설말림(Hoshi)에 의한 방법

건조는 가장 중요한 작업이며, 원료 무를 양건하여 유연하게 한다. 담금에 사용되는 쌀겨층의 배합은 소금, 쌀겨, 감미료 이외에 설탕, 스테비오사이드(stevioside), 감초, 또는 색소를 첨가하여 제조한다. 건조된 무는 바로 혼즈께(本漬)로 들어간다. 담금 시에는 먼저 탱크(통) 밑바닥에 쌀겨층을 1L 정도 깔고 작은 무를 틈새가 생기지 않도록 늘어세우고 다시 쌀겨층과 무를 서로 엇갈리게 담근다. 담근 후 누름돌(重石)을 얹어 놓아 국물이 상층부의 무를 덮도록 한다.

염압법(鹽押法, Shiooshi법)

생무를 말리지 않고 직접 소금절임 하는 방법으로 소금으로 무의 숨을 죽여 유연하게 하고 쌀겨층으로 혼즈께하는 방법이다.

(1) 소금절임

무의 소금절임은 단계별로 황지(荒漬), 중지(中漬)로 구별된다. 수세한 무는 약 8%의 소금으로 소금절임을 한 후 뚜껑을 덮어 1~3일 동안 중석으로 누른다. 소금절임을 하는 최초의 담금을 하지(下漬) 또는 황지라고 한다. 황지(荒漬)된 무를 꺼내고 물을 빼고 침출된 여분의 국물을 버리고 다시 1~2%의 소금으로 제2차 담금을 한다(中漬). 무를 틈새가 없도록 통에 채운 뒤에 중석을 올려놓고 7~10일 동안 방치한다.

(2) 혼즈께(本漬)

혼즈께(本漬, Honzuke)는 2차 염지된 무를 꺼내어 쌀겨층으로 담근다. 가장 소형의 2㎥ 용량 탱크에서 약 6톤의 중지(中漬) 무를 담글 수 있으며, 이때 첨가되는 식염은 저장기간의 정도에 따라서 120~200kg을 사용한다. 쌀겨에 소금, 감미료 등을 혼합하여 쌀겨층을 만들어 담근다. 밀기울의 변색을 막기 위해서 물에 잘 씻어 전분을 제거하고 열처리하여 함유된 효소를 불활성화한다.

(3) 통에 담기

염지하여 저장한 혼즈께 단무지의 출하를 위하여 큰 통에 담는다. 출하 5~10일 전에 염지된 단무지를 탱크에서 꺼내어 쌀겨를 털어내고 새로이 조합한 쌀겨층 또는 밀기울층을 사용하여 통에 담는다. 쌀겨층 배합의 예를 보면 30kg 원료 무에 첨가되는 밀기울층은 밀기울 1kg, 사카린 5g, 감초추출물 10g, 솔비톨 1kg, MSG 50g, 아미노산분말 지미액 20g, 숙신산나트륨 10g, 구연산 30g, 알코올 50mL, 소금 150g, 물 2.5L를 혼합하여 제조한다. 담금 후에 중석으로 눌러 국물이 침출되어 오르면 3~4일 후에 출하한다. 산막효모의 방지를 위하여 통에 담글 때 솔빈산칼륨을 첨가한다.

4) 숙성관여 미생물

쯔케모노 숙성 중에 미생물의 역할은 전통 발효식품인 김치에 비해 매우 미약하다. 절임은 거의 혐기적 상태가 유지되고 염분의 농도도 높으므로 내염성, 혐기성 균이 관여하며, 쯔케모노의 종류와 재료에 따라 미생물군의 차이가 있을 수 있다. 쯔케모노에 관여하는 미생물은 세균, 효모, 곰팡이로 구분된다.

(1) 세균류

절임 중에 가장 중요한 세균은 젖산균이며, 젖산 이외에 알코올, 식초산 등을 생성하는 이상젖산균은 향미 생성에 기여하는 것으로 보인다. 쯔케모노의 젖산균 양상은 김치에서와 유사하며, 염농도가 낮은 절임에서는 *Leuc. mesenteroides*, *L. plantarum L. brevis* 등이 관여하며, 높은 염농도에서는 *Pediococcus halophilus*가 우세하게 된다. 특히 내염성과 내산성인 *L. plantarum*은 발효 후기에 많이 볼 수 있다.

세균 중에는 식용색소인 타르색소(tar pigment)의 변색 원인균으로서 *Pseudomonas mildenbergii*, *Ps. aeruginosa*, *Alcaligenes viscolactis*, *Bacillus circulans* 등이 있다.

(2) 효모

쯔케모노에 존재하는 효모는 알코올, 에스테르, 알데히드 등을 생성하여 제품에 좋은 영향을 줄 수 있으나, 절임액의 표면에 백색 피막을 만들며 풍미와 품질을 저하시킬 수 있다. 단무지절임에서는 내염성이 강하면서 알코올 생성능이 약한 산막효모인 *Debaryomyces*가 많다. *Torulopsis*와 *Candida* 등은 타르색소의 변색에 관여한다. [표 7-7]은 각종 쯔케모노 중에 존재하는 주요 효모들을 나타낸다.

표 7-7	쯔케모노 중의 주요 효모	
쯔케모노 종류	**유포자 효모**	**무포자 효모**
쌀겨절임	*Pichia membranaefaciene*	*Torulopsis*속
오이초절임	*Zygosacch. rouxii*	*Torulopsis*속, *Candida*속
단무지절임	*Debaryomyces nicotianae*	*Torulopsis famata*
쌀겨된장절임	*Zygosacch. rouxii*, *Debaryomyces*	

쯔케모노에 존재하는 효모들은 일반적으로 내산성, 내염성이며 pH 2.5 정도까지는 생육이 가능하다. *Debaryomyces*, *Endomycopsis*, *Zygosacch. rouxii* 등은 20% 이상의 식염농도에서도 생육이 가능하며 *Pichia*, *Mycoderma* 등은 15% 식염농도 이상에서 생육이 어렵다.

(3) 곰팡이

곰팡이는 절임의 숙성에는 관여하지 않으나 절임 채소류의 연화(軟化)에 관련이 있다. *Penicillium*, *Fusarium*속 등의 세포외 효소인 *polygalacturonase*, *polymethylgalacturonase*, *pectin esterase* 등의 펙틴 분해효소들은 채소류의 조직을 연화시키면서 제품의 품질을 저하시킬 수 있다.

5) 쯔케모노의 저장

절임식품인 쯔케모노는 종류에 따라 차이는 있지만 일반적으로 10% 이상의 식염이 사용된다. 최종 제품의 pH는 산성으로 2.0~6.0의 범위를 갖는다. 쯔케모노의 저장성은 주로 염농도에 의존하면서 높은 염농도를 사용하여 왔다. 최근에 염분이 고혈압, 위암 등의 원인으로 밝혀지면서 저염화 경향이 되고 있다. [표 7-8]은 일본 시판 쯔케모노의 종류에 따른 식염농도를 포함한 규격을 나타낸다.

표 7-8 쯔케모노의 제품 규격

종류	식염(%)	pH	솔빈산(%)	가열조건
단무지절임	7~14	4.5~5.2	0.05~0.10	80℃, 5분
쌀겨된장절임	10~15	4.0~4.5	0.02~0.05	–
간장절임	10~15	4.5~4.8	0.02~0.05	70~75℃, 15분
된장절임	10~12	5.0~5.5	0.05~0.10	80℃, 10~15분
생강절임	10~15	2.0~3.0	0.01~0.02	–
코지절임	5~8	4.5~5.5	0.02~0.10	80℃, 15분
사우어크라우트	2~5	3.0~3.5	0.01~0.02	74℃, 순간살균

쯔케모노의 저염농도에서의 변패방지를 위한 방법으로 알코올 첨가가 산막효모의 생육을 억제하면서 방부성을 높일 수 있다. 염분 4%의 쯔케모노에 3~4%의 알코올을 첨가함으로써 관능적으로 풍미를 해치지 않으면서 충분한 방부효과를 얻을 수 있다.

식염 대신으로 실용적인 삼투압의 물질로서 알코올 이외에 염화칼륨, 당류, 당알코올, 글리세린 등을 들 수 있다. 또한 산을 첨가함으로써 저장성을 높일 수 있으며, 초절임은 대표적인 산에 의한 보존성을 갖는 예이다. 초산(acetic acid)은 항균력이 강하여 2%의 농도에서 효모의 생육을 억제시키면서 강한 항균력을 나타낸다.

솔빈산은 쯔케모노의 변질방지에 가장 알맞는 보존료이며, 특히 효모 1~2% 생육억제에 가장 유효하고 pH가 낮은 식품에 효과가 있다. 그러나 젖산균에 의한 산패에는 거의 효과가 없다. 산막효모나 곰팡이는 0.01~0.02% 첨가로, 또 재발효의 원인이 되는 효모는 0.02~0.1%의 보존료 첨가로 방지시킬 수 있다. 솔빈산은 첨가 전에 잘 용해시켜 쯔케모노와 혼합해야 효과적이다. 솔빈산은 물이나 식염수에 난용성이므로 솔빈산칼륨이 일반적으로 사용된다. 쯔케모노에 대한 솔빈산 첨가기준은 원료 1kg(간장절임, 된장절임, 박절임, 코지절임, 단무지절임)에 대하여 1.33g 솔빈산칼륨을 첨가할 수 있으며, 초절임 경우에는 0.66g의 솔빈산칼륨이 사용된다. [표 7-9]는 20℃에서 다양한 용매에 대한 솔빈산과 솔빈산칼륨의 용해도이다.

표 7-9 솔빈산과 솔빈산칼륨의 용해도		(단위: %, w/v)
용매	솔빈산	솔빈산칼륨
물	0.16	58.2
20% 에탄올	0.29	54.6
5% 식염수	11.50	–
15% 식염수	9.10	47.5
25% 설탕액	0.04	15.0

*온도: 20℃

포장된 쯔케모노의 저장성은 가열살균에 의해서 효과적으로 높일 수 있다. 쯔케모노의 부패균은 절임액 표면에 발생하는 산막효모, 재발효에 관여하는 효모, 곰팡이류나 산패의 원인이 되는 젖산균이다. 쯔케모노는 식염과 산을 함유하고 있어서 80℃ 이하의 온도에서 살균으로 저장성을 증가시킬 수 있다. 단무지절임을 파우치에 포장하여 80℃에서 5분 가열하면 30일까지도 발효에 의한 변화 없이 보관할 수 있다. 가열은 살균의 목적과 효소를 불활성화시켜 변색방지나 풍미 보존에 도움을 준다.

6) 쯔게모노의 착색

쯔게모노에서 원료 채소의 색을 그대로 담금에서 유지시키는 것이 가장 바람직한 것이나 제조나 유통과정에서 변색되는 경우가 많다. 착색에는 천연색소와 인공색소의 첨가가 가능하며, 최근에는 천연색소에 의한 착색이 선호되고 있다.

(1) 천연색소에 의한 착색

일본 고유 전통의 기법으로 매실절임의 착색에 적색 자소(紫蘇, perilla, 차조기)를 이용한다. 자소는 향신료로서 색소 이외에 특유한 방향이 있다.

울금가루나 치자의 꽃, 잇꽃(safflower, 홍화)의 색소를 이용하여 황색으로 착색한다. 울금가루는 아열대성의 생강과에 속하는 울금 뿌리의 분말로 생강과 같은 방향이 있는 향신료이다. 이 외에도 파프리카(paprika), 포도의 과피색 및 홍국(monascorbin) 등이 있다[표 7-10]. 천연색소는 인공색소에 비하여 구조적으로 복잡하여 절임과정중에 변화되기 쉬우므로 절임류에서 이용 시에는 주의가 필요하다.

표 7-10	절임에 이용되는 천연색소
침채류의 종류	**천연색소**
단무지절임(Takuanzuke)	울금, 치자, 잇꽃
오이절임(Fukujinzuke)	치자, 울금, 잇꽃, 코티닐 등의 배합
매실절임(Umezuke)	자소,포도, 적색양배추 색소
홍생강절임(Akashougazuke)	코티닐, 콘(corn), 적색양배추, 색소
가지절임(Shibazuke)	소엽(차조기), 적색양배추 색소
버찌절임(Cherizuke)	레드 비트, 적색양배추, 치자

(2) 합성색소에 의한 착색

인공식용색소(artificial food colors)인 합성색소는 천연색소에 비하여 변색 또는 퇴색이 적고 침채류에 대하여 착색도 빠르고 각종 색소를 배합하면 다양한 색상을 낼 수 있다. 즉, 적색과 황색을 배합하면 오렌지색으로, 청색과 적색을 배합하면 자색으로, 청색과 황색으로 녹색의 색상을 낼 수 있다. [표 7-11]은 식용합성 색소의 물리·화학적 안정성을 나타내고 있다. 절임류의 염분, 당, 산, pH나 효소활성 등에 의하여 석출이나 퇴색·변색을 일으키므로 절임류의 물리화학적 성질에 따라 적절하게 사용해야 한다.

표 7-11	식용합성 색소의 종류와 성질						
색소명	열	식염	산	일광	환원	산화	염석
적색 2호 Amaranth	○	○	○	○	×	×	11%
3호 Erythrosine	○	△	×	×	○	△	12%
102호 New Coccine	△	○	○	○	×	×	17~18%
104호 Phloxine	○	○	×	×	○	○	11%
105호 Rose bengal	○	○	×	×	○	○	18~20%
106호 Acid red	○	○	○	○	○	○	20% 이상
황색 4호 Tartrazine	○	△	○	○	△	△	15%
5호 Sunset FCF	○	△	○	○	×	△	
청색 1호 Brilliant blue FCF	○	○	○	△	○	×	15~18%
2호 Indigo carmine	△	×	○	○	×	×	2%
3호 Fast green	○	○	○	△	○	○	

*○ : 안정, △ : 중간 정도의 것, × : 불안정

2 사우어크라우트(Sauerkraut)

사우어크라우트는 전형적인 서양의 산발효 야채로서 우리나라의 김치와 중국의 발효 야채와 유사한 점이 있다. 사우어크라우트는 독일어의 sour cabbage(산미 양배추)로부터 유래된다. 일반적으로 양배추를 이용한 절임류로서 미국, 캐나다, 독일, 네덜란드, 프랑스 및 유럽 여러 나라들이 주 생산국이다. 보통 백색의 양배추를 소금절임하여 저장한 침채류로 유럽인에게는 널리 알려져 겨울철에 신선한 채소를 대신하여 공급되어 온 제품이다. 독일에서는 양배추의 85% 정도가 사우어크라우트 제조에 이용되며, 미국에서는 생산된 양배추의 20% 정도가 가공된다. 독일과 미국에서 사우어크라우트에 대한 제조 규격을 보면 아래와 같다. 독일의 경우 사우어크라우트는 최소한 0.75%의 젖산을 포함하면서 10% 미만의 총산을 포함해야 한다. pH는 4.1을 초과할 수 없으며 염용액은 사우어크라우트 총무게에 대해 대략 10% 정도를 포함하며 소금농도는 0.7~3.0% 정도이다. 미국에서는 사우어크라우트란 양배추를 세절하여 2~3% 소금으로 절여 발효시킨 위생적이며 안전한 것으로 특이한 향을 갖는 제품이다. 완성된 사우어크라우트의 소금농도는 1.3~2.5% 사이에 있어야 하며 초기에 첨가되는 소금농도는 2.25%(w/w) 정도가 적당하다.

1930년대에 Pederson은 사우어크라우트발효에 관여하는 미생물로서 발효초기에는 이상발효젖산균 *Leuconostoc mesenteroides*가 관여하며, 발효는 *Lactobacillus brevis*와 *Lactobacillus plantarum*에 의해서 완료됨을 보고하였다. 또한 높은 온도와 염농도에서는 *Streptococcus faecalis*와 *Pediococcus cerevisiae*가 관여하며, 양배추에 존재하는 gram 음성 세균들은 발효에 거의 영향을 미치지 못한다.

1) 제조공정

사우어크라우트 제조에서는 발효온도, 소금농도, 위생 상태 등이 사우어크라우트 발효를 조절하는 중요한 환경 인자들이다. 양배추를 이용한 사우어크라우트 제조공정은 [그림 7-2]와 같다.

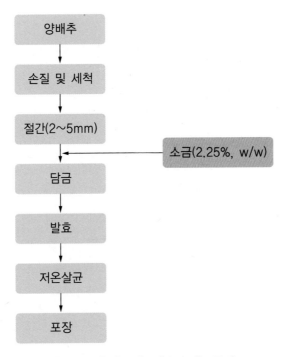

[그림 7-2] **사우어크라우트 제조공정**

2) 발효

사우어크라우트 발효는 자연발효(natural fermentation), 인위적 발효(pure culture inoculation), 조절 발효(controlled fermentation)로 구별된다. 자연발효는 온도와 염농도가 중요한 영향을 주는 인자이며, 각종 젖산균에 의한 발효가 순차적으로 진행되며 발효 후기에 내산성인 *L. plantarum*이 주로 관여하는 경우이다. 인위적 발효는 발효 속도의 조절과 균일한 품질의 발효제품을 생산하기 위해서 순수 배양된 젖산균 스타터를 이용한다. *Pediococcus*속, *Lactobacillus*속, *Leuc. mesenteroides*와 *Streptococcus lactis*가 가장 좋은 제품을 만드는 젖산균이며, *Lactobacillus pentoaceticus*를 사용하는 경우에는 휘발성 산의 비율을 높일 수 있다. 조절발효는 스타터의 첨가 없이 발효온도와 염농도를 조절함으로써 좋은 품질의 발효제품을 얻는 방법이다.

(1) 미생물

사우어크라우트 발효에 관여하는 주된 젖산균들은 *Leuc. mesenteroides*, *L. brevis*, *Ped. cerevisiae*, *L. plantarum* 등이며 이중에서 발효 초기에 관여하는 젖산균은 *Leuc. mesenteroides*이다. 모든 젖산균들은 그람양성이며, 포자형성능, 질산염(nitrate) 환원능, 젤라틴(gelatin) 액화능이 결여되어 있다.

*Leuc. mesenteroides*는 0.9~1.2㎛ 직경을 갖는 구균 또는 간균형태이며 많은 야채류의 표면으로부터 분리된 이상젖산발효균이다. 이들은 생육을 위해서 특정한 아미노산들, 비타민, 무기물 및 당을 필요로 하며, 발효성 당은 45% D-젖산(D-lactic acid), 25% 탄산가스, 25% 초산 및 에탄올로 전환된다. 과당은 일부 만니톨(mannitol)로 전환되며 포도당보다 더 빠르게 발효된다. 펜토오스(Pentose), 아라비노오스(arabinose), 자일로스들의 발효에 의해서 젖산과 초산이 생성되며, 특히 설탕이 존재하는 배지에 생육하면서 점질성의 덱스트란을 생성한다. *Leuc. mesenteroides*는 비교적 낮은 온도와 소금농도를 포함하는 채소류에서 다른 젖산균들보다 빠르게 생육을 시작한다. 젖산균은 탄산가스와 유기산들을 생성하면서 pH를 낮추어 유해한 세균들의 생육과 채소류의 조직을 연화시키는 효소들의 활성을 억제시킨다. 특히 탄산가스는 혐기적 상태를 제공함으로써 비타민C 및 채소류의 천연색소를 안정화시킨다.

*L. brevis*는 이상발효균으로서 포도당과 과당으로부터 DL-젖산(DL-lactic acid)과 탄산가스를 생성한다. 최적 생육온도는 30℃이며, 15℃에서 생육가능하며 45℃에서는 생

육이 불가능하다.

L. plantarum은 정상발효균으로서 산생성능이 뛰어나며, Ped. cerevisiae는 간균 또는 구균이며 당으로부터 DL-젖산을 생산한다. 발효성 당의 95% 이상이 젖산으로 전환되며 Leuc. mesenteroides보다 2배 정도 높은 적정산도를 보인다.

사우어크라우트 발효 시에 젖산균의 생육과 발효 조절을 위한 연구에서 2.25% 소금과 pH 6.2인 무균여과된 양배추 주스 발효에 관여하는 젖산균 중에서 Leuc. mesenteroides, L. plantarum, Ped. cerevisiae는 24시간 이내에 3×10^8의 생균수를 보였으며, L. brevis는 48시간이 소요되었다. 발효 4일 후에 Leuc. mesenteroides의 생균수는 감소하였으며 다른 젖산균들은 일정하였다. 소금농도가 3.5%로 증가함에 따라서 Leuc. mesenteroides과 L. brevis는 90% 감소를 보였으며, Ped. cerevisiae는 내염성 젖산균으로 사우어크라우트 발효에 관여하였다.

(2) 온도

야채의 산발효에서 온도는 미생물의 생육과 숙성에 영향을 주며, 사우어크라우트의 발효공정 중 미생물을 조절할 수 있는 중요한 인자이다. 발효온도가 21℃보다 높아지면 풍미와 직접 관련이 있는 Leuc. mesenteroides의 증식이 어려워지고 18℃ 정도에서 발효하면 젖산균들의 증식이 활발해지면서 제품의 색, 향기, 맛이 좋은 품질이 된다. 이 온도 부근에서는 Leuc. mesenteroides에 의하여 발효가 시작되고 L. brevis와 L. plantarum이 후발효에 관여하게 된다.

사우어크라우트에서 산도는 제품의 저장과 맛에 중요한 역할을 하며 발효온도에 의해서 크게 영향을 받는다. 7.5℃ 이하의 낮은 온도에서 Leuc. mesenteroides는 0.4% 산도에 도달하는데 10일 정도가 소요되며, 0.8~0.9% 산도(젖산 기준)에 도달하는데 한달이 걸린다. 특히, Lactobacillus와 Pediococcus는 이 정도의 낮은 온도에서도 잘 생육할 수 없다. 18℃ 온도에서 2.25% 소금농도를 포함하는 경우 총산도가 1.7~2.3%에 도달하는데 20일 정도 소요되며, 이때 초산과 젖산의 비율은 1대 4를 나타낸다. 그러나 23℃ 정도의 높은 온도에서는 총산도가 1.0~1.5%에 도달하는데 8~10일 정도가 소요된다.

반면에 이보다 높은 온도 32℃에서의 발효는 L. plantarum과 Ped. cerevisiae와 같은 정상발효 젖산균이 생육하게 되어 산생성이 촉진되지만, 사우어크라우트의 향이 떨어지며 색이 쉽게 어두워지면서 낮은 온도에서 발효시킨 제품보다 품질과 저장성이 떨어지는 단점이 있다.

(3) 소금

소금은 야채발효에서 젖산 발효를 유도하는 중요한 소재이다. 담금 시에 소금은 양배추 조직으로부터 물과 영양분을 유출시킴으로써 젖산균의 생육을 위한 기질로서 작용한다. 발효산물인 젖산과 더불어 소금은 유해한 세균의 생육을 억제하며 배추 조직을 연화시키는 효소의 작용을 억제시킨다. 소금의 함량이 적은 경우에는 배추조직의 연부현상이 초래되며 향이 결여될 수 있다. 적당한 소금 함량은 원료 양배추에 젖산균의 생육을 촉진시키면서 유기산과 소금의 적당한 균형을 갖는 사우어크라우트를 제조할 수 있다. 사우어크라우트 제조 시에 2% 이상의 소금을 사용하도록 되어 있으며, *Leuconostoc*속은 염농도에 민감하므로 발효 시 염분의 농도가 너무 높은 것은 바람직하지 않다.

4) 성분 변화 및 영양

양배추의 주된 성분은 물이며, 탄수화물, 조지방, 단백질, 지질 및 회분의 함량이 비교적 높다. 이 외에도 양배추 발효에 관여하는 세균들의 생육에 필수적인 비타민, 무기질 등 여러 성분들이 존재한다. 발효과정에서 가장 중요한 변화는 발효성 당인 탄수화물이 젖산, 에탄올, 탄산가스, 만니톨 및 덱스트란으로 전환이며, 단백질과 지질 등은 약간의 변화가 진행된다.

일반적으로 사우어크라우트는 1.8~2.25%(젖산) 산도, pH 3.58~3.59, 0.25% 에탄올, 약간의 탄산가스를 포함하는데, 이는 효모에 의한 발효보다는 세균에 의한 발효산물이다. 양배추는 발효 7일에 총산 0.85%, 생균수 1.2×10^9으로 최적의 맛을 갖는 발효제품으로 전환되며, 발효기간이 증가하면서 젖산균 수는 급격히 감소하며 총산은 증가한다. 120일 동안 발효 중에 총산과 생균수, 비타민C, 질소(nitrogen) 함량 등의 변화는 [표 7-12]와 같다.

표 7-12			사우어크라우트 발효 중의 화학성분 및 미생물의 변화				
기간(일)	온도(℃)	생균수 (×10⁶)	pH	총 산 (% 젖산)	비타민 C (mg/100g)	
					소금액	발효 무
7	27.0	1200	3.82	0.85	46.2	N.A.
21	28.0	640	3.52	1.44	43.2	N.A.
30	29.0	400	3.50	1.58	42.0	26.0
40	29.0	140	3.46	1.64	38.0	24.0
60	30.5	3	3.48	1.72	38.0	21.0
80	29.5	22	3.56	1.64	33.0	16.0
120	30.0	160	3.80	1.58	22.0	12.0

*초기 pH 6.2, 총산 0.03%, N.A.: 분석되지 않음

양배추에서 중요한 비타민으로서 존재하는 비타민C는 발효 중에는 거의 변화가 없었으며, 발효 종료 후에 비타민 손실이 서서히 일어났다. *L. plantarum*은 콜린(choline) 존재 하에서 아세틸콜린(acetylcholine)을 생산하는데 이는 신경활동에 중요한 물질이다.

지질(Lipid)은 소량 존재하지만 중요한 성분이며, 왁스류, 지질, 인지질, 색소 이외에 클로로폼(chloroform)용해성분들이 포함된다. 정상적인 발효에서 아세톤(acetone)용해지질의 대부분은 가수분해되어 글리세롤과 유리지방산으로 된다.

사우어크라우트 발효에서 양배추 특유의 풍미는 유황(sulfur)을 함유한 물질로부터 유래된다. 유황의 함량은 양배추의 품종과 숙성도 및 생육환경에 따라 다르며, 0.075~0.341% 범위의 유황을 함유한다.

젖산의 D 또는 L 이성질체는 다른 생리적인 활성을 갖는다. L(+) 젖산은 포도당 신생합성(gluconegenesis) 작용으로 주로 포도당 합성에 이용된다. D(-)젖산은 배출되거나 또는 간에서 하이드록시산 산화효소(α-hydroxy oxidase)에 의해서 산화된다. D(-)젖산은 유아식에는 가능하면 피하는 것이 좋으며, 성인들도 하루 1kg 몸무게에 대해서 100mg D(-)젖산 이하를 섭취하는 것이 바람직하다.

3 기타 절임류

1) 인도의 발효식품

　인도에서는 연간 162kton 정도의 양배추가 생산되며 1인당 30g 정도를 소비한다. 인도에서 제조되는 사우어크라우트는 세척을 통하여 호기적 토양미생물을 제거하고 얇은 조각으로 절단하여 2.25% 소금에서 혼합한 후 나무통(46cm 높이, 36cm 직경)에 다져넣는다. 용기는 폴리에틸렌(polyethylene) 포장지로 덮어서 3kg 정도 무게의 돌로 눌러놓은 후 발효는 21~25℃범위에서 실시한다.

　발효는 초기 15~21일 정도에서 pH와 산도의 급격한 변화를 보이며, 그 후에는 비교적 변화가 적다. 초기발효에서 이상젖산발효에 의한 초산과 젖산의 생성은 pH의 급격한 저하를 초래한다. 후기 발효에서 총산은 최고값에 도달하며 pH는 거의 최소값을 보인다. 관능검사를 통한 색깔, 풍미, 향, 조직감 및 기호도의 평가에서 27~31℃에서 60일정도 발효시킨 사우어크라우트가 가장 양호하다.

2) 태국의 Pak-sian-dong(야채절임)

　태국의 대표적인 야채절임은 Pak-sian-dong이며, 매우 평범한 엽채류의 발효식품이다. 침채류를 동(dong)이라고 하며 Pak은 일종의 채소의 발효절임을 뜻한다. 신선한 야채를 세척하고 소금, 설탕과 혼합하여 밀폐된 용기에서 보관한다. 제조방법은 다음과 같다. 수확된 채소를 세척하고 그대로 3~5%의 소금으로 1~2일간 절인 후 10L 정도 되는 항아리에 담고 국물을 채운 다음 주둥이에 덮개를 하고 몰타르로 밀봉한다. 밀봉은 항아리 안을 혐기적으로 하여 산막효모가 발생하는 것을 방지한다. 1kg의 채소류에 50g 소금, 60g 설탕과 1L의 물이 사용된다. 발효 채소의 pH가 3.9 정도에서 산도는 0.7~0.8% 정도이며 이상젖산발효와 정상젖산발효 젖산균들이 관여한다. *Leuc. mesenteroides*, *Ped. cerevisiae*, *L. plantarum*, *L. brevis*, *L. buchneri*, *L. fermentum*이 관여하며, 발효된 채소는 72시간 정도면 식용이 가능하다. Pak-sian-dong은 여러 가지 수프와 구운 요리에 사용된다.

3) 중국의 Hum Choy

중국의 Hum Choy는 중국의 사우어크라우트로 중국대륙 남부지역의 Hakka(한족의 지류)족에 의해서 제조된다. 엽채류인 가이초이(gai choy)를 세척한 후 소금으로 완전히 절인다. 절임된 채소류를 용기에 담고 쌀뜨물을 용기에 넣어서 잎이 잠기도록 한다. 용기의 상단부가 완전히 채워지도록 하여 용기를 밀폐하고 서늘한 장소에 보관한다. 발효온도는 24~28℃ 정도가 적당하며 발효된 제품은 어두운 녹색과 노란색이면서 부드러운 조직감을 갖는다. [그림 7-3]은 Hum choy를 제조를 위해서 절여진 중국 양배추를 나타낸다.

[그림 7-3] **Hum choy 제조를 위한 절여진 중국 양배추**

Chapter 08

젓갈

　　젓갈은 우리나라의 대표적인 염장식품으로 어패류의 육·내장 및 생식소 등에 비교적
다량의 식염을 첨가하여 발효숙성시킨 전통 수산발효식품이다. 다양한 원료를 이용하여
제조된 젓갈(salted and fermented seafoods, 醢類)류는 독특한 풍미와 맛을 지닌 수산
발효식품으로서 곡류위주인 동양의 식문화에 중요한 식품소재로 이용되어 왔다. 젓갈은
어패류에 소금을 첨가하여 저장성을 증가시키는 과정에서 어패류 자체에 존재하는 각종
단백질 분해효소에 의한 자가소화가 일어나면서 육질이 분해되어 독특한 풍미를 지니는
전통발효식품이다.

　　동남아시아 국가들은 바다가 인접하여 다양한 젓갈이 생산·소비되면서 고유한 식문
화를 이루었다. 일반적으로 소금에 의존하는 젓갈 이외에 곡류 등의 부원료를 첨가하여
미생물발효를 병행하는 방식이 주류를 이루고 있다. 예로서 필리핀의 Balao-balao 젓
갈은 새우와 쌀, 소금을 혼합한 후 젖산균, 효모의 발효를 통해서 저염의 젓갈을 제조한
다. 태국의 Plao-som은 민물고기에 익힌 쌀과 소금을 혼합하여 젖산균, 효모의 발효를
통해서 기능성이 강화된 젓갈을 생산한다.

　　일반적으로 젓갈류는 어패류의 원료에 소금만이 첨가되어 자가소화에 주로 의존하여
제조되는 수산발효식품이다. 이들의 제조역사는 매우 오래되었으며 점차 어패류 이외에
다양한 곡류와 양념류를 첨가하여 자가소화와 젖산발효에 의한 젓갈류의 제조로 발전되
어 왔다.

1 젓갈의 유래

　　젓갈류는 기원전 3세기에 쓰여진 중국문헌인 주례(周禮)에 수산발효식품을 나타내는
문자가 발견되어 이 시대에 식용되었음을 알 수 있다. 즉, 해(醢), 자(鮓), 지(鮨) 등을 볼
수 있는데 해는 술, 누룩, 메주, 식염을 사용하여 동물이나 날짐승, 생선 등의 고기육을
염장 발효시킨 식품으로 장(醬)과 해(醢)를 유사한 제조기술로 보고 단지 사용하는 원료
가 다른 것으로 구분하고 있다. 지는 주로 어류를 사용하여 삶은 쌀과 채소를 섞어 염장
발효한 것으로 오늘의 생선식해와 같은 것으로 판단된다. 5세기경 저술된 제민요술(濟民
妖術, 530~550년)에는 창란젓 제조법이 소개되어 있는데, "조기, 청상아리, 숭어 등의 창
자, 위, 알주머니를 깨끗이 씻어 조금 짭짤한 정도로 소금을 뿌린 후 항아리에 밀봉하여

햇볕이 쬐는 곳에 놓아두면 여름은 20일, 겨울은 100일이 지나면 익는다"고 하였다.

　우리나라 문헌에서 수산발효식품을 최초로 언급한 서적은 서기 683년에 쓰인 삼국사기로 신라신문왕 왕비의 폐백품목에 쌀, 술, 간장, 된장, 육포 등과 함께 젓갈(醢)이 언급되어 있다. 고려시대의 문헌을 보면 어육장해(漁肉醬醢)와 식염만을 사용하는 지염해(漬鹽醢)가 주종을 이루며 식해류도 사용된 기록이 나타나고 있다.

　조선시대의 젓갈에 대한 기록은 관선문헌(官選文獻, 1454년)과 민간인들에 의해 쓰인 일기에서 중요한 자료를 제공하고 있다. 이중에서 유희춘의 「미암일기(眉巖日記, 1560년)」에서 젓갈류의 이름이 기록에 많이 나온다. 조선시대의 수산발효제품은 식염만을 사용하는 지염해를 주종으로 하여 뱅어젓, 밴댕이젓, 갈치젓, 조기젓, 황석어젓, 새우젓, 조개젓, 게젓, 굴젓 등이 흔히 사용되었으며, 일부 식해류(食醢類)도 있었다. 또한 이들의 재료도 어패류뿐만 아니라 채소류에 누룩, 술지게미 등을 섞어 담근 절임도 있었다.

　홍만선이 저술한 「산림경제(山林經濟, 1719년)」와 서유거가 쓴 「임원십육지(林園十六志, 1835년)」나 「음식디미방(飮食知味方, 1670년)」의 기록을 종합하면 염해법, 주국어법, 어육장법, 식해법으로 크게 4종류로 구분되는 수산발효법이 소개되고 있다. 유중임의 「증보산림경제(增補山林經濟, 1760년)」에도 젓갈 담그는 기술에서 청어, 대합, 굴, 새우 등에 층층이 소금을 뿌리면서 항아리에 담으라고 하였고, 젓갈 원료를 혼용하는 방법이 소개되었다. 또한 곤쟁이젓을 담글 때는 전복, 소라, 오이, 무 등을 미리 절였다가 곤쟁이와 함께 담그도록 한 것으로 보아 과채류도 혼용했다는 증거가 있다. 젓국을 간장의 대용으로 사용했다는 기록이 있어 조선시대에도 어(魚)간장류가 있었음을 알 수 있다.

　조선시대 후기에 가장 많이 잡힌 생선의 종류는 명태, 조기, 청어, 멸치, 새우로, 건조되거나 젓갈로 만들어져 전국에 널리 유통·보급되었다. 현재 젓갈은 지역에 따라 다양하고 특징적으로 생산되어 주로 반찬과 김장용으로 쓰이며 지방에 따라서 고유한 젓갈이 제조되며 어간장 등은 간장 대용으로 이용되고 있다.

2 젓갈의 분류

　젓갈류는 크게 젓갈(醢類)과 식해류(食醢類)로 대별할 수 있으며 「미암일기(眉巖日記, 1560년)」에 나타난 젓갈의 종류와 분류는 [표 8-1]과 같다.

표 8-1			「미암일기」에 나타난 수산발효식품	
해류식품(醢類食品)	해류(醢類)	어·육장해 (魚·肉醬醢)	수류해(獸類醢)	사슴젓(鹿醢, 1)
			조류해(鳥類醢)	생치젓(雉醢, 1)
		지염해 (漬鹽醢)	어류해(魚類醢)	뱅어젓(白魚醢, 2)·밴댕이젓(蘇魚醢, 3)·전어젓(蕣魚醢, 1)·청어젓(靑魚醢, 1)·魚醢(2)
			패류해(貝類醢)	홍합젓(紅蛤醢, 1)·굴젓(石花醢)·조개젓(生蛤醢, 1)·가리맛젓(桃花醢, 4)
			갑각류해(甲殼類醢)	
			하해류(蝦醢類)	백하젓(白蝦醢)·곤쟁이젓(紫蝦醢, 1)·봄젓(紅蝦醢, 1)·육젓(蝦醢, 2)·추젓(雛醢, 1)
			해해류(蟹醢類)	게젓(蟹醢, 8)
			어란해(魚卵醢)	조기알젓(石首魚卵醢, 2)·알젓(卵醢, 2)
			복장해(腹藏醢)	고등어복장젓(古道魚腹藏醢, 1)
			혼장해(混藏醢)	생선·전복젓(魚鰒醢, 1)
	식해류 (食醢類)	어류식해(魚類食醢)		숭어식해(秀魚食醢, 1)·식염(2)
		패류식해(貝類食醢)		전복식해(生鰒食醢, 4)

  어·육장해(魚·肉醬醢)는 고려시대 이래 조선 중기까지 식용되면서 식염과 누룩 및 술을 원료로 하여 제조되었다. 지염해(漬鹽醢)는 단순히 소금으로 절이는 오늘날 가장 흔하게 보는 젓갈을 의미한다. 식해류(食醢類)는 주로 어류나 패류의 날것에 익힌 곡류와 맥아, 소금 또는 누룩 등을 혼합해서 익힌 것으로 자가소화와 젖산발효에 의한 발효식품이다. 우리나라의 수산발효기술을 종합하면 염해법, 주국어법, 어육장법, 식해법으로 구분된다.

(1) 염해법(鹽醢法)

  소금만을 가하여 발효시키는 것으로 청어, 조개류, 굴류와 새우류에 물을 가하지 않고 소금을 원료 사이사이에 넉넉히 뿌려 밀봉한다. 항아리의 입구를 석회로 밀봉한 후 응달에서 여러 달 동안 숙성시킨다. 굴을 숭어, 조기, 정어리 등과 같은 생선과 함께 발효시킬 때에는 생선들을 일정기간 동안 절인 후 꺼내어 작은 토막으로 잘라 넣어둔 항아리에 다시 넣어 저장한다. 이와 같이 발효된 생선의 육질과 뼈부분은 연화되며 7~8개월간 보존할 수 있다.

(2) 주국어법(酒麴魚法)

소금, 술, 곡분, 식물성 기름과 양념을 가한 후 발효시키는 것으로 소금과 밀가루를 2:4의 비율로 혼합하고 곡주(穀酒)와 양념을 가해 풀상태의 침장원을 만든다. 생선은 손바닥 크기로 잘라서 혼합 양념이 바닥에 깔린 항아리에 펴놓고 다시 침장원을 덮어 차곡차곡 쌓아 담은 후 상부를 침장원으로 덮어 밀봉한 후 발효시킨다.

(3) 어육장법(魚肉醬法)

소금과 누룩을 가하여 발효시키는 것으로 일반적으로 어간장 제조법과 유사하다. 어류의 머리, 지느러미, 창자부분들을 어체에서 제거한 후 수세하고, 물기를 빼고, 메주가루 10에 식염 7의 비율로 섞고 생강과 양념을 혼합한 침장원과 합한다. 여기에 끓인 명반(Alum, 황산 알루미늄)용액을 식혀서 항아리에 붓고, 잘 밀봉해서 음지에서 1년 동안 저장하면 어간장이 된다.

(4) 식해법(食醢法)

소금과 맥아가루 및 조리된 곡류와 함께 발효시키는 것으로 생선과 어패류 육질의 물을 뺀 후 약간 건조시켜 조리된 찹쌀, 맥아가루와 양념으로 혼합한다. 육질은 여름에는 4일 후, 겨울에는 5~6일 정도 단기간 발효 후 식용가능하다. 일반 젓갈류에 비해 적은 양의 소금을 사용하며 첨가된 곡류는 젖산균의 영양원으로 젖산발효를 도와준다.

식품공전에 따르면 젓갈류는 어류, 갑각류, 연체동물류, 극피동물류 등의 전체 또는 일부분을 주원료로 하여 이에 식염을 가하여 발효숙성한 것 또는 이를 분리한 여액에 다른 식품 또는 식품첨가물을 가하여 가공한 것을 말한다.

젓갈은 식염만을 침장원으로 사용하여 생선에서 흘러나온 액체 속에 어체가 완전히 잠긴 상태에서 효소적 가수분해를 부분적으로 일으킨 발효수산물의 일반명칭이다. 대부분 20% 수준의 식염을 사용하나 굴젓이나 알젓의 경우와 같은 10% 수준의 식염을 사용하는 저염젓갈도 있다. 젓갈은 사용한 원료의 종류나 어체의 특정 부위에 따라 4가지로 구분할 수 있다.

즉, 어체 전체를 사용하는 것, 내장만을 사용하는 것, 조개류, 갑각류로 나눌 수 있다. 조개류는 조개껍질을 제거한 속살 부분만을 사용하며 갑각류는 겉껍질을 그대로 소금에 절이게 된다. [그림 8-1]은 원료의 사용부위 및 제조에 따른 젓갈의 분류를 나타낸다.

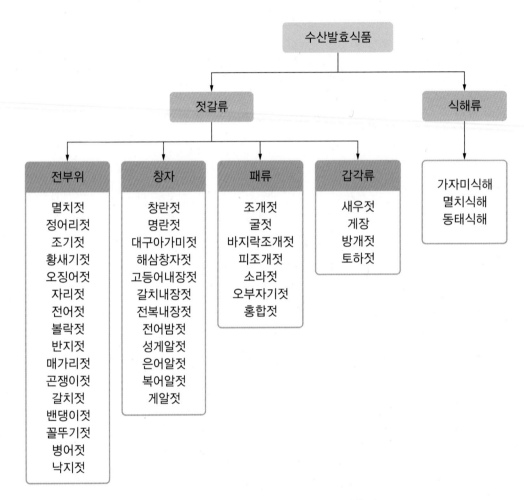

[그림 8-1] 원료의 사용부위 및 제조에 따른 젓갈의 분류

3 젓갈의 제법

젓갈은 어패류의 원료, 지역에 따라 여러 가지로 제법상의 차이를 볼 수 있다. 그러나 원료의 전처리방법이나 발효숙성조건 등은 대부분 유사하다.

젓갈제조법의 특징은 어패류에 부원료로 소금을 10% 또는 20% 내외로 사용하며, 제조지역과 젓갈의 종류에 따라 차이가 있다. 식염 10% 수준을 사용하는 저염젓갈은 일부 굴젓이나 명란젓에서 볼 수 있으며 장기저장이 어렵다. 대부분의 젓갈류는 20% 내외의 식염을 포함하며 저장기간은 3개월 이상 수년이 될 수도 있다. 젓갈의 제조에서 부원료로 소금만을 이용하는 경우가 대부분이나 간장 또는 고춧가루, 마늘, 파 등의 향신료 및 곡류를 첨가하는 경우가 있다. 특히 전남지역의 민물새우젓(토하젓)은 소금과 익힌 곡류나 기타 향신료를 혼합하여 제조하며, 전북 부안일대의 특산물인 조기젓, 등피리젓은 소금과 메주가루가 부원료로 이용되며, 다른 젓갈의 젓국을 이용해서 담그는 젓갈의 제법이 있다.

특히 식해의 경우에는 생선 외에 곡류가 필요하며, 배합비율이나 숙성조건에 따라 제품의 특성이 좌우된다. 젓갈류의 일반적인 제조공정은 [그림 8-2]와 같다.

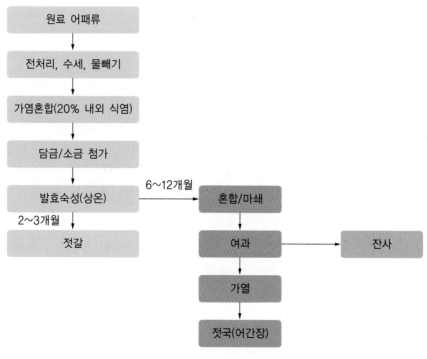

[그림 8-2] **젓갈류의 제조공정**

젓갈의 숙성기간 2~3개월의 상온발효에서 어체원형이 유지되는 발효젓갈을 제조할 수 있으며, 동시에 발효기간을 6~12개월 연장함으로써 젓국(fish sauce, 어간장)을 생산할 수 있다.

4 젓갈의 발효숙성

젓갈의 발효숙성에서 젓갈의 원료와 소금농도에 영향을 받는 단백질 분해효소 및 생육 미생물의 역할이 발효숙성에 영향을 미친다. 일반적으로 영향을 미치는 젓갈류는 20% 내외의 소금농도하에서 숙성시키게 되므로 숙성 중 내염성균 외에는 생육이 저해되며, 높은 염농도 때문에 어육 자체에 존재하는 효소의 활성 저해로 자가소화 과정도 지연될 수 있다. 식해의 경우는 10% 내외의 저염도하에서 숙성됨으로써 젖산이 생성되고 내염성 효모도 작용하여 알코올발효와 더불어 독특한 풍미물질이 생성되어 비린내 제거에 도움을 준다. 젓갈류의 숙성은 연중 온도의 변화가 적은 동굴 등을 이용하는 것이 유리하며 숙성온도는 13~15℃가 적당하다. 일반적으로 젓갈의 숙성은 대부분 6~12개월이 소요되고 있다. 젓갈류로서 멸치젓, 새우젓, 명란젓 및 가자미식해의 제조에 관한 방법은 아래와 같다.

1) 멸치젓

멸치젓(salted and fermented anchovy)은 전체 젓갈류의 약 30%의 생산량을 차지하며 우리나라에서 가장 널리 이용되는 젓갈류이다. 멸치(*Engraulis japonica*)는 한반도 남해안에서 연간 12~20만 톤의 어획량으로 많이 생산되는 어종이며, 길이는 10~20cm이고 넓이는 1.5~2.5cm 정도 되는 원통형의 등은 암청색이고 복부는 은백색이다. 멸치는 생선보다는 대부분 삶아서 말린 것과 젓갈의 원료로 이용된다. 멸치젓 제조에는 두 가지 방법이 있는데, 숙성기간에 따라 생멸치를 2~3개월간 숙성시킨 것을 멸치젓이라 하고, 멸치젓국은 6개월 이상 숙성시킨 것이다. 멸치젓은 멸치가 잠길 정도로 소량의 액체를 함유하고, 숙성된 어체의 표면은 회색을 띤 갈색을 띠며, 육질의 내부는 붉은 갈색을 띤다. 멸치젓국은 짙은 갈색을 띤 일종의 어간장으로서 주로 김치 발효에 이용된다.

(1) 제조방법

멸치젓은 신선한 멸치를 해수나 수돗물로 깨끗이 수세한 후 15~20%의 천일염, 암염 (rock salt) 등으로 혼합한 후 항아리나 콘크리트 저장고에 저장한다. 일반적인 제조공정은 [그림 8-3]과 같다.

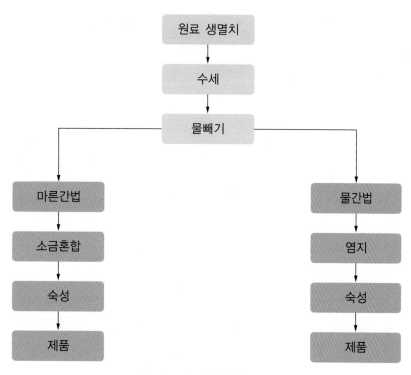

[그림 8-3] **멸치젓 제조공정**

(2) 담기

멸치젓을 담그는 방법은 젓국형태의 제품 또는 멸치의 형태가 유지되도록 하여 김치 속에 넣을 용도의 제품으로 제조되며 소금을 첨가하는 방법에 따라 크게 마른간법(dry salting)과 물간법(brine salting)으로 구별된다.

마른간법은 멸치에 마른소금을 직접 혼합하여 숙성시키는 방법으로 멸치젓의 대부분은 이 방법에 의해 생산된다. 세척된 멸치를 용기 내에 한 겹을 놓고 그 위에 마른소금을 뿌리는 작업을 반복한 후 용기의 윗부분에 소금을 다소 많이 뿌리고 나무판자와 중석으로 눌러놓는다. 소금의 사용량은 원료 중량의 25% 정도로 하며 담근 후 1~2일 지나면 어체 중의 체액이 침출되면서 원료전체가 액에 잠기게 된다.

물간법은 어체의 형태가 유지되도록 숙성시키는 방법으로 앤초비 페이스트(anchovy paste) 또는 앤초비 필렛(anchovy fillet)의 원료 등으로 생산된다. 멸치를 2~3일 염지시킨 후 어체와 침출액을 분리하여 침출액은 열처리하고 잔존하는 단백질 분해효소를 불활성화시킨다. 열처리된 침출액에 어체를 담근 후 폴리에틸렌(PE) 필름을 덮고 중석으로 눌러 놓는다.

(3) 숙성

젓갈을 대량으로 발효시키는 경우에 숙성은 일반적으로 상온에서 실시한다. 숙성에 관계되는 인자로는 소금의 첨가방법, 첨가량, 원료의 선도, 원료의 성분 함량 및 온도 등이다. 젓갈 숙성의 판정기준은 비린 냄새이며, 20% 염농도에서 15~20℃ 정도로 2~3개월 숙성시킴으로써 비린내가 소멸되면서 숙성된 젓갈이 된다. 소금 농도가 높으면 3개월 이상의 기간이 소요되며, 액젓으로 이용되기 위해서는 6개월 이상 숙성시켜서 어체가 완전히 분해되도록 한다.

젓갈의 발효숙성에 관여하는 미생물들은 다양하며 젓갈 품질의 균일화를 위해서 관여하는 미생물들 중에서 유용한 균주를 분리하여 이들의 생리활성 및 대사를 이해하는 것이 필요하다. 궁극적으로 유용한 균주를 활용함으로써 젓갈의 맛과 저장성을 향상시키는 것이 가능하다. 멸치의 발효 중에서의 미생물상을 보면 [그림 8-4]와 같이 초기에는 *Pseudomonas*, *Sarcina*, *Micrococcus* 등이 우세하며 발효 중기에는 이들은 감소하나 유산균과 효모류가 증가하면서 젓갈의 맛을 부여한다. 젓갈의 발효기간이 70일 정도에서 최적의 멸치젓 맛이 부여되며 이때 효모의 생균수가 최대에 도달한다.

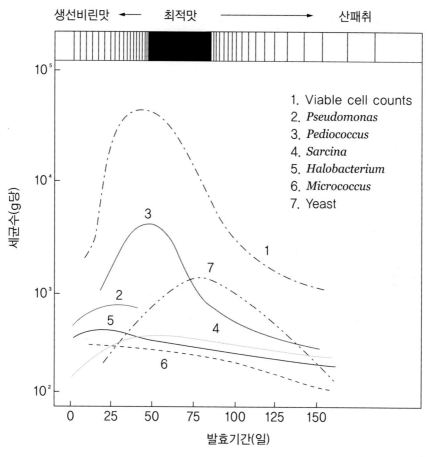

[그림 8-4] **멸치젓 발효 중의 미생물상과 맛**

(4) 화학적 성분 변화

멸치젓의 일반성분은 생멸치의 발효와 가공방법에 따라 다르다. [표 8-2]는 멸치발효 전후의 성분 변화를 비교한 것이며, 멸치성분은 발효과정 동안 큰 변화가 없었다. 수분 과 조단백질 함량의 감소는 첨가한 염에 의한 희석 효과에 기인되며, 회분 함량이 크게 증가하였다.

표 8-2	멸치젓의 일반성분		(단위: %)
성분	발효 전	발효 후	
수분	74.3	61.1	
조단백질	17.0	13.1	
조회분	3.0	1.6	
회분	4.3	24.0	
탄수화물	1.4	0.2	
소금(NaCl)	–	20.2	

발효기간 중 라이신, 메티오닌, 이소루신, 타이로신과 페닐알라닌은 증가하는 반면에 트레오닌, 세린, 글루탐산은 감소한다. 발효 중 30배 이상의 라이신 함량 증가와 3배의 메티오닌 함량 증가는 멸치젓이 필수아미노산의 중요한 공급원임을 알 수 있다. 발효 중에 아미노산, 암모니아(ammonia), 베타민(betaine), 트리메틸아민(trimethylamine)과 총 크레아틴(creatine)이 유의적으로 증가하고 있으며, 뉴클레오타이드(nucleotide)와 트리메틸아민 산화물(trimethylamine oxide, TMAO)의 함량도 증가한다.

멸치젓의 pH는 발효 초기 2개월 동안 점점 감소해서 pH 5에 도달하게 된다. 수용성 질소화합물은 점점 멸치액즙으로 용출되어 나오며, 3개월 숙성 후 평형에 도달하게 되고 이 때 멸치젓의 적정 숙성기간으로 된다. [그림 8-5]는 멸치젓 발효숙성 중 질소화합물의 비교를 나타낸다. 아미노 질소(Amino-N)와 비단백질소의 함량은 3개월 숙성시킨 후부터 단백질이 분해됨에 따라 계속 증가되면서 멸치젓국으로 제조될 수 있다.

멸치액젓의 성분규격은 총질소 1% 이상(곤쟁이 액젓 0.8% 이상, 조미액젓 0.5% 이상)을 포함해야 한다(식품공전, 2017). 최근 젓갈의 성분규격은 대장균군, 타르색소 및 보존료(솔빈산)에 한한다. 휘발성 염기질소(volatile basic nitrogen) 함량의 증가는 멸치젓 숙성에 관여하는 미생물이 분비하는 RNA-depolymerase활성과 깊은 관계가 있다. RNA-depolymerase 활성은 호염성 박테리아 수가 증가하면서 증가하며, 멸치는 RNA-depolymerase에 의해 뉴클레오타이드스(nucleotides)가 5'-모노뉴클레오타이드스(mononucleotides)로 분해된다. 멸치젓은 5'-IMP와 5'-AMP와 같은 정미성분을 많이 가지고 있고, 이 성분은 감칠맛을 내는 중요한 성분이다.

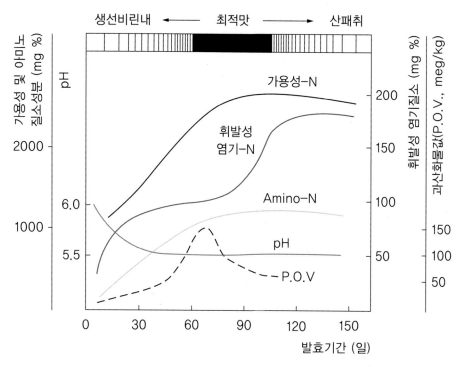

[그림 8-5] **멸치 젓 발효 중의 맛과 생화학적 변화**

수용성 아미노산과 핵산 관련물질이 멸치젓국의 맛에 기여하는 정도를 관능검사로 평가한 연구에서 이들은 맛에 중요하게 관여하며 수용성 아미노산은 핵산물질보다 멸치젓 맛의 형성에 더 크게 작용하는 것으로 나타났다.

2) 새우젓

새우젓(salted and fermented small shrimp)은 돗대기새우(*Leptochela gracilis*), 젓새우(*Sergestidae Acetes japonicus*), 중국 젓새우(*Sergestidae Acetes chinensis*) 등의 작은 새우를 염장한 젓갈류이다. 새우젓은 우리나라에서 가장 많이 사용되는 젓갈로 채소류의 발효식품에 특유의 맛과 향기성분을 부여하는 부원료로 사용된다. 새우젓은 주로 서해안 지역에서 많이 생산되며 원료 새우의 어획시기에 따라서 종류나 모양에 차이가 있으며, 동백하젓(1~2월), 봄젓(3~4월), 오젓(5월), 육젓(6월), 자젓(7~8월), 추젓(9~10월) 및 잡젓(연중) 등으로 구별된다. 오젓은 어체가 견고치 못하고 붉은 빛을 나타내며, 육젓은 어체가 굵고 흰색바탕에 붉은 색이 섞여있다. 원료 새우의 내장에는 강력한 단백질분해효소가 있어서 죽으면 쉽게 부패될 수 있음으로 어획된 새우는 24시간 이내에 염지를 하며, 일반적으로 어획 즉시 배 안에서 가공처리 한다.

(1) 제조방법

새우젓의 제조는 가공방법과 숙성기간에 따라 새우젓과 젓국의 제조로 구별된다. 어획된 새우는 협잡물 제거 및 선별한 후 3% 염수로 세척한다. 세척한 새우는 20~40%의 천일염으로 혼합하여 PE필름으로 처리된 철제용기나 플라스틱 통에 넣고 표면 위를 천일염으로 1cm 두께로 덮는다. 새우젓은 15~20℃에서 4~5개월 숙성시킨다. [그림 8-6]은 새우젓과 젓국의 제조공정을 나타낸다.

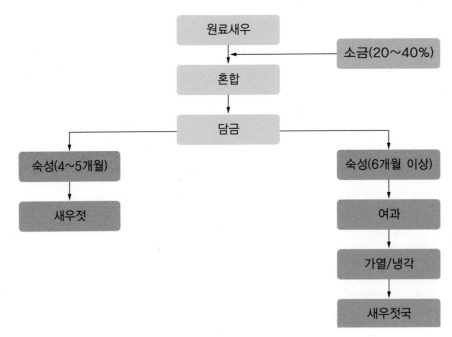

[그림 8-6] **새우젓 및 새우젓국 제조공정**

(2) 담금

새우젓 담금에는 새우와 소금을 균일하게 혼합하고 용기에 다져 넣은 후 위에는 추가로 1~2cm 두께의 소금을 뿌린다. 소금의 사용량은 젓의 종류, 계절 등에 따라 차이가 있으며, [표 8-3]은 새우젓의 종류와 젓갈 담금 시 소금의 사용량을 나타낸다.

표 8-3	새우젓의 종류와 소금의 사용량			(단위: kg)
종류	**담그는 계절 (음력)**	**원료첨가 비율**		**중량**
		원료 새우	**소금**	
동백하젓	1~2월	120~150	80~120	200~270
봄젓	3~4월	120	80~120	200~220
육젓	6월	130~150	100~120	230~270
추젓	9~10월	120	60~ 80	180~200

새우젓의 발효는 15~20℃의 온도에서 4개월 정도 숙성시키는 것이 일반적이며, 새우젓국은 6개월 이상 숙성시킨다.

(3) 숙성 및 화학적 성분 변화

새우젓의 숙성은 새우젓의 원료성분과 존재하는 효소들의 역할 및 호염성 미생물에 의해서 좌우된다. 숙성 중에 단백질 및 핵산의 분해에 기인한 맛과 풍미를 갖는 독특한 젓갈이 제조된다. 숙성과정에 관여하는 미생물상은 초기에 증가하였다가 감소하는 경향을 보인다. [그림 8-7]에서 발효 20일 숙성동안 생균수는 급격히 증가하면서 *Achromobacter*, *Pseudomonas*와 *Micrococcus*와 같은 해양세균에 속하는 균이 분리되고, 40일 발효 후에 이들은 급격히 사라지며 *Halobacterium*, *Pediococcus*, *Sarcina*, *Micrococcus morrhuae*와 *Saccharomyces*속의 효모류가 발견되고 *Torulopsis*류는 계속해서 생존한다.

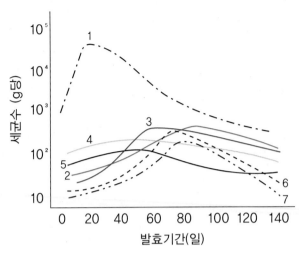

1. Viable cell counts
2. *Halobacterium*
3. *Pediococcus*
4. *Sarcina*
5. *Micrococcus morrhuae*
6. *Saccharomyces*
7. Torulopsis

[그림 8-7] **새우젓 발효 중의 미생물상의 변화**

발효숙성 중에 새우젓의 일반성분은 별로 변화가 없으며 pH 7.5에서 크게 벗어나지 않는다. 새우젓 특유의 정미성분은 단맛을 내는 라이신, 프롤린, 알라닌, 글리신(glycine)과 감칠맛을 내는 글루탐산, 쓴맛을 내는 루신인 것으로 알려지고 있다. 베타인과 트리메틸아민산화물은 새우젓에 풍부히 함유되어 있고 단맛을 내는 정미성분으로 알려져 있다.

3) 명란젓

명란젓(salted and fermented Alaska pollack roe, myungran jeotgal)은 명태(*Theragra chalcogramma*)의 알집을 북어 제조 시에 수거해서 염장발효숙성시킨 고급 젓갈류이다. 명태는 함경도, 강원도, 경북 등의 동해안 연안, 베링해, 북해도 해역에 많이 분포하고 있으며, 몸체가 가늘고 길며 옆구리에 2줄의 흑갈색 띠가 있다.

(1) 제조방법

원료명란은 알집의 난막이 손실되지 않도록 3% 정도의 식염수로 수세한 후 물을 뺀다. 냉동된 명란은 10℃ 정도에서 자연해동시킨 후 동일하게 처리한다. 선별된 명란은 용기에 차곡차곡 쌓으면서 소금을 마른간법으로 첨가한다. 원료의 성숙도에 따라 식염 첨가량이 달라지며 원료의 10~20% 정도로 한다. [그림 8-8]은 명란젓의 제조공정을 나타낸다.

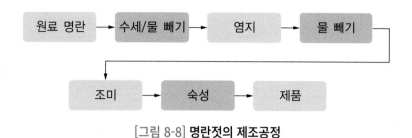

[그림 8-8] **명란젓의 제조공정**

(2) 숙성

염지된 명란은 7~8일 후에 침출액이 형성되면 물 빼기 작업을 대나물발(광주리)에 받쳐서 물기를 충분히 뺀다. 염지가 끝난 명란은 조미를 하여 포장한 후 숙성시킨다. 명란젓 조미를 위한 원료는 고춧가루(3%), 마늘(2.5%), 생강(0.5%), 글리신(1%), 알코올(0.5%), 젖산(0.3%), 호박산(0.1%), *Monascus anka* 색소(0.04%), 참깨(0.3%), 설탕(1%), D-솔비톨(sorbitol)(1.5%), MSG(0.1%) 등을 혼합하여 사용한다. 상업적인 제품으로 인공색소(적색 102 및 104호, 황색 5호)를 사용할 수 있다. 조미된 명란은 나무상자에 넣어 상온에서 2~3주 동안 숙성시킨다.

(3) 화학적 성분 변화

명란젓은 낮은 염농도로 숙성되는 관계로 저장성은 다른 젓갈에 비해서 약하며, 숙성 중에 첨가되는 부원료들에 기인한 독특한 맛과 풍미를 갖는다. 발효기간이 짧은 관계로 성분의 변화는 비교적 적으며, 명란젓의 일반성분의 변화는 [표 8-4]와 같다.

표 8-4 　**명란과 명란젓의 성분비교**　　　　(단위: g)

조성	명란	명란젓
수분	73.5	66.0
단백질	22.4	20.5
지방	1.5	3.0
탄수화물	1.5	2.7
회분	1.1	7.8

4) 가자미식해

가자미식해(fermented fish)는 염장된 넙치(*Pseudopleuronectes herzenstein*)와 삶은 좁쌀, 고춧가루, 마늘을 이용하여 발효시킨 저염수산발효 제품이며, 생선으로 만든 일종의 김치라 볼 수 있다.

(1) 제조방법

식해의 제법도 지역과 종류에 따라 다양하며, 제조에 이용되는 주재료와 부재료의 종류 및 배합비율 등은 지역에 따라 차이가 크다. 식해의 제조에 사용되는 주재료와 부재료의 종류는 [표 8-5]와 같다.

표 8-5   식해의 재료와 주산지

주재료	부재료	주산지
우럭, 도다리, 가자미, 쥐치	쌀밥, 소금, 엿기름	충무, 포항
조기, 전어, 가자미	쌀밥, 소금, 엿기름, 고춧가루	진주, 청도, 영덕
명태, 가자미, 우럭, 갈치	쌀밥, 소금, 엿기름, 고춧가루	삼척, 동해, 강릉, 포항
갈치, 오징어	찰밥, 소금, 고춧가루	청도, 밀양
갈치, 명태, 마른오징어	찰밥, 소금, 고춧가루, 엿기름, 무채	월성군
가자미, 명란, 창란, 오징어	밀가루죽, 소금, 무채, 엿기름, 고춧가루	월성군
명태, 가자미, 오징어	조밥, 소금, 무채, 엿기름, 고춧가루	강릉, 고성, 속초

가자미식해는 내장을 제거하고, 수돗물로 수세한 후 6% 정도의 소금을 가해서 하룻밤 염지하여 침출액을 광주리 등을 이용해서 물기를 뺀다. 염지된 생선은 부재료 혼합물과 혼합하여 생선의 발효에 곡물의 젖산발효를 가미한 특수한 수산발효식품이다. [그림 8-9]는 가자미식해의 일반적인 제조공정을 도해한 것으로 6~8% 식염에 18~20시간 절인 생선을 조밥, 고춧가루, 마늘과 혼합하여 20℃에서 2~3주 발효시킨다. 이때 첨가되는 조밥의 전분이 산생성균에 의하여 젖산을 포함하는 유기산을 생성하게 되며 이로 인하여 식해의 pH가 5.0 이하로 급격히 낮아지면서 저장성과 맛이 부여된다.

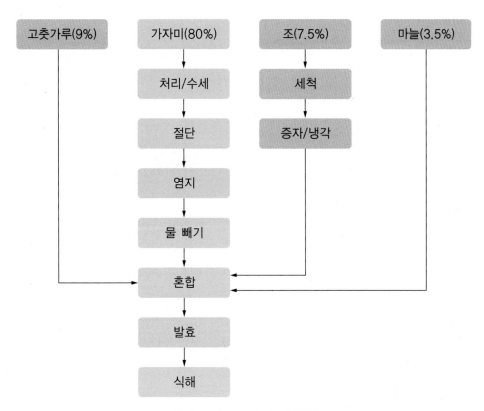

[그림 8-9] **식해의 제조공정도**

(2) 숙성

식해의 숙성은 생선 자체의 효소에 의한 자가소화와 동시에 존재하는 젖산균들의 젖산발효에 의해서 이루어진다. 식해의 숙성 중에 미생물상의 변화를 보면 지방분해균은 급격히 사멸하는 반면에 효모와 단백질 분해균과 산생성균은 증가되면서 발효 15일 정도에서 최고치에 도달한 후 숙성기간이 길어지면서 감소된다[그림 8-10].

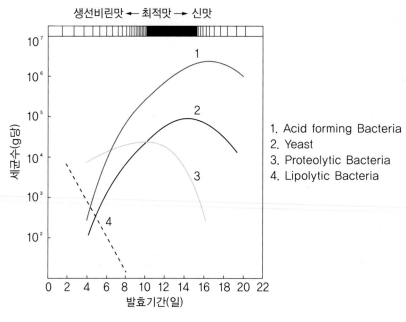

생선비린맛 ← 최적맛 → 신맛

1. Acid forming Bacteria
2. Yeast
3. Proteolytic Bacteria
4. Lipolytic Bacteria

[그림 8-10] **가자미식해 숙성 중의 미생물상과 맛의 변화**

식해의 7일 동안 발효숙성 중에 pH는 초기에 6.7에서 4.8로 급격히 감소되며, 적정산
도는 발효기간 동안 점점 증가하여 2주 정도에서 2%의 적정산도를 보였다.

(3) 화학적 성분 변화

가자미식해의 일반성분 조성은 원료 가자미의 종류, 가공방법, 부원료의 종류 및 배합
비율에 따라서 차이가 있다. 식해의 발효 동안 일반성분은 큰 변화가 없었으며, 수분 함
량의 감소와 회분 함량의 증가는 식염의 첨가에 기인한다[표 8-6].

표 8-6	식해 발효숙성 중의 일반성분의 변화			
기간(일)	일반성분 조성(%)			
	수분	조단백질	조지방	조회분
8	64.72	15.45	1.02	7.75
15	65.96	16.62	1.15	7.62
22	66.68	14.10	1.08	7.54
가자미(원료)	82.68	15.12	1.25	1.62

식해발효 중에 중요한 단백질은 효소작용으로 분해되어 숙성과정에서 여러 가지 질소화합물이 생성될 수 있다. 분해생성물 중 아미노산은 향미생성에 직접 관련된 물질이며, 트리메틸아민(trimethylamine, TMA)와 휘발성 염기질소(volatile basic nitrogen, VBN) 등의 질소화합물은 이취나 부패관련 성분으로 분류된다. 식해의 발효숙성 중에 TMA의 함량이 급격히 증가하였으며 휘발성 염기질소는 7일에서 26일까지 급격히 증가하였다. 유기산의 변화를 보면 젖산이 주성분이며 석신산 및 프말산은 소량 검출되었다. 또한 단백질, 지질 분해효소들의 활성은 주로 가자미의 표피에서 발견되었으며, 발효 12일 정도에서 최고조에 도달하였다. 발효숙성된 가자미식해의 조직감은 발효 동안 점점 연화되면서 고기의 육질이 점점 부드러워진다. [그림 8-11]은 식해 발효 중의 생화학적·물리적 변화 및 맛의 변화를 도식화한 것이며, 20℃에서 발효 14일 만에 최적의 맛이 형성됨을 알 수 있다.

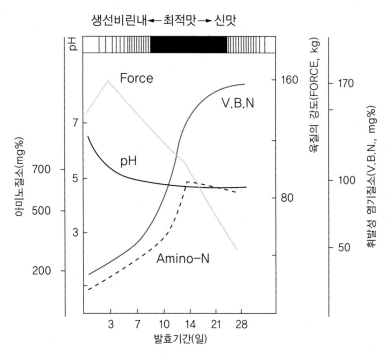

[그림 8-11] **식해 발효 중의 물리화학적 및 맛의 변화**

5 젓갈의 저장성 및 산업화

젓갈류 중에서 멸치젓의 저장기간은 약 6개월이며, 항아리, 플라스틱통 또는 양철통에 밀봉해서 15~20℃의 음지에서 저장한다. 최근에는 작은 크기의 유리병 포장이 일반적이며 2~3개월 동안 냉장고에 저장한다. 여과시킨 액의 가열살균은 멸치젓국의 저장기간을 연장시키기 위한 중요한 단계이며, 저장 중 제품을 변질시키는 효모와 호염성 세균의 수를 줄일 수 있다. 젓갈의 산업적 생산을 위해서는 먼저 원료의 확보가 요구된다. 젓갈품질의 균일화 또는 위생적인 제품생산이 필요하며, 이를 위해서 제조공정의 표준화 및 식품안전관리인증기준(HACCP, Hazard analysis critical control point)의 적용이 요구된다.

발효숙성에 관여하는 미생물을 분리 및 규명하며 이들을 효과적으로 접종함으로써 발효기간을 단축하고 품질을 균일화하는 방법이 가능하다. 또한 최적의 맛을 유지하는 기간을 연장하기 위하여 맛의 퇴화를 일으키는 미생물을 확인하여 이들의 작용을 선택적으로 억제하는 방법이 필요하다. 젓갈의 저장성을 향상시키기 위해서는 특수한 살균법, 보존제 및 포장법 등의 개발이 필요하다.

전통발효식품의 우수성과 안전성을 과학적으로 규명하는 것이 필요하며, 최근 발효식품에서 생물학적으로 활성이 있는 바이오제닉 아민(biogenic amine)이 검출되어 식약처가 기준규격을 정한바 있다. 바이오제닉 아민은 효소작용과 미생물의 아미노산 탈탄산(decarboxylation) 작용으로 생성되며, 히스티딘(histidine)으로부터 생성된 히스타민(histamine)은 부패의 지표물질로 이용되고 있다.

바이오제닉 아민은 젓갈 이외에 장류, 치즈 등에서 존재하며, 전통 장류, 젓갈에서 각각 히스타민 130mg/kg, 80mg/kg과 인도네시아 젓갈인 terasi(shrimp sauce)에서 200mg/kg 이상의 바이오제닉 아민이 검출되었다. 따라서 발효식품의 발효, 숙성 중에 미생물에 의해 바이오제닉 아민이 생성되는 것을 분석하고, 저감화하는 것이 필요하다. [표 8-7]은 다양한 아미노산 전구체로부터 생성된 다양한 바이오제닉 아민의 구조식이다.

표 8-7	대표적인 바이오제닉 아민(biogenic amines)	
전구체 (precursor)	바이오제닉 아민 (biogenic amines)	구조식 (formula)
Ala	Ethylamine C_2H_7N	$CH_3CH_2NH_2$
Orn	Putrescine $C_4H_{12}N_2$	$H_2N(CH_2)_4NH_2$
His	Histamine $C_5H_9N_3$	
Lys	Cadaverine $C_5H_{12}N_2$	$H_2N(CH_2)_5NH_2$
Tyr	Tyramine $C_8H_{11}ON$	
Phe	Phenylethylamine $C_8H_{12}N$	
Try	Tryptamine $C_{10}H_{14}N_2$	

6 식품학적 의의

수산발효식품으로 구별되는 젓갈과 식해는 주류 및 식초를 제외한 우리나라 전통 발효식품제조와 포괄적으로 연관이 있다. [그림 8-12]는 수산발효식품의 전통 발효식품과의 유기적인 관계를 나타낸다.

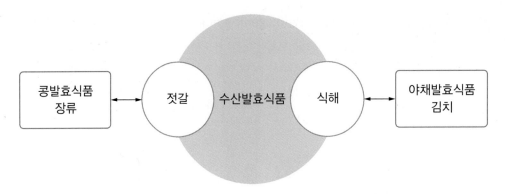

[그림 8-12] **수산발효식품의 전통발효식품과 연관성**

젓갈은 어류단백질이 자체의 단백질분해효소 또는 미생물에 의한 대사작용에 의해서 분해되어 유리 아미노산과 저분자 펩타이드를 형성함으로써 구수한 맛을 만든다. 이것은 콩 단백질 분해를 주축으로 하는 장류발효와 맥을 같이하고 있다. 한편 식해는 식물성 탄수화물인 곡류 등을 이용한 젖산발효를 통하여 생성된 유기산으로 인해 비교적 낮은 식염농도에서도 미생물 생육이 억제되어 어체를 보존하는 방법이며, 이것은 야채원료를 젖산발효시키는 김치의 제조와 유사한 원리이다.

Chapter 09

포도주

1 포도주의 역사

포도주의 역사는 인간의 출현과 함께 생겨진 것으로 보이며, 자연발생적으로 과즙이 발효된 과실주와 꿀이 발효된 봉밀주 등이 함께 있었을 것으로 보인다. 구약성서에 의하면 포도나무를 심은 사람은 노아였으며, 그리스 신화에는 Dionysus가 포도주 만드는 방법을 가르쳤다고 하며, 이집트, 시리아인의 고대문명 발생지에서도 많은 양조기록을 볼 수 있다. 포도주는 B.C. 3500년경에 터키에서 제조되기 시작했고 그 후 독일이나 프랑스 등의 유럽각지로 전해졌으며 미국에는 Columbus에 의해서 전해졌다. 양조학의 역사는 17세기말 Antonie Van Leeuwenhoek가 포도, 맥아즙에서 효모를 분리한 이후에 1866년 Louis Pasteur가 알코올은 혐기적조건 하에서 효모에 의해 주로 생성되는 대사산물임을 밝히면서 포도주 양조에 지대한 기여를 하였다. Pasteur는 저온살균법을 개발해서 포도주의 부패를 방지하며 우량 포도주 효모를 배양해서 안전하게 포도주를 대량으로 생산할 수 있는 계기를 마련하였다.

2 포도주의 종류

포도주는 포도 과즙이 효모에 의해서 발효되어 만들어진 양조주(釀造酒)이다. 지역에 따른 원료 포도와 부재료 및 제법 등의 차이에 의해서 포도주의 종류가 분류될 수 있다. 포도주는 발효성 당만으로 생성된 알코올을 갖는 천연포도주(natural wine)와 포도주주정(wine spirit)을 가하여 알코올 농도를 높인 주정강화포도주(fortified wine)로 분류될 수 있는데, 주정강화포도주는 식후(dessert)와 식전(appetizer) 포도주로 대별된다. 또한 천연포도주는 탄산가스의 유무에 따라 비발포성(still wine)과 발포성 포도주(sparkling wine)로 분류된다. 포도주의 당 함량에 따라 단맛이 없는 드라이 포도주(dry wine)과 단맛이 약간 있는 세미드라이 포도주(semi-dry wine) 및 단맛이 나는 스위트 포도주(sweet wine)으로 구별된다. 또한 포도주는 색깔에 따라서 적포도주, 백포도주 및 분홍포도주로 분류된다. 저장기간에 따른 분류로는 단기숙성 포도주(young wine, 1~2년), 숙성 포도주(aged or old wine, 5~15년), 고급숙성 포도주(great wine, 15년 이상)이 있으며, 지역에 따른 대표적 포도주으로 France Vin (Bordeaux), German Vein (Rhine), Spain Vino (Sherry), Italy Vino (Ver-mouth), America wine (California wine) 등이 있다. 특히 포도주는 생산지, 색깔, 탄산가스 함량, 당 함량, 알코올 함량, 가향여부, 포도품종에 의한 향미 등에 따라서 식별된다. [표 9-1]은 포도주의 분류를 나타낸다.

표 9-1   포도주의 분류

분류	종류
천연포도주 (Natural wine, 9-14% alcohol)	• 비발포성 포도주 (Still wine) Dry table wines (White, Pink, Red) Semi-dry table wines [White, Rosé(pink), Red] Sweet table wines [White, Rosé(pink)]. Specialty types (탄산가스 포함된 White, Rosé, Red) 　　　　　　　(향기 가미된 White, Rosé, Red) • 발포성 포도주 (Sparkling wine) White (champagne, sparkling muscat) Rosé (pink champagne) Red (sparkeling burgundy, cold duck)
주정강화 포도주 (Fortified wine, 15-21% alcohol, Dessert, Appetizer)	• 감미포도주(Sweet wines) White (muscatel, white port, angelica) Pink (California tokay, tawny port) Red (Port, black muscat) • 셰리 포도주(Sherries)(산화취를 갖는 white sweet or dry wines) Aged types Flor sherry types (2차 호기적 효모발효) Baked types Flavored, specialty wines(white port base) • 베르무트 포도주(Vermouth) (pale dry, French; Italian, sweet types) Proprietary products Special-natural wines Other "brand name" specialty wines

3 원료 포도

1) 품종

포도의 품종은 고상하고 다양한 향미를 갖는 유럽계의 *Vitis vinifera*와 북미가 원산지로 알려진 foxy aroma를 갖는 *Vitis labrusca*와 muscadine aroma를 갖는 *Vitis rotundifolia*가 있다. 이들 품종에는 다양한 변종(cultivar, cultivated variety)이 있으며, 변종은 색깔, 포도조직, 당도, 산도, 수확시기 및 내병충해성에서 큰 차이를 보인다. 포도주 제조 시에 포도 품종의 독특한 성분조성과 향미는 매우 중요한 요소이며, 동일 품종이라도 포도주 제조에 적합한 당도와 산도를 갖는 적기에 수확된 포도를 이용하는 것이 요구된다. 세계적으로 포도 생산은 유럽에서 이루어지며 이탈리아, 프랑스, 스페인 순으로 생산량이 높고, 다음으로 미국에서 많이 생산된다. 우리나라의 포도 재배지역은 경북 경산, 충남 천안, 경기 안성 등이며, 포도품종은 조생종인 캠밸얼리, 쉘러 등이 전체 70% 정도를 차지한다. [표 9-2]는 원료 포도의 품종을 나타낸다.

표 9-2 원료 포도의 품종

• **북미계**

Vitis labrusca (foxy aroma)
적포도 (Black, Campbells' Early, Concord, Delaware, Steuben)
백포도 (Niagara, Dolden, Muscat, Noah)

Vitis rotundifolia (muscadine aroma)
적포도 (Burgaw, Eden, Hunt, James, Mish, Thomas)
백포도 (Scuppernong, Topsail, Willard)

• **유럽계(*Vitis vinifera*)**

Muscat flavor
적포도 (Muscat Hamburg, Aleatico)
백포도 (Gold, July Muscat, Malvasia bianca, Muscat blanc)

그 외 flavor
적포도 (Barbera, Babernet Franc, Cabernet Sauvignon)
백포도 (White Riesling, Chardonnay, Chenin blanc, Emerald Riesling)

독특한 flavor가 없는 품종
적포도 (Aramon, Carignane, Charbono, Emperor, Flame Tokay)
백포도 (French Colombard, Green Hungarian, Grillo)

2) 성분

포도는 기후와 수확시기에 따라 성분 조성이 달라지므로 당도, 산도 및 pH를 측정하여 포도주의 종류에 적합한 포도원료로 이용한다[표 9-3].

표 9-3	포도주 제조를 위한 성분조성		
포도주	당도(°Brix)	적정산도(%)	pH
화이트 테이블(White table)	19.5~23.0	> 0.70	< 3.3
레드 테이블(Red table)	20.5~23.5	> 0.65	< 3.4
스위트 테이블(Sweet table)	22.0~25.0	> 0.65	< 3.4
디저트(Dessert)	23.0~26.0	> 0.50	< 3.6

포도의 조성은 과경(stem) 2~6%, 과피(skin) 5~12%, 과육(pulp) 85~87%, 종자(seed) 0~5%이며 포도를 파쇄하여 과육과 포도주스를 포함한 과장(果漿, must)이 얻어지며 과즙(juice)의 수율은 80% 정도이다. 과즙의 중요한 성분은 수분과 무기질, 발효성 당을 포함하는 탄수화물, 미량의 알코올, 주석산(tartaric acid)을 포함한 유기산들, 페놀성분, 질소화합물, 지질 및 관련물질, 비타민 및 독특한 향미성분 들이 존재함으로써 알코올발효에 관여한다. 포도의 고형분 함량은 주로 발효성 당을 의미하며 포도의 숙기에 따라서 급격한 변화를 보인다. [그림 9-1]에서 보듯이 포도품종(Californian Tokay)의 열매숙성과 전체 수용성 고형분 함량의 변화에서처럼 4개월 숙성기간에 따라 당분 함량의 큰 변화를 알 수 있다.

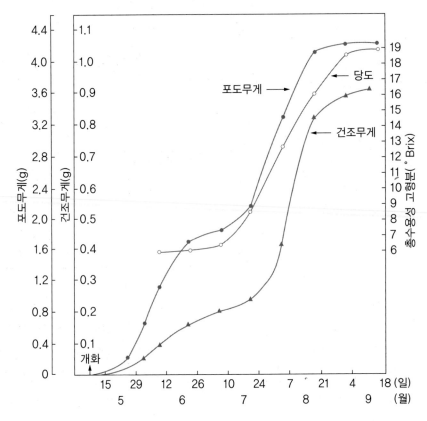

[그림 9-1] **포도품종(Tokay)의 숙기에 따른 당분 및 수확량의 변화**

원료 포도를 파쇄하여 얻은 과즙의 화학적 조성은 [표 9-4]와 같다.

표 9-4	과즙(must)의 일반성분
성분	함량(%)
수분	70~85
탄수화물	15~25
유기산	0.3~1.5
pH	3.1~3.9
색소, 페놀류	0.01~0.15
질소화합물	0.03~0.25
무기질	0.3~0.5

일반성분 중에서 탄수화물은 주로 포도당과 과당으로 구성되며 소량의 펜토오스, 펙틴, 이노시톨이 있다. 유기산 중에서 주석산(tartaric acid)은 0.2~1.0%, 사과산은 0.1~0.8%가 존재하며, 비타민으로는 비타민B_1과 미오 이노시톨이 비교적 많으며 니코틴산(nicotinic acid), 판토텐산, 피리독신과 비오틴이 존재하며 riboflavin은 매우 적다. 페놀성분은 포도와 포도주의 특징과 품질에 매우 중요하며, 이 성분들은 적색소, 떫은 맛, 쓴맛성분을 포함한다. 효소는 각종 산화효소, 인버테이스, 탄나아제(tannase)와 펙틴 분해효소(pectic enzyme)이 있으며 과피, 종자에는 포도주스의 갈변화에 관여하는 폴리페놀 옥시데이즈(polyphenol oxidase)가 있다.

포도의 조성은 동일 품종이라도 재배지역과 기후에 의해서 영향을 받는다. [표 9-5]에서는 California지역 Petite Sirah 포도품종의 재배 지역과 수확시기에 따른 포도 과장의 성분 변화와 이로부터 제조된 포도주의 조성을 나타낸다.

표 9-5 포도품종(Petite Sirah)의 수확시기와 지역에 따른 조성변화

수확		과장(must)			포도주(wine)				
지역	시기 (월, 일)	당도 (°Brix)	산도 (g/L)	pH	알코올 (%)	산도 (g/L)	고형분 (g/L)	탄닌 (mg/L)	색도 (단위)
I	10, 7	21.9	7.3	3.35	12.6	6.3	22	2500	679
II	10, 3	22.5	7.3	3.41	13.0	5.5	29	2080	67
III	9, 21	23.3	6.5	3.48	12.4	5.6	30	2000	645
IV	9, 25	23.9	6.2	3.62	12.3	4.6	31	1980	487
V	9, 2	22.7	5.7	3.65	11.7	4.8	27	1920	358

포도주 제조를 위한 포도의 수확 적기는 당도와 산도를 측정하는 것이 일반적이다. Brix/Acid 비율은 당도가 18~26°Brix 범위에서 산도가 4~9g/L 정도일 때 B/A 값은 2.0~6.5을 나타내며, B/A값이 3.1 정도가 이상적이다. 그러나 Brix×pH 값이 Brix/Acid, Brix×Acid 또는 Brix×pH에 의한 값보다 포도 수확기 품질평가에 양호한 지표로 사용될 수 있다.

4 제조과정(Vinification)

포도의 열매가 적당히 익었을 때 껍질과 씨와 과육 등의 다양한 성분과 발효대사산물이 포도주의 품격을 이룬다. 다양한 포도주의 종류 중에서 식사와 함께 마시는 테이블 포도주(table wine)의 제조공정에 대한 원료 처리, 과즙개량(amelioration) 및 착즙과정으로 이루어진 원료포도의 처리과정과 발효 및 숙성관리에 관한 내용은 [그림 9-2]와 같다.

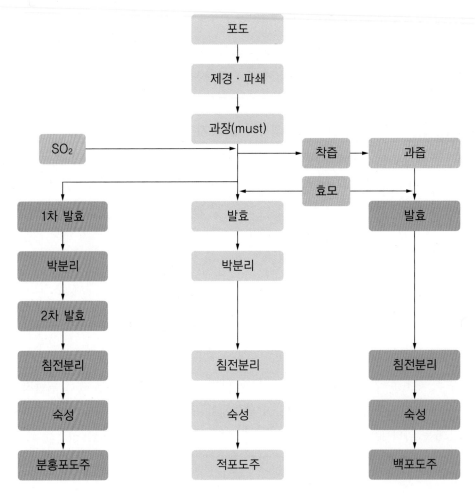

[그림 9-2] **포도주(table wine)의 제조공정**

1) 원료포도의 처리

일반적으로 포도를 수확한 후 12시간이 지나면서 포도는 공기 중 산화에 의한 향기의 저하, 갈변화 작용 및 미생물에 의한 번식으로 포도주의 품질이 크게 손상될 수 있다.

(1) 제경(stemming)과 파쇄(crushing)

수확한 포도는 좋은 상태를 유지하여 가능한 신속하게 가공공장으로 운반하여 처리한다. 손상된 포도는 과즙의 수율을 저하시키며 효소에 의한 갈변화 반응이 일어난다. 제경과 파쇄는 Crusher-stemmer분쇄기에서 동시에 이루어져 과육과 주스를 포함하는 파쇄된 포도인 과장을 얻는다. 파쇄의 정도에 따라서 청징작업이 어렵게 될 수 있고, 종자의 파괴로 과즙의 탄닌(tannin) 함량이 높아지면 포도주의 쓴맛과 수렴성이 증가된다.

(2) 아황산첨가(sulfiting)

아황산(sulfur dioxide, SO_2)은 항미생물 작용을 나타내는 물질로서 포도주 제조(wine making)에 필수적으로 사용되어 온 일종의 보존제이다. 원료 포도의 과피에는 수많은 야생효모와 곰팡이, 세균들이 존재하는데 포도주발효에 유용한 효모 또는 순수배양 효모에 의한 발효를 통해 양질의 포도주를 제조하기 위해서는 해로운 미생물들의 생육을 억제시키는 것이 매우 중요하다. 아황산이 갖는 중요한 기능은 유해한 미생물(젖산균과 초산균)의 생육을 억제시키며, 갈색화효소(polyphenol oxidase, browning enzyme)를 저해하며 항산화제로 작용하는 것이다.

아황산의 첨가방법은 압력하에 있는 액화 SO_2를 첨가하는 경우와 아황산용액(5% sulfurous acid, H_2SO_3), 결정형태의 메타중아황산칼륨(potassium metabisulfite, $K_2S_2O_5$), 메타중아황산나트륨(sodium metabisulfite, $Na_2S_2O_5$), 아황산나트륨(sodium sulfite, Na_2SO_3), 아황산수소나트륨(sodium bisulfite, $NaHSO_3$)을 첨가하는 방법이 사용되며, 포도주나 과장에 용해되어 50% 정도의 SO_2로서 작용한다. 그러나 지나친 아황산의 첨가는 주질을 손상시키므로 200ppm 이하로 사용하며, 국가마다 첨가될 수 있는 농도수준은 다르다. [표 9-6]은 국가별 아황산의 허용범위이다.

표 9-6	각국의 포도주에 허용된 아황산의 첨가농도					
국가	전체 SO_2 (mg/l)			유리 SO_2 (mg/l)		
	백포도주 (Sweet)	백포도주 (Dry)	적포도주 (Dry)	백포도주 (Sweet)	백포도주 (Dry)	적포도주 (Dry)
알제리(Algeria)	–	300	–	–	30	–
오스트리아(Austria)	–	300	–	–	50	–
아르헨티나(Argentina)	350	250	250	–	80	–
불가리아(Bulgaria)	–	200	–	–	20	–
캐나다(Canada)	–	350	–	–	70	–
유럽(EEC+)	260	210	160	–	–	–
이스라엘(Israel)	–	350	–	–	–	–
헝가리(Hungary)	–	300	–	–	–	–
일본(Japan)	–	350	–	–	–	–
모로코(Morocco)	–	450	–	–	100	–
루마니아(Rumania)	300	200	200	50	50	50
스위스(Switzerland)	400	250	250	50	35	35
체코슬로바키아 (Czechoslovakia)	–	300	–	–	40	–
튀니지(Tunisia)	–	300	250	–	60	60
소련(URSS)	400	200	200	20	20	20
미국(USA)	–	350	–	–	–	–
호주(Australia)	–	350	–	–	–	–
남아프리카 (South Africa)	–	400	–	100	–	–

*European Economic Community

(3) 착즙 및 과장의 처리

일반적으로 백포도주는 파쇄된 과장으로부터의 비압착주스(free-run juice) 또는 페놀 함량이 적은 압착된 포도주스를 사용한다. 과즙의 채취는 산화와 과피성분의 용출 (maceration)을 최소화하기 위해서 신속히 한다. 적포도주는 발효과정에서 과즙과 박의 분리가 수행되며 이때 착즙기(press)를 사용하여 압착한다.

과장의 착즙(pressing)은 포도주스를 회수하는 과정으로서 회분식(batch)과 연속식(continuous type)으로 구별된다. 회분식에서 압력 4~6기압 정도하에서 1~2시간 동안 압착되면서 주스와 박(pomace)이 분리된다. 연속식 방법은 스크류 프레스(screw press)를 이용하는 것으로 커다란 나선형 스크류(helical screw)가 원통 내에 장착되어 회전됨으로써 원료를 착즙한다. 최근에는 회분식 방법인 멤브렌 프레스(membrane press)방법이 선호된다. 이 방법은 원통형 탱크에 멤브렌을 장착하고 공기압을 공급함으로써 착즙이 이루어진다. 착즙 시에 주스의 착즙이 용이하고 착즙량을 높이기 위해서 과장에 펙틴 분해효소를 첨가한 후 자연상태에서 흘러내리는 비압착과즙(free-run juice)을 회수한 후 압력을 가하여 압착과즙(press-run juice)을 얻는다.

포도과즙의 청징화(clarification)를 위해서 불용성물질들을 침전(settling), 여과(filtra-tion), 원심분리(centrifugation)방법으로 제거시키며, 단백질들을 제거하기 위하여 벤토나이트(bentonite)를 처리하기도 한다. 특히 여과에 의한 방법에서 0.2~0.5μm 세공크기(pore size)의 마이크로 필터(microfilter)를 사용하여 규조토여과에 의한 효과를 대신함으로써 제균과 청징화된 포도주스(clear grape juice)를 제조한다.

(4) 과즙개량(amelioration)

포도 과즙 조성을 원하는 포도주 제조에 적합하도록 성분을 조정하는 작업으로서 압착한 과즙의 탄닌 함량은 압착정도에 따라 차이가 있으며, 지나치게 압착한 과즙은 높은 탄닌 함량 때문에 저급 포도주로 제조되어 증류용으로 사용되거나 혼합(blending)되어 사용된다. 일반적으로 과즙의 총수율은 포도 1,000kg에서 470~650L 정도가 얻어진다. 과즙개량을 위해서는 당을 첨가하는 보당(chaptalization)이나 산 또는 물을 첨가한다. 보당은 원하는 최종 알코올 농도에 의해서 결정되며 주로 설탕을 첨가한다.

$$\text{설탕첨가량} = \frac{\text{알코올(\%)}}{0.55} - (\text{과즙의 당도, } °\text{Brix})$$

과즙 발효성 당의 당도[°Brix: 설탕용액 %(W/W)]를 아래의 식에 의해서 원하는 당도로 조정할 수 있다.

$$S(kg) = \frac{W\ (B-A)}{(100-B)}$$

W(kg): 과즙의 무게   B(%): 원하는 당도
A(%): 과즙의 당도   S(kg): 첨가해야 할 설탕

발효 전에 포도즙의 처리에는 산도와 당도 이외에도 필요에 따라 영양분 보강, 아황산 첨가, 산도조절 및 열처리 등이 필요하다.

① 영양분 첨가(nutrient addition)

포도과즙의 발효에서 효모의 생육에 절대적으로 요구되는 영양 성분들이 부족할 수 있으며 이들을 보충해 주어야 한다. 포도즙 발효에 관여하는 영양성분으로는 암모니아, 아미노산, 비타민 등이 있다. 포도과즙의 발효에서 암모늄염(ammonium salt)의 첨가는 발효 속도를 촉진하는 것으로 알려져 왔다.

② 아황산 첨가(sulfur dioxide addition)

포도즙에 아황산의 첨가는 산화효소들(oxidatire enzymes)의 활성을 저해시키며, 야생 효모와 세균들의 생육억제 또는 사멸효과가 있다. 예를 들어 아황산을 25~75mg/L 수준으로 청징화된 주스에 첨가하면 폴리페놀옥시데이스의 활성을 75~97% 저해시킨다. [그림 9-3]은 아황산 농도에 따른 산화효소의 저해와의 관계를 나타낸다.

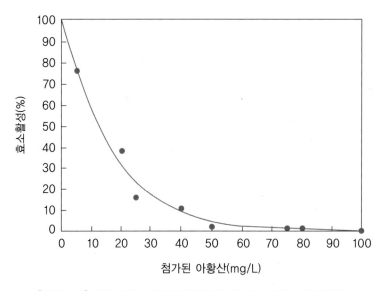

[그림 9-3] 아황산의 농도에 따른 폴리페놀옥시데이스 활성저해

③ 산도 조절(acidity adjustment)

포도는 수확되는 기후나 숙성정도에 따라서 적정산도(titrable acidity)가 높거나 또는 낮기 때문에 조정이 필요하다. 전형적인 포도 과즙의 적정산도는 주석산으로 7~9g/L이며, pH는 3.1~3.4 정도이다. 적정산도의 조정은 산을 첨가하거나, 이온교환수지를 이용할 수 있다. 산을 첨가하는 경우를 보면, 주석산을 과즙에 첨가함으로써 적정산도를 증가시킴과 동시에 pH를 낮춘다. 이때 첨가된 주석산은 사과산, 구연산이 유산균에 의해서 기질로 이용되는 반면에 미생물에 의해서 이용되지 않는다. 산도의 감소는 탄산칼슘(calcium carbonate, $CaCO_3$)을 첨가하여 중화시킴으로써 수행된다. 최근에는 이온교환수지를 이용하여 적정산도의 조정이 가능하다.

적정산도는 과즙을 0.1N NaOH로 적정하여 적정에 소비된 양을 주석산으로 계산한다.

$$적정산도(g/100mL,\ tartaric\ acid) = \frac{(V)\ (N)\ (75)\ (100)}{(1000 \times S)}$$

V: NaOH 사용량(mL)   N: NaOH의 농도(N)
75: Tartaric acid의 factor값   S: 적정에 사용한 시료의 양(mL)

④ 열처리(thermal treatment)

곰팡이가 오염된 포도로부터 얻어진 과즙은 고온단시간열처리(HTST)에 의해서 곰팡이를 사멸시키고 산화효소인 라카아제(laccase)를 변성시키는 것이 필요하다. 효과적인 HTST를 위해서는 고온의 증기로 간접적인 빠른 열전달에 의해서 80℃ 또는 90℃ 정도에서 몇 초간 열처리한 후 급냉시킨다. 또한 HTST 열처리는 과즙의 페놀옥시다아제 활성을 불활성화시킬 수 있다. 또한 초산균 등의 유해성 세균들을 살균시킴으로써 알코올 발효 중에 초산균에 의한 식초화를 방지할 수 있다.

2) 발효

포도주 발효에 관여하는 미생물들은 효모를 비롯하여 세균과 곰팡이 등을 들 수 있다. 포도주 효모는 포도 속의 당을 혐기적 조건하에서 알코올과 CO_2 및 소량의 부산물로 전환시키는 역할을 한다. 포도주는 포도 과피 중의 야생효모에 의해 자연발효(natural fermentation)로 제조될 수 있으나 제품 품질과 미생물의 관리가 어렵다. 따라서 포도주 발효용 배양효모를 사용함으로써 발효를 대량으로 안전하게 할 수 있다. 포도주 발효에 쓰이는 배양효모는 *Sacch. cerevisiae* var. *ellipsoideus*, *Sacch. ellipsoideus* 또는 *Sacch. vini*로 분류된다. 포도의 과피에는 수많은 야생효모와 곰팡이, 세균이 존재한다. *Hansenula*, *Kloeckera*, *Pichia*, *Torulopsis*, *Debaryomyces*, *Rhodotorula*, *Candida*, *Zygosaccharomyces* 등은 포도주에 관련된 야생효모들로서 포도주발효과정에서 알코올과 첨가된 SO_2에 의해서 생육이 억제되며, 일부 야생효모는 발효 초기에 포도주의 특유한 향미물질을 생성하는 것도 있다. 플로르 셰리(Flor sherry)와 같은 특수한 포도주제조에는 *Sacch. bayanus*, *Sacch. capensis*와 *Sacch. fermentati*와 같은 독특한 향미를 부여하는 플로르 효모(flor yeast)가 관여한다.

포도주에 관여하는 중요한 세균으로 초산균과 젖산균을 들 수 있다. 초산균인 *Acetobacter aceti*와 *A. mesoxydans*는 알코올을 산화시켜 초산으로 전환시키면서 주질에 치명적인 영향을 미친다. 초산균은 SO_2첨가에 의해서 저해될 수 있으나, 적포도주 발효에서는 CO_2에 의해 포도 껍질이 표면으로 떠올라서 형성되는 껍질층(cap)으로 인해 호기적 초산균의 작용이 문제될 수 있다. 젖산균에는 *Lactobacillus*, *Pediococcus*와 *Leuconostoc*속이 관여하며 이들은 통성 혐기성이며 산과 알코올에 비교적 내성이 강하다. 젖산균에 의해 사과산이 젖산과 CO_2로 전환되면서 강한 산미를 갖는 포도주의 산도가 낮아지는 말로락틱 발효(malo-lactic fermentation)는 일종의 유용한 2차 발효라 할 수 있다.

포도주 제조에 유용한 곰팡이는 *Botrytis cinerea*이며 이 균을 귀부균(貴腐菌, noble rot mold)이라 한다. 포도 과피에 붙어서 과피의 왁스질을 분해함으로써 포도가 쉽게 건조되게 하여 포도의 당 함량을 높이며, 독특한 향미를 생성한다. 이 균을 순수배양하여 포도에 접종시켜서 향미가 풍부하고 독특한 감미포도주를 만들 수 있는데 프랑스의 소테른(Sauterne), 헝가리의 토케이(Tokay)제조에 이용된다.

(1) 적포도주(red wine)

적포도주는 적색 또는 흑색의 포도를 파쇄한 후 껍질, 씨와 함께 알코올발효를 행한다. 발효 중에 생성된 탄산가스에 기인한 발효조 상단에 껍질 등을 형성시키는데, 이것을 물리적으로 발효액에 밀어 넣거나 밑에 있는 액을 펌프질해서 껍질 위로 덮어서 초산균의 번식을 억제하고 안토시안계 색소, 탄닌성분의 추출을 용이하게 한다. 적포도주의 생명인 독특한 붉은 색, 은근한 맛과 산미, 향이 생기게 하며 발효온도는 대개 25℃ 정도에서 행한다. 적포도주 발효는 품온관리를 철저히 하면서 4~5일 경과 후 과피를 제거하고 후발효를 시킨다. 효모에 의한 알코올 발효(primarily fermentation)가 끝나면 젖산균 *Leuconostoc oenos*에 의한 말로락틱 발효인 후발효(secondary fermentation)가 일어난다. 후발효는 포도주의 사과산을 산기가 하나 적은 젖산으로 변화시켜서 산도를 감소시킬 뿐만 아니라 적포도주의 둥글고 우아한 맛을 준다. 젖산균은 L(+)과 D(-) 젖산 탈수소효소가 있어 [그림 9-4]와 같이 사과산은 중간물질인 피루브산으로 전환된 후 2개의 이성체인 젖산을 생성한다. 특히 포도 재배 기간의 기후조건에 따라 추운 지방에서 재배된 포도의 과즙은 산도가 높아 말로락틱 발효를 통해서 산도를 낮추는 것이 바람직하다.

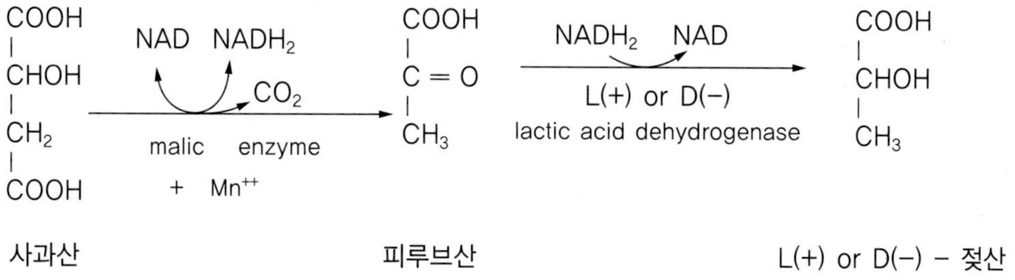

[그림 9-4] **말로락틱 발효 과정**

(2) 백포도주(white wine)

백포도주는 적포도의 과피를 제거하고 발효하거나 청포도로 발효된 술을 말한다. 백포도주의 중요성은 알코올발효를 향기롭고, 산뜻한 맛을 내도록 하는 것이며, 보통 15~19℃에서 발효를 행하고, 균주 선택 시 향기로운 성분을 생성하는 우량 균주를 선택하는 것이 중요하다. 백포도주의 향기에 관여하는 기본적인 성분은 에스터, 고급알코올, 휘발성 지방산이다. 포도주의 에스터 생성은 과즙의 산소량 및 발효온도와 밀접한 관계에 있다. 에틸 에스터(ethyl ester) 중 분자량이 큰 것은 백포도주에 꽃향기와 과일의 향을 부여하는 아주 바람직한 성분들이다. 반면에 아세트산 에틸(ethyl acetate)은 식초 맛을 주므로 바람직하지 못하다. 고급알코올은 당과 아미노산의 탈아미노반응, 탈산

반응에 의해 효모의 대수기 중에 생성되고, 이들의 함량은 과즙의 질소원 함량과 밀접한 관계에 있다. 휘발성 지방산 중 헥산산(hexanoic acid), 옥탄산(octanoic acid), 데칸산(decanoic acid)의 양을 많이 함유할수록 포도주는 중요한 향기 성분을 가지고 있어 질이 좋은 포도주의 맛을 갖는다.

(3) 분홍포도주(pink wine)

적포도주와 백포도주의 절충법으로 만든 포도주로 1차 알코올발효 중에 적당하게 안토시안 색소가 추출되도록 하며, 추출 후에 껍질을 발효조에서 제거해 2차 알코올발효를 백포도주 제조와 동일한 방법으로 수행한다. 포도주의 색은 분홍색을 띠며 맛은 백포도주와 비슷하다.

(4) 발포성 포도주(sparkling wine, champagne)

발포성 포도주는 일종의 샴페인으로서 CO_2가 용해되어 있어서 마실 때 기포가 생성되는 포도주이며 CO_2의 생산방법은 크게 3가지로 구별된다. 고전적인 방법으로 포도주의 잔당이 25g/L일 때 발효를 중지시키고 입병하여 효모 첨가 없이 자연적으로 다시 2차 발효시켜서 CO_2를 생성시킨다. 또한 말로락틱 발효에 의해 사과산이 젖산으로 전환되면서 CO_2를 생성시킬 수 있다. 일반적으로 저급의 샴페인 제조에는 인위적으로 CO_2를 포도주에 주입하여 제조한다. 대부분의 발포성 포도주는 당을 첨가하며 2차 발효에 적합한 효모를 접종하여 얻어진다.

샴페인용 포도의 품종으로 적색의 피노 뫼니에르(pinot meunier), 피노 누아(pinot noir)와 백색의 샤르도네(chardonnay)가 있다. 포도를 파쇄하지 않고 처음 1, 2회 압착시켜 얻은 즙액은 질 좋은 샴페인용이고, 그 다음 3, 4회째 압착액은 질이 덜 좋은 샴페인 제조용이며, 마지막 압착액으로 제조된 포도주는 증류하여 주정원료로 사용한다.

포도 과즙액 100L당 50.8g의 SO_2 500ppm을 첨가한 후 젤라틴, 벤토나이트를 가해 청징화 및 단백질을 제거하여 투명한 과즙을 얻는다. 발효는 1차와 2차 발효를 단계적으로 수행한다. 20℃에서 1차 알코올발효를 시켜서 일정 농도의 알코올을 생성한다. 2차 발효는 탄산가스를 생성시키는 과정으로 1차 발효된 포도주를 적합한 산도, 맛의 균형과 과실향을 갖도록 여러 품종의 포도주를 섞어서 기주(基酒, base wine)를 만든다. 베이스 포도주(Base wine)를 침전분리(racking), 혼합(blending), 청징화(clarification), 안정화(stabilization)시킨 포도주 제품(cuvée wine)을 제조한다.

포도주에 설탕 시럽을 첨가하여 CO_2가 6기압 정도 되도록 설탕농도(24g/L)를 조정한다. 필요에 따라서 효모영양물질로 인산암모늄을 첨가한다. 알코올에 내성이 강한 *Sacch. cerevisiae*, *Sacch. bayanus*를 2~3% 접종해 발효액 1mL당 10^6 정도의 효모 수를 얻게 되면 병에 넣어 병마개 한 후 수평이 되게 저장한다. 발효온도는 11~12℃에서 5~6주 동안 행하며, 발효온도는 낮을수록 탄산가스 형성을 좋게 한다. 숙성은 12개월 동안 병 안에서 효모 침전물과 접촉하게 하고, 그 후는 병마개 부분이 밑으로 가게 하여 침전물을 가라앉히고 매일 병을 회전하여 침전물이 병 입구에 모이도록 한다. 병 입구에 가라앉은 침전물은 얼려서 제거시킨다. 샴페인은 당 함량에 따라 브뤼(brut, 2~10g/L), 엑스트라 드라이(extra dry, 10~20g/L), 드라이(dry, 20~40g/L), 세미 드라이(semi-dry, 40~60g/L)와 스위트(sweet, 80~100g/L) 등으로 구별된다.

3) 발효관리

포도주의 발효에서 제조하고자 하는 포도주의 종류에 따라 온도관리 및 제조관리가 요구된다. 알코올발효가 진행되면서 당도 1°Brix가 떨어질 때 발생된 열에 의하여 1.3℃의 온도 상승이 생긴다. 부적절한 품온관리에 의하여 발효온도가 고온일 때는 효모의 활동이 상실되어 발효가 정지되는 스티킹(sticking) 현상이 생긴다. 이런 경우에 효모의 첨가, 효모 추출(extract)과 인산암모늄 같은 영양물질을 첨가하여 발효를 재개시키거나 활발하게 진행되는 다른 발효조와 섞는 방법이 좋다.

적포도주의 경우, 과피로부터 요구하는 수준의 적색소와 탄닌이 용출되면 발효액을 채취하고 고형분은 압착하여 박(粕, pomace)을 분리시킨다. 이 때의 당분 함량은 6~10°Brix이며 대개 3~4일간이 소요된다. 분홍 포도주는 적포도주보다 과피와의 접촉시간을 줄여서 색깔이 분홍색이 될 때 압착한 후 다시 발효시킨다. 발효의 완료는 포도주의 단맛 정도에 따라 잔존하는 당의 함량에 의해서 결정된다. 예를 들어 드라이 테이블 포도주(dry table wine)은 잔당이 2.5% 또는 이하가 될 때까지 발효시키며, 스위트 포도주는 포도주 증류주(brandy)를 첨가하여 효모작용을 중지시킴으로써 포도당 함량이 10~15% 남도록 한다. 발효기간은 발효온도, 사용한 효모의 종류와 제조하려는 포도주의 종류에 따라서 수일에서 수주간 걸린다. 일반적으로 테이블 포도주의 발효기간은 약 7일 정도이다. [그림 9-5]는 포도주스와 유사한 합성 포도주스에서 알코올발효 중에 당의 감소 및 효모의 생육정도를 흡광도로 나타낸다.

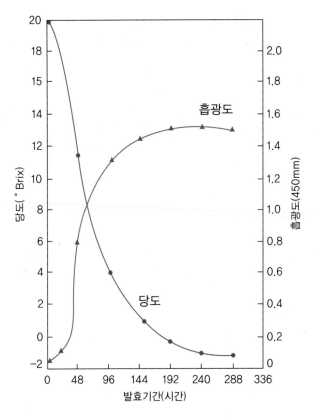

[그림 9-5] **합성 포도주스에서 알코올발효**

5 저장과 숙성

발효된 포도주는 일정기간 동안 저장시키면서 불순물들을 제거시킴과 동시에 숙성시키는 과정을 거친다. 포도주의 종류와 포장용기에 따라서 숙성기간에 차이가 있다. 저장 중에 맑은 포도주를 얻기 위해서 침전분리(racking) 및 청징화(clarification) 과정을 거치며 숙성은 오크(oak)통 속에서 실시한다.

(1) 침전분리

포도주를 침전조에서 일정기간 정치하여 효모와 기타 부유물이 찌꺼기(lee)로 가라앉게 한 후 맑은 포도주만 분리해 내는 작업을 말한다. 침전된 효모는 자가소화(autolysis)

가 일어나서 이취를 내고 다른 미생물의 증식에 필요한 영양분을 공급하게 되므로 초기의 랙킹(racking) 작업은 빨리하는 것이 필요하다.

(2) 청징화

침전분리된 포도주를 투명하고 안정한 상태가 되도록 몇 번의 추가적인 랙킹작업과 여과, 침전제(fining agent)를 이용하는 청징화(fining)와 안정화 작업이 필요하다. 포도주에 혼탁을 일으키는 것은 미생물세포, 단백질과 색소, 탄닌 등에 의한 침전물, 주석산의 결정성 침전물 등이며 이들은 청징제(fining agent)를 사용하여 침전 제거한다. 청징제로는 단백질 흡착제와 금속 제거제 형태가 있다. 젤라틴과 카제인 단백질은 탄닌과 반응하여 침전물을 만들며, 벤토나이트는 미세한 물질들을 흡착하여 침전시키며 특히 혼탁을 일으키는 단백질을 제거하는 데 효과적이다. 활성탄(activated charcoal)은 색깔과 냄새를 제거하며, 펙틴 분해효소 등이 사용된다. 특히 주석산의 칼륨염은 발효가 진행되면서 알코올에 의하여 용해도가 감소하면 결정화되어 분리된다. 주석산염을 제거하는 방법 중 저온처리법(cold stabilization)은 온도를 거의 빙점까지 냉각하여 주석산염 침전을 촉진한 후 저온에서 여과하여 제거하는 방법이다. 이온교환 처리법은 Na^+ 형태의 수지(resin)에 포도주를 통과시켜 Na^+와 K^+의 교환이 일어나도록 하며, 주석산의 K염은 Na염으로 바뀐다. 주석산의 Na염은 용해도가 크므로 침전되는 것을 방지할 수 있다. 여과는 포도주 제조에서 매우 일반적인 공정으로 직경이 50~200㎛ 정도인 포도 과육, 산성 주석산염(bitartrate) 결정물, 효모 등은 다양한 규조토 여과에 의해서 제거가 가능하며, 0.5~1.5㎛ 직경의 미생물들은 초미세막을 이용하여 제거할 수 있다.

(3) 숙성

포도주의 숙성은 일반적으로 오크통에서 실시하며, 포도주 저장 나무통은 공기가 투과되며 견고하고, 청소가 간편하고 값이 싼 장점을 가지고 있다. 포도주는 숙성 중 오크통의 공극(틈, 구멍)에 의해서 흡수되는 산소에 의하여 서서히 산화되면서 포도주의 주질에 결정적인 영향을 주게 된다. 따라서 양질의 적포도주는 나무통 속에서 적어도 2년간, 백포도주는 수개월에서 2년간 저장된다. 숙성된 포도주를 병에 담아 숙성하는 경우에 일반적으로 좋은 적포도주는 병 안에서 5~10년간 저장으로 충분하며 백포도주는 2~5년 후에 주질이 극치에 도달하게 된다. 포도주 종류에 따른 숙성기간은 [표 9-7]과 같다.

표 9-7	포도주 종류 및 용기에 따른 숙성기간		
		통(Barrel)	병(Bottle)
화이트 테이블(White table)			
드라이(Dry)		0~6개월	4년
스위트(Sweet)		6개월	4~10년
레드 테이블(Red table)			
드라이(Dry)		3년	10년
스위트(Sweet)		1년 이상	5년 이상
포트(Port)			
루비(Ruby)		0~2년	0~2년 이상
무스카텔(Muscatel)		1~10년	0+
셰리(Sherry)			
플라워(Flour)		1~3년	0-
스파클링 포도주(Sparkling wine)			
벌크(Bulk)		0~12개월	0
병(Bottle fermented)		–	1~3년 이상

6 포도주의 화학 성분

포도주의 조성은 원료포도, 발효과정, 효모세포의 분해물질, 효모 이외 미생물의 작용, 제조과정 중의 생화학적 반응들에 의해 영향을 받는다. 따라서 포도주의 조성은 매우 다양하며, 일반적으로 중요한 성분은 알코올, 유기산과 당성분이다[표 9-8].

표 9-8	화이트 테이블 포도주(White table wine)의 주요 성분표	
성분	종류	농도
당	포도당, 과당	2.5~15%
유기산	주석산, 사과산, 초산	0.4~0.6%

알코올	에탄올, 메탄올	10~12%(10~14%)
pH	유기산	3.4 이하
SO_2	아황산나트륨(Na_2SO_3)	100ppm 이하
탄닌	페놀성분	0.01~0.04%(0.1~0.2%)
아세트알데하이드	알데하이드 성분	100ppm 이하(50ppm 이하)
유기산	초산	0.11% 이하(0.12% 이하)

*( ) 적포도주

포도주는 포도 과즙의 당을 원료로 하여 효모에 의한 알코올 전환과정으로 1몰의 포도당에서 2몰의 알코올과 2몰의 탄산가스가 생성된다.

$$C_6H_{12}O_6 \longrightarrow 2C_2H_5OH + 2CO_2$$
설탕 (180g) ⟶ 알콜 (92g) 이산화탄소

실질적으로 발효성 당의 일부는 효모의 균체성분을 합성 및 부산물을 생성하는 데 이용되므로 이론값의 95% 정도의 알코올을 얻을 수 있다. 에탄올의 함량은 적포도주에서 10~14% 정도이며 백포도주에서는 11~12% 정도가 보통이다. 메탄올(methanol)은 과피성분인 펙틴이 메틸 에스터(methyl ester)에 의해 가수분해되어서 생성됨으로 적포도주에서 함량이 높다. 효모에 의해서 생합성되는 글리세롤은 포도주의 조직(body)을 좋게 해주며 1.0% 정도 함유한다. 포도주의 당성분은 포도당, 과당, 맥아당, 멜리비오스, 유당, 설탕, 갈락토스와 5탄당인 아라비노오스, 자일로스 등으로 이루어졌다. 휘발성산 중에는 초산이 가장 많으며, 초산의 함량은 포도주의 건전성(soundness)의 지표가 된다. 따라서 백포도주 및 적포도주는 각각 0.11%, 0.12%를 초과하지 않는 것이 좋다. 비휘발성산은 주로 맛에 관여하며 주석산은 거친 신맛을, 사과산은 신선한 과일 맛을 주며, 젖산과 석신산는 조직과 향미(flavor)에 중요하다. 드라이 테이블 포도주는 산도가 0.4~0.6%이면 좋고, 너무 높으면 맛이 거칠고 시며, 또한 낮으면 밋밋한 맛을 보인다. 포도주의 향미에 영향을 주는 성분들은 에스터 성분으로, 이 중 고급지방산의 에틸 에스터류는 아로마(aroma)와 부케(bouquet)에 관련이 있다.

알데하이드(Aldehyde) 함량은 테이블 포도주의 산소접촉(산화) 정도를 나타내며, 아세트알데하이드(acetaldehyde)는 드라이 화이트 테이블 포도주에서는 100ppm이 최대허용치이며 적포도주는 보통 50ppm정도이다.

탄닌은 포도주의 조직(질감, 밀도, 농도)을 개선시키며 색깔을 안정화하고 수렴성을 부여한다. 일반적으로 백포도주는 0.01~0.04%, 적포도주는 0.10~0.20%이다. 포도주의 pH는 방부성, 맛의 신선도와 안토시아닌(anthocyanin) 색깔의 선명도를 고려할 때 3.4 이하가 좋으며, SO_2의 함량은 100ppm 이하가 되는 것이 바람직하다.

7 포도주의 기능성

포도주는 고대 이집트에서 여러 가지 질병을 치료하는 목적으로 사용하였으며, 최근 과학적 연구는 이러한 효과를 입증해 주고 있다. 프랑스는 영국이나 미국과 같은 선진국에 비해 심장질환(coronary heart disease)으로 인한 사망률이 낮으며, 이러한 효과는 포도주에 들어있는 폴리페놀화합물 등이 관여한다. 포도 폴리페놀 성분은 안토시아닌 색소, 탄닌, 스틸벤(stilbene), 플라보노이드(flavonoid)로 구성되며, 이들 성분은 종자 65%, 껍질 12%, 과육 1% 정도 존재한다. 특히 적포도는 레스베라트롤(resveratrol) 성분을 함유하고 있으며, *Vitis vinifera* 품종은 3.6mg/L, *V. rotundifolia* 품종은 9.1mg/L로 가장 높은 함량을 가진다. [그림 9-6]은 레스베라트롤 (trihydroxy stilbene) 구조이다.

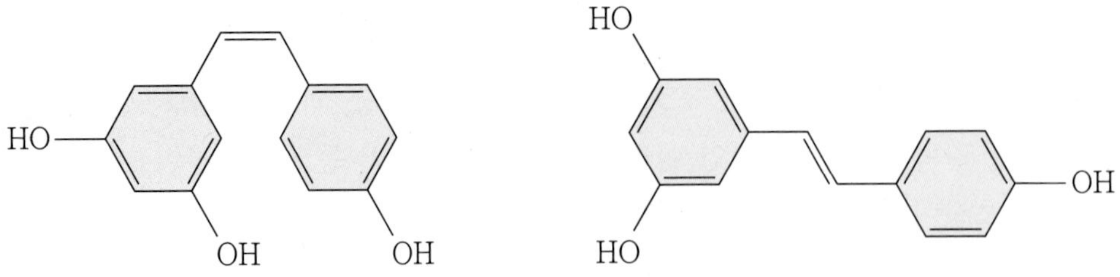

Cis-resveratrol   Trans-reveratrol

[그림 9-6] **포도의 레스베라트롤 구조**

플라보노이드에는 플라보놀(flavonols), 안토시아닌, 카테킨(cathechins), 카테킨의 중합체 등이 있다. 이 화합물의 총량은 적포도주에 1~3g/L가 존재하며 백포도주에는 0.2g/L가 존재한다. 또한 포도주에 포함된 폴리페놀화합물은 항산화제(antioxidants)로 작용하며, 이는 모든 병의 원인이 되는 염증을 완화시키는 효과가 있다.

Chapter 10

과실주

1 과실주

과실주(fruit wine)는 다양한 과실로부터 얻어지는 알코올 발효제품으로 전 세계적으로 널리 생산되어 이용되어 왔다. 식품공전에 의하면 "과실주라 함은 과실 또는 과실에 당분을 첨가하여 발효하거나 술덧에 과실즙, 탄산가스, 주류 등을 혼합하고 여과·제성한 것"을 말한다. 과실주는 주세법에 정한 알코올 함량(v/v%)을 가지며 메탄올 함량은 1.0 mg/mL 이하이어야 하며, 솔빈산, 솔빈산칼륨, 솔빈산칼슘 이외의 보존료가 검출되어서는 안 된다.

과실주는 원료의 다양한 종류로부터 제조되며, 포도 이외의 과실류를 효모로 알코올 발효시켜 일정 농도의 알코올과 과실 특유의 향미를 갖게 한다. 과실주의 원료 과일은 완숙된 과실을 주로 사용하며 파쇄·압착하여 과즙을 얻고 필요시에는 가당한 후 효모를 첨가하여 발효시킨다. 과실주는 맛과 향을 조화시키기 위하여 발효가 끝난 후에는 일정 기간 동안 숙성시켜야 한다. 과실주는 알코올 함량이 8~9% 정도 되며, 과실주의 종류에 따라 당분의 함량은 차이가 있다. 특히 탄산가스로 포화된 과실주는 샴페인으로 분류된다.

일반적으로 발효된 과실주의 성분은 알코올, 적정산도, 총당 함량과 당 이외의 고형분의 함량으로 분류되며, 과실주의 종류에 따라서 성분의 변화가 크다. [표 10-1]은 일반적으로 생산되는 여러 과실주의 성분표이며 총당의 함량에 따라서 단맛이 전혀 나지 않는 드라이 및 단맛을 내는 스위트로 구분된다.

표 10-1 　과실주의 성분표

과실주	알코올 (%, 부피)	적정산도 (g/L)	총당 (g/L)	고형분 (g/L)*
화이트 드라이(White dry)	12.3	7.4	15.6	22.0
레드 세미 드라이(Red semi-dry)	12.7	8.5	33.7	30.1
화이트 슬라잇트리 스위트(White slightly sweet)	12.8	7.3	65.7	25.0
레드 슬라잇트리 스위트(Red slightly sweet)	13.1	8.4	59.3	31.5
화이트 스위트(White sweet)	13.3	7.6	104.9	30.6
레드 스위트(Red sweet)	13.6	8.7	97.9	35.1

*당 이외의 고형분(g/L)

2 원료의 종류 및 처리

과실주의 원료는 포도의 성분처럼 당 함량이 높고 적당한 산도와 과즙 함량이 높은 과실류가 과실주의 원료로 적합하다. 일반적으로 사과, 배 및 장과류 등이 과실주에 이용되며, 특히 매실, 복분자(산딸기), 오미자 등은 기능성 물질들이 함유된 과실로서 과실주 제조에 중요한 원료이다. [표 10-2]는 과실주 제조에 이용되는 과실들의 과육의 화학적 성분표이다. 수분 함량은 비교적 높은 85% 정도이며 당 함량이 6~10% 범위를 보이고, 적정산도는 비교적 높은 값을 나타낸다. 과실주의 원료 과실의 펙틴 함량은 최종 발효주의 메탄올 함량과 깊은 관계가 있음으로 가공처리 및 발효 시에 메탄올이 유리되지 않도록 유의한다.

표 10-2	과실 원료의 과육부 성분					(단위: %)
성분	**사과**	**살구**	**체리**	**복숭아**	**배**	**딸기**
물(water)	85.0	86.0	83.1	84.5	83.5	88.5
고형분(dry matter)	15.0	14.0	16.9	15.5	16.5	11.5
총당(total sugars)	10.0	6.7	9.7	7.8	9.5	6.5
질소화합물(Nx6.25)	0.3	0.8	1.0	0.7	0.4	0.7
유기산(malic acid)	0.6	1.3	1.3	0.8	0.3	1.0
펙틴(pectin)	0.6	0.9	0.25	0.7	0.5	0.55
탄닌(tannin)	0.07	0.07	0.14	0.10	0.03	0.20
회분(ash)	0.3	0.7	0.5	0.6	0.4	0.7

과수원에서 재배되는 사과, 배 등은 일정한 당도와 산도를 가지는 반면에 야생에서 얻어진 과실들은 높은 산도, 탄닌 및 강한 향미 등을 가지게 되어 서로 혼합하여 과실주의 원료로 사용할 수 한다. 또한 건조된 과실류는 과실주 제조의 원료로 이용될 수 있으며, 적당한 추출 공정이 필요하다.

과실주의 원료에서 중요한 당 함량은 설탕의 첨가로 보당되며, 또는 과즙의 희석을 위해서 양질의 물이 사용된다. 또한 부족한 산도는 식용이 가능한 유기산인 구연산, 주석산, 젖산의 첨가로 보충된다. 과실주의 발효 및 생산공정에는 순수배양된 우량 효모가 요구되며, SO_2, CO_2 및 여과장치, 청징제 등이 필요하다.

(1) 압착

과실은 먼저 크기별로 분류된 후 세척된다. 과실들은 여러 종류의 파쇄기에서 파쇄되어 과장으로 전환된다. 연한 조직의 장과류(berry)는 분쇄 장치에서 처리되며, 단단한 과실류인 사과, 배 등은 해머 밀(hammer mill)로 처리된다. 압착(pressing)공정은 과장으로부터 과즙과 박을 분리하는 공정으로 압착기(rack and cloth press)를 이용한다.

(2) 아황산 첨가

과실즙 발효 전의 아황산(sulphur dioxide) 첨가는 가장 일반적인 처리공정이며 필요한 최소 양을 첨가하는 것이 바람직하다. 아황산의 활성형태는 용해되거나 유리형태의 아황산이며 이는 pH값에 크게 의존한다. 예를 들어 메타중아황산나트륨(sodium metabisulphite, $Na_2S_2O_5$)의 용액 형태로의 SO_2의 첨가량은 과즙의 pH에 의존한다. 과즙의 pH가 3.0~3.3이면 75ppm이고 pH 3.3~3.5이면 100ppm, pH 3.5~3.8이면 150ppm의 농도가 요구된다. 따라서 과즙의 pH가 3.8 이상이면 다른 과즙과 혼합하여 pH를 낮추는 것이 필요하다. [그림 10-1]은 과즙의 pH에 따라 요구되는 유리 SO_2의 농도를 나타낸다.

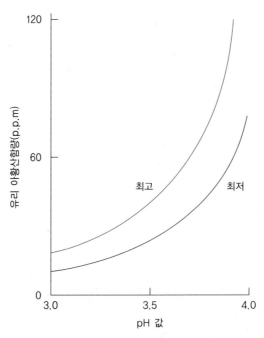

[그림 10-1] 과즙의 pH에 따른 유리 SO_2의 농도

(3) 설탕 첨가

포도주의 제조공정과 다르게 과실주 제조에서 설탕 첨가는 필수이다. 이는 과실의 낮은 당 함량에 기인하며, 설탕의 첨가로 발효는 적절하게 수행되며 높은 알코올 농도로 저장성이 부여된다. 일반적으로 과즙에 첨가되는 설탕의 양은 150~300g/L 정도이다. 설탕 100g 첨가로 44~47g의 에탄올이 실질적으로 생성된다. 첨가되는 설탕은 과즙에 직접 가해지거나 시럽형태로 첨가될 수 있으며 25% 이상이 넘지 않도록 한다.

(4) 영양성분의 첨가

과실주 제조를 위해서 딸기, 건포도로부터 과장을 제조할 경우 지나친 희석으로 효모의 생육에 필요한 질소성분의 부족현상이 있을 수 있다. 사과즙의 경우는 희석되지 않더라도 적은 질소성분을 포함하고 있어서 보강이 필요하다. 암모늄염[$(NH_4)_2HPO_4$]은 알코올발효에서 인산과 영양공급원으로서 과즙 1L당 0.3g 수준으로 첨가되며, 또한 효모 가수분해물이 널리 사용된다.

(5) 우량 효모 배양

과실주의 제조에 순수 배양된 효모의 접종은 발효 초기에 4% 이상의 알코올을 빠르게 생성시킴으로써 유해균의 생육을 억제하며 계속적으로 알코올발효가 순조롭게 진행되게 한다.

일반적으로 알코올발효에 사용되는 효모는 우량효모를 배양하여 동결건조 시킨 건조효모 형태로 사용한다. 효모 스타터로서 건조효모의 양은 12.5g/L 정도가 최적 농도이며, 건조효모는 접종 전에 현탁액 상태에서 일정시간 활성화시킨 후에 사용한다.

효모 스타터 제조는 15% 정도의 설탕 함량을 포함하는 과즙을 철저하게 저온살균시킨 후에 고체배지에서 순수 배양된 효모를 접종한다. 배양액은 발효액의 1~5% 정도의 부피에서 이루어지며, 여기에 과즙과 영양분을 추가적으로 공급하여 22~25℃에서 2차 발효를 시킨다. 발효는 온도에 따라 차이가 있지만 4일 정도 소요된다. 또한 건전하게 발효된 과장은 효모 스타터로서 대용될 수 있으며, 과실주의 효모 스타터로서 *Sacch. oviformis*가 이용될 수 있다. 배양된 효모 스타터액은 과실즙에 1~10% 수준으로 첨가되며, 첨가농도는 과장의 종류에 의존한다. [표 10-3]은 과장 종류에 따른 효모배양액의 첨가량을 나타낸다.

표 10-3	과장 종류에 따른 효모 첨가량	
과장(must)	효모 첨가량(L/hL)*
사과	1~2
배	2~3
과실즙(고농도의 SO_2 포함)	2~5 또는 이상
장과류	1~2
체리	2

* hL (hectoliter, 100 liters) = 26.4 U.S. gallons

효모 배양액의 첨가 전에 아황산의 첨가가 요구되며, 30~150mg/L 정도 첨가는 유해 미생물의 생육을 억제시킨다. 과실발효에 이용되는 효모의 선택은 과실의 종류, 과즙의 산도, 설탕, 탄닌, SO_2 함량, 다른 과즙과의 혼합 등에 의존하며 높은 농도의 알코올 과실주의 제조에는 알코올 내성이 강한 효모가 요구되며, 월귤(bilberry) 또는 감 과육의 발효는 탄닌에 저항성이 있는 효모가 유리하다.

과실주에 적당한 효모는 일반적으로 각각의 과실즙의 성분조성에서 생육이 양호하며 알코올 생성능이 뛰어나며 독특한 향미를 부여할 수 있는 것이 바람직하다. 따라서 순수 효모를 특정 과실즙으로부터 분리하는 것이 필요하며 경우에 따라서는 균주의 육종개량을 통해서 얻어진 우량균주를 이용할 수 있다.

3 발효

과실즙의 효모에 의한 알코올발효과정은 발효온도, 용기 또는 발효조건이 다양할 수 있지만 궁극적으로 알코올과 독특한 향미를 생성하는 것이 중요하다. 발효는 플라스틱, 금속, 콘크리트로 만들어진 용기나 통에서 이루어진다. 발효는 초기에 급격한 발효가 이루어지며 후에 2차 발효(after-fermentation)가 수반된다. 발효는 초기에 12~15℃에서 시작해서 발효가 최고조에 달하여 온도는 20~25℃에 도달되며 발효가 약해지면서 온도는 20℃로 떨어진다. 발효가 끝난 후에 미숙성 과실주(young wine)는 찌꺼기를 분리하여 불쾌취의 형성과 변질을 방지한다.

일반적인 발효온도보다 낮은 온도에서 알코올 발효가 이루어질 수 있으며, 이를 위해서는 5~10℃의 낮은 온도에서 발효능이 있는 효모의 선별이 요구된다. 일반적으로 낮은 온도에서의 알코올발효는 알코올 손실을 억제하며 과실의 아로마 성분들을 효과적으로 보유하여 풍미와 향의 향상을 기대할 수 있다.

알코올발효에서 장류, 건포도, 체리, 딸기 등 과실의 고유한 색깔을 추출시키기 위해서는 발효과정에서 과즙 착즙 전의 과육을 발효시킴으로써 과실의 껍질로부터 색소성분을 용출시키는 것이 필요하다. 최근에는 과실의 과육을 열처리함으로써 과실의 색소를 효과적으로 용출시킨 후에 발효시키는 것이 가능하다.

4 숙성

미숙성 과실주는 풍미와 향이 독특한 부케가 없다. 일반적으로 과실주의 숙성(aging)은 7~15℃에서 이루어지며, 일정 간격으로 랙킹을 실시하면서 침전된 효모와 찌꺼기를 제거시키며, 숙성과정에 필요한 소정의 산소를 공급한다. 숙성단계에서 과실주의 산도는 감소되는데 이는 말로락틱 발효에 의한 사과산이 젖산으로 전환된 결과이다. 부케에 관여하는 성분들은 알코올류, 알데히드류, 아세탈(acetals), 케톤(ketones), 에스터 등이며, 이런 성분들은 탈탄산(decarboxylation)과 탈아민 반응에 의해서 형성된다.

5 제성

제성 과정에는 혼합(blending)과 가향(flavouring)이 포함되며, 안정성(stability)과 청징화(clarificaiton)를 위한 공정이 수반된다. 혼합은 최종 제품의 품질기준에 적합하도록 브랜드 포도주과 혼합하여 과실주의 향과 풍미를 개선시킨다. 혼합은 과실주의 품질을 향상시키며 다양한 물리적, 화학적 성질들을 기준 품질에 맞도록 한다. 일반적인 방법으로 설탕을 첨가하거나 구연산을 첨가한다. 유기산 첨가는 나라에 따라 다르며 최고 1~3g/L 농도범위에서 제한되며, 일정한 산도는 과실주의 혼합에 의해서도 가능하다. 과실주에 향을 부여하는 방법으로 허브(herb) 또는 향신료 추출물을 첨가함으로써 이루어지며, 대부분의 경우에는 알코올 추출물을 45~70%로 농축하여 사용한다.

조합과 가향된 과실주는 청징화와 안정화 공정에 들어간다. 상업적인 청징화 공정은 종종 젤라틴을 10g/hL 정도 첨가하여 이루어진다. 청징제(fining agents)의 침전물은 과실주로부터 찌꺼기를 제거하면서 이루어지며, 동시에 여과(filtration)공정이 포함된다. 과실주의 안정화를 위해서는 65~68℃ 정도에서 20초 정도 열처리하는 저온살균에 의해서 가능하다. 숙성된 과실주는 다양한 형태의 주입기를 사용하여 무균적으로 병에 채워진다.

과실주는 탄산가스가 4~5kg/cm² 정도의 압력을 가지도록 하여 샴페인을 제조한다. 특히 2차 발효에 의한 탄산가스의 생산에서는 적절한 효모의 선택이 중요하다. 여러 나라에서 10~12%(v/v) 알코올을 포함한 과실주에 인위적으로 6kg/cm²(6기압)의 가압하에서 탄산가스를 포화시켜서 샴페인을 제조한다.

6 과실주의 변패

과실주의 변질(wine defect)은 과실주의 화학적, 생화학적 또는 물리화학적 변화의 결과로서 색, 향, 풍미, 맛, 청징의 변화를 의미한다. 과실주의 변질은 펙틴 또는 구리에 기인한 혼탁도(turbidity) 증가 또는 황화수소(hydrogen sulphide)의 냄새(odor), 효모들의 이취에 기인된다. 미생물에 의한 변질로는 호기적 세균과 혐기적 세균에 의한 작용을 들 수 있다. *Candida mycoderma*, *Hansenula*속, *Pichia*속 등의 효모는 발효액 표면에 피막을 형성하며, *Acetobacter*속은 과실주의 초산화를 초래한다. 혐기적 세균인 젖산균은 젖산발효 및 점질물, 쓴맛과 불쾌취를 형성할 수 있다.

7 각종 과실주

1) 사과주(apple wine)

사과즙을 이용하여 발효시킨 알코올 음료(alcoholic beverage)는 영국에서 사이다(cider)로 불리며 미국에서는 하드 사이다(hard cider), 프랑스에서는 시드르(cidre)라 부른다. 미국에서는 과수원에서 신선하게 만든 사과 주스를 프레시(fresh), 스위트(sweet) 또는 팜 사이다(farm cider)로 부르며, 이들의 저장성을 높이기 위해서 소르브산이 첨가되기도 한다.

(1) 원료

사과는 당 함량이 많고 산도가 적절히 높으며 탄닌 함량이 적은 것이 좋다. 사과 향미는 산도와 탄닌 함량에 따라 4가지 종류로 분류되며, 대부분의 원료용 사과는 탄닌 함량이 낮고, 산도가 적절히 높은 샤프형(sharp type)이며 여기에는 Jonathan, McIntosh 등이 속한다. 과즙의 높은 산도는 거친 맛을 주며, 탄닌은 고미(bitter taste)와 펙틴분해효소의 작용을 저해하여 과즙의 수율을 떨어뜨린다. [표 10-4]는 과즙성분에 의한 사과 향미의 분류이다.

표 10-4	과즙성분에 의한 사과향미의 분류		
향미(flavor)분류	적정산도(%, w/v)	탄닌(%, w/v)	품종
스위트(Sweet)	0.20	0.14	Sweet Coppin
비터-스위트(Bitter-sweet)	0.18	0.29	Dabinett
샤프(Sharp)	0.68	0.14	Tom Putt
비터-샤프(Bitter-sharp)	0.64	0.31	Stoke Red

사과 과즙의 성분을 보면 pH는 3.0~4.4이고 당 함량은 15°Brix 정도이며 주로 단당류로 구성되어 있다. 이중에서 과당은 74%, 설탕 15%, 포도당 11%로 구성되며, 적정산도는 0.14~0.70%(w/v)이며 사과산이 대부분이다. 탄닌의 함량은 0.06~0.54%(w/v)이며 가용성 질소는 4.4~33mg%(w/v) 정도이다.

(2) 제조공정

사과주의 제조는 과즙 조제와 발효의 단계를 거친다. [그림 10-2]는 사과주의 제조과정이고, 배 주스를 이용한 배주(perry)를 제조하는 것도 유사하다.

사과 과즙의 제조를 위해서 사과를 선별하여 세척한 후 파쇄한다. 파쇄된 사과는 압착하여 과즙을 회수하며 일반적으로 과즙의 수율은 사과 100kg에서 약 70L 정도이다. 과즙의 착즙양을 증진시키며 과즙의 청징을 좋게 하기 위하여 펙틴분해효소를 첨가하기도 한다. 과즙의 산화와 갈색화반응을 막고 야생효모와 세균을 억제하기 위하여 SO_2를 100~200ppm 정도 첨가하며, 발효 전에 과즙에 부족한 당이나 산을 첨가하거나 다른 과실즙, 농축주스를 희석하여 첨가할 수 있다.

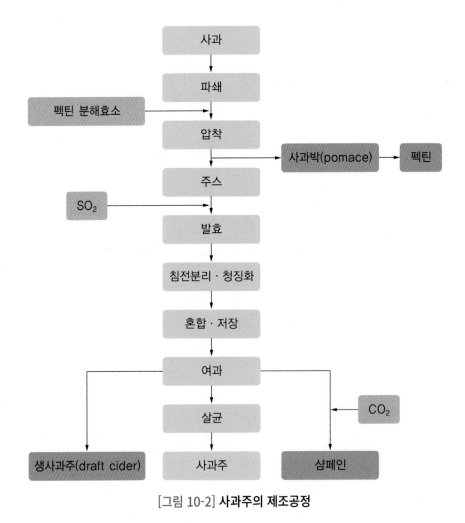

[그림 10-2] **사과주의 제조공정**

사과의 과피에는 세균과 *Torulopsis*, *Candida*, *Aureobasidium*, *Kloeckera apiculata* 등의 야생효모 및 *Saccharomyces*가 존재하여 자연적으로 알코올발효를 유도할 수 있으나 발효의 관리 및 품질 관리가 어렵다. 사과주 제조에 적합한 순수 효모(*Saccharomyces cerevisiae*)를 저온에서 활성화시킨 후, 과즙에 2~3% 수준으로 접종하여 발효를 실시한다. 발효의 속도는 과즙의 처리 방법에 의해서 좌우될 수 있으며, 열처리에 의해 비타민 B_1 함량이 감소되면 알코올발효가 지연될 수 있다. 발효는 15℃ 이상에서 실시하며 저온일수록 향미가 좋다. 발효가 완료되면 랙킹(racking)한 용기 안에서 5℃를 유지하면서 수개월간 2차 발효를 한다.

2) 오가피주

오가피나무는 드릅나무과(*Araliacea*)에 속하는 낙엽활목 관목으로 9월에 장과모양의 과실이 까맣게 익는다. 오가피는 지리산 일대의 특용작물로서 약용식물이다. 오가피 열매나 껍질의 삶은 물에 쌀밥과 누룩을 섞어 전통 약용주를 제조한다.

(1) 원료

오가피(五加皮) 열매는 특이한 색과 향이 있어 과실주로서 이용 가능하다. 오가피 열매의 일반성분은 수분 77%, 조지방 0.73%, 조단백질 1.72%, 조회분 0.82%으로 구성된다. 오가피 열매 추출액의 압착 후에 주스는 44%(w/w)가 회수되었으며, pH 5.3, 당도 9.8°Brix였다. 이는 일반적인 포도의 압착에 의한 포도 과즙의 회수율 75%에 비해 비교적 낮은 편이다.

(2) 제조공정

[그림 10-3]은 건조된 오가피 열매로부터 오가피 술의 제조공정이다.

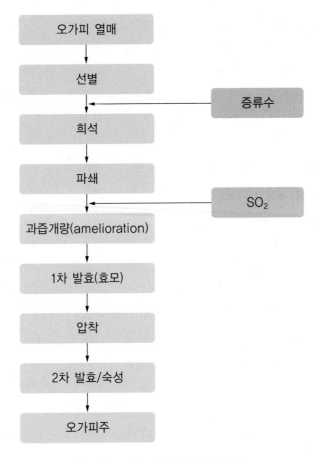

[그림 10-3] 오가피주의 제조공정

건조된 오가피 열매에 증류수를 열매중량에 대해 3배로 가한 후 파쇄하여 추출액을 제조한다. 추출액의 일정량을 80~85℃에서 30분간 가열살균한 뒤 30℃까지 식혀서 이것에 맥아즙에 액체배양한 효모(*Sacch. cerevisiae ellipsoideus*) 5%를 접종하여 30℃에서 2일간 정치배양하여 주모로 사용한다. 오가피 추출액을 용기에 넣고 메타중아황산칼륨(potassium metabisulfite, $K_2S_2O_5$)을 SO_2로 과즙에 대해 약 100ppm 되게 첨가한 후 부족한 당을 설탕을 가하여 전체 당 함량을 24%로 보당하여 18℃에서 발효시킨다. 주모(酒母)의 첨가는 아황산을 첨가하고 4시간이 지난 후에 과즙에 대해 2%를 첨가한다. 오가피 발효액은 18℃에서 10일 동안 발효 후에 알코올은 12% 정도를 보였으며, 당분의 함량은 10°Brix 정도 였다. 오가피 추출액의 발효기간 중 당 함량의 감소와 알코올생성량은 [그림 10-4]와 같다.

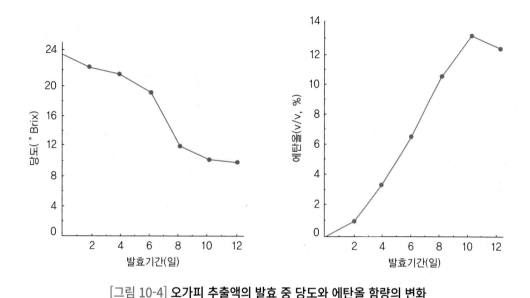

[그림 10-4] **오가피 추출액의 발효 중 당도와 에탄올 함량의 변화**

3) 매실주(梅實酒)

(1) 원료

매실은 매화나무의 열매로서, 6월이 되면 열매가 구형 또는 타원형으로 노랗게 익는다. 매실의 맛은 살구맛과 비슷하며 신맛이 난다. 매실은 식용뿐 아니라 약용제로 많이 쓰인다. 매실주의 원료는 익기 직전의 신선한 청매(靑梅)로서 열매가 단단하고 흠집이 없는 것을 선별하여 깨끗이 씻어 물기를 뺀다. 열매숙도가 지나치면 노랗게 되면서 제 맛을 낼 수가 없다. 매실 과즙은 구연산 3.3%와 사과산 0.8~1.5%를 포함하여 총산이 4.0~4.9% 정도로 매우 높다.

(2) 제조공정

매실주의 제조공정은 [그림 10-5]와 같다.

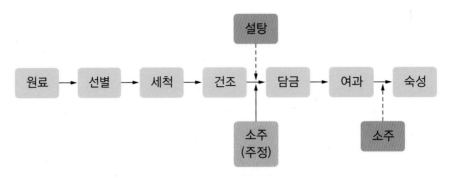

[그림 10-5] **매실주의 제조공정**(점선:발효법)

매실주를 담그는 방법은 절임법과 발효법으로 분류된다. 절임법은 매실에 일정량의 주정 또는 소주를 첨가하여 매실의 성분을 추출시킨 후 얻어진 주액을 일정기간 숙성시켜서 제품화한다. 이 방법은 산업적인 매실주의 생산에 이용되고 있다. 반면에 발효법은 매실에 설탕을 첨가한 후 일정기간 담금공정을 실시하면서 효모에 의한 알코올발효를 시킨다. 발효된 매실주를 여과시킨 후 알코올 농도를 고려하여 일정량을 첨가한 후 숙성시켜 발효 매실주를 제조한다.

① 절임법

매실주에 이용하는 매실은 6월 상순경에 나오는 완숙직전의 청매를 수확하여 잘 씻어 물기를 그늘에서 말린다. 일찍 수확한 푸른 매실은 매실주의 색깔이 불량하고 쓴맛과 떫은맛이 있으며, 완숙된 과실은 발효가 빠르고 색깔이 고우며 쓴맛이 적지만 혼탁하기 쉽고 신맛이 적어 매실주의 독특한 맛이 없다.

매실 1kg에 25% 소주 2L 정도를 항아리에 담고 창호지로 덮은 다음, 비닐로 묶어 지하실 또는 그늘진 곳에 보관한다. 매실주는 담금한 후 6개월 정도 지난 후 매실 고형분과 분리(여과)한 후 숙성시켜야 좋은 품질의 매실주가 된다. 여과된 매실주는 알코올 도수를 고려하여 25% 소주를 첨가한 후 그늘진 곳에 보관하면서 숙성시킨다. 숙성기간은 1년에서 5년으로 장기간 숙성에 의해서 맛이 순하고 뒤끝이 부드러운 매실주를 제조할 수 있다.

② 발효법

적당히 익은 매실 1kg에 설탕 800g을 섞어 당도를 보정한 후 그늘진 곳에서 발효시킨다. 발효용기로서 항아리를 깨끗이 씻은 후 25% 소주로 항아리 안을 세척 및 소독한다. 매실을 설탕 전체 필요량의 60~70% 정도로 잘 섞어 차곡차곡 담고 마지막으로 여분의 설탕으로 매실 윗부분을 완전히 덮는다. 설탕으로 절여진 매실의 윗부분을 중석으로 눌러서 빚어진 술 위로 매실이 떠오르는 것을 막아준다. 항아리의 표면을 창호지로 덮은 다음 비닐로 가볍게 묶어 그늘진 곳에 보관한다. 담금 후 1달 정도 지난 후에 개봉하여 매실주를 부드럽고 미세한 천으로 걸러내어 새항아리에 주액만을 담고 다시 1년 동안 숙성시킨다. 이때 매실주에 25% 소주를 첨가하여 병에 담아 보관하면서 1년 이상 숙성시키면 맛과 향기가 향상된다.

(3) 효능

매실주는 구연산과 사과산이 함유되어 갈증을 없애고 식욕을 증진시키며 정장 효과, 빈혈예방 및 여러 가지 질병을 예방해 준다. 매실은 맛이 시고 독이 없으며 기를 내리고 열과 가슴앓이를 없게 한다. 본초강목에는 매실의 효과를 광범위하게 설명하고 있으며 산성체질을 건강한 체질로 개선하는 알칼리성 식품이다. 따라서 매실을 원료로 하여 발효된 매실주는 해독작용과 정장작용 및 약리효과가 기대된다.

Chapter 11

약주·탁주

1 약·탁주의 개요

약주(藥酒)와 탁주(濁酒)는 우리나라에서 예부터 양조되어온 재래주로서 우리 조상들이 풍류를 즐기는데 빠지지 않았던 고유의 술이다. 우리 조상들은 술을 빚을 때 원료선택, 누룩제조, 술 담글 때의 청결, 좋은 물, 깨끗한 용기 사용, 온도관리를 포함하는 육재(六材)를 중요시했는데, 이는 지금도 양조의 중요한 원리가 된다. 약·탁주는 찹쌀 또는 멥쌀을 원료로 하여 발효제로서 전통 누룩을 첨가하여 병행복발효주의 제조방법에 의해서 양조된다. 전통 약·탁주는 지역에 따라 원료의 차이점과 특히 발효제인 누룩의 종류와 미생물상의 차이로 다양한 맛과 풍미를 갖는 술의 제조가 가능하였다. 그러나 1910년 이후에 일본의 술 제조정책에 따라 약·탁주 역시 획일화된 양조장 제조가 성행했으며, 1960년 이후에는 정부의 식량정책으로 쌀 대신에 밀가루를 사용하면서 고유한 약·탁주의 풍미는 감소되었다.

약·탁주의 소비양상을 보면 연간 소비량이 과거 20년간 큰 변화가 없었으나, 최근 막걸리에 대한 건강인식과 한류열풍으로 소비가 증가되었다. 앞으로 탁주에 대한 선호도가 상승하고, 포장기술의 발달로 저장성이 증가되면서 소비량이 증가될 것으로 사료된다. 전통약주와 탁주의 제조기술의 보존 및 발전계승을 위해서 정부가 명인제도를 실시하면서 고유의 맛과 풍미를 갖는 전통 약·탁주의 제조방법이 일부 명인들에 의해서 전수되고 있다. 2010년 전통주 등의 산업진흥에 관한 법률공포로 우리 술의 품질고급화를 위해 품질인증제를 실시하고 있다.

일반적으로 술은 사용하는 원료와 발효방법의 차이에 의해서 분류될 수 있으며, 제조공정에 따른 일반적인 주류 분류는 아래와 같다[그림 11-1].

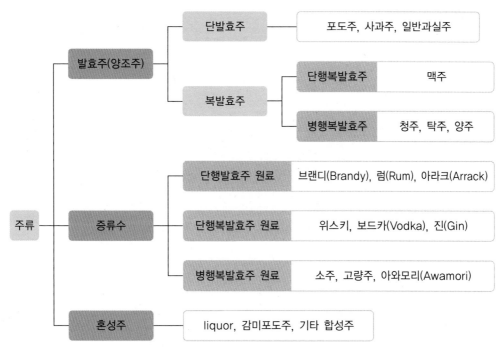

[그림 11-1] **발효방법에 따른 주류 분류**

양조주는 효모에 의해 알코올발효된 술덧을 직접 또는 여과하여 마시는 술이며, 수용성 고형분의 함량이 비교적 많다. 단발효주는 원료 속의 주성분인 당분을 효모의 작용에 의해서 발효시킨 술이며, 복발효주는 원료의 주성분인 전분(starch)의 당화과정이 요구된다.

단행복발효주는 원료 전분의 당화공정과 효모에 의한 발효공정이 분리되어 양조되는 술이며, 병행복발효주는 전분의 당화공정과 발효공정이 분리되지 않고 병행해서 이루어진다.

증류주는 고농도의 알코올을 함유하도록 양조주 또는 술 찌꺼기를 증류한 것이며, 혼성주는 양조주 또는 증류주에 조미료, 향류 또는 색소 등을 첨가하여 가공한 것이다. [표 11-1]은 식품공전상의 주류와 세부적인 품목을 나타낸다.

표 11-1	주류의 정의
품목	**설명**
주류	곡류, 서류, 과일류 및 전분질 원료 등을 주원료로 하여 발효 등 제조 가공한 양조주, 증류주 등 주세법에서 규정한 주류를 말함
탁주	전분질 원료와 국을 주원료로 하여 발효시킨 술덧을 혼탁하게 제성한 것을 말함
약주	전분질 원료와 국을 주원료로 하여 발효시킨 술덧을 여과하여 제성한 것을 말함
청주	전분질 원료와 국을 주원료로 하여 발효시킨 술덧을 여과 제성한 것 또는 발효 제성 과정에 주류 등을 첨가한 것을 말함
맥주	맥아 또는 맥아와 전분질 원료, 홉 등을 주원료로 하여 발효시켜 여과 제성한 것을 말함
과실주	과실 또는 과즙을 주원료로 하여 발효시킨 술덧을 여과 제성한 것 또는 발효 과정에 과실, 당질 또는 주류 등을 첨가한 것을 말함
소주	전분질 원료, 국을 원료로 하여 발효시켜 증류 제성한 것 또는 주정을 물로 희석하거나 이에 주류나 곡물주정을 첨가한 것을 말함
위스키	발아된 곡류 또는 이에 곡류를 넣어 발효시킨 술덧을 증류하여 나무통에 넣어 저장한 것이나 또는 이에 주류 등을 첨가한 것을 말함
브랜디	과실(과즙 포함) 또는 이에 당질을 넣어 발효시킨 술덧이나 과실주(과실주박 포함)를 증류하여 나무통에 넣어 저장한 것 또는 이에 주류 등을 첨가한 것을 말함
일반 증류수	전분질 또는 당분질을 주원료로 하여 발효, 증류한 것 또는 증류주를 혼합한 것으로 주정, 소주, 위스키, 브랜디 이외의 주류로서 주세법에서 규정한 것을 말함
리큐르	전분질 또는 당분질을 주원료로 하여 발효시켜 증류한 주류에 인삼, 과실(포도 등 발효시킬 수 있는 과실 제외) 등을 침출시킨 것이거나 발효증류 제성과정에 인삼, 과실(포도 등 발효시킬 수 있는 과실 제외)의 추출액을 첨가한 것 또는 주정, 소주, 일반 증류주의 발효, 증류, 제성과정에 주세법에서 정한 물료를 첨가한 것을 말함
기타 주류	따로 기준 및 규격이 제정되지 아니한 주류로서 주세법에서 규정한 것을 말함

우리나라 주류의 분류는 주세법의 주류체계에서는 주정을 포함한 발효주류, 증류주류, 기타 주류를 포함한다. 한편, 식품공전의 주류체계에는 주정을 제외한 주류를 포함하며, 특히 탁주는 살균탁주와 탁주(생막걸리, 생동동주)로 구별된다[그림 11-2].

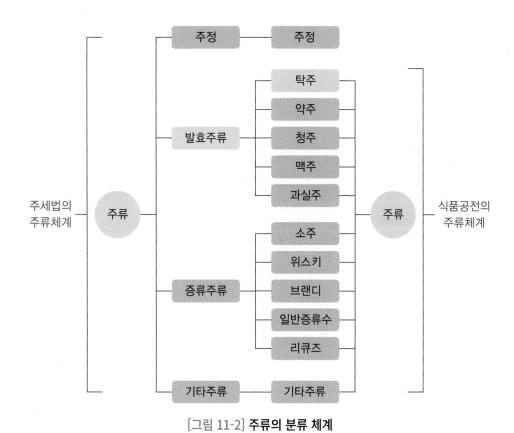

[그림 11-2] **주류의 분류 체계**

식품공전에 의하면 "탁주(막걸리, 동동주)라 함은 전분질 원료(발아 곡류 제외)와 국(麴), 식물성 원료, 물 등을 원료로 하여 발효시킨 술덧을 혼탁하게 제성한 것 또는 제성과정에 탄산가스 등을 첨가한 것"을 말한다. "약주라 함은 전분질 원료(발아 곡류 제외)와 국, 식물성 원료, 물 등을 원료로 하여 발효시킨 술덧을 맑게 여과하여 제성한 것 또는 발효 · 제성과정에 주정 등을 첨가한 것"을 말한다.

주세법에 의한 주류 용어를 보면, 주모(酒母)는 효모를 배양 증식한 것으로서 당분이 함유된 물질을 알코올발효 시킬 수 있는 물료를 말한다. 국(麴)은 전분물질 또는 전분 물질과 기타 물료를 혼합한 것에 곰팡이류를 번식시킨 것이나 효소로서 전분물질을 당화시킬 수 있는 것이다. 종국(種麴)은 누룩을 제조할 때에 종균으로 사용되는 배양된 곰팡이류를 말한다. 곡자(누룩)와 입국(粒麴)은 약 · 탁주 발효제의 일종으로서 곡자는 소맥 또는 호맥을 분쇄하여 증자하지 않고 적당량의 물로서 반죽하여 덩어리로 성형한 후 적당한 온도에서 보관하면 효소 및 기타 균주가 자연히 부착 번식하여 주류 제조에 필요한 효소류가 생성된 것이다. 입국은 전분질 원료(쌀, 밀가루, 옥수수)를 증자한 후 곰팡이류를 번식시킨 것으로서 전분질을 당화시킬 수 있는 발효제이다.

2 원료 및 원료처리

약·탁주의 원료로는 쌀, 밀가루, 옥수수, 보리쌀, 고구마 전분, 고구마 전분당, 포도당 등의 탄수화물과 주조용수, 곡자 및 입국 등의 발효제들이 사용된다.

1) 쌀

쌀의 처리법은 전처리, 침지, 증자, 냉각의 단계를 거친다. 쌀은 세척한 후 8~18시간 물에 침지시켜 43% 정도의 수분을 흡수시키며 침지 중 5~6시간마다 물을 갈아준다. 침지 후에는 2시간 이상 물 빼기를 하고 1시간 정도 증자한 후 냉각한다.

2) 밀가루

약·탁주 제조용의 밀가루는 중력분의 1급품이 적당하다. 밀가루에 20~30%의 물을 가하고 반죽기로 반죽을 한다. 1시간 정도 방치한 후 증자기로 40~60분간 증자한다. 이것을 체로 쳐서 제국용은 0.5~1.0㎤, 덧밥용은 1.0~1.5㎤ 내의 크기로 입자를 선별한 후 냉각한다.

3) 보리쌀

보리쌀은 대체원료로 사용되지만, 비타민, 무기질과 단백질 등이 많아 여름철의 양조에는 초산균을 비롯한 잡균들의 번식으로 변패를 일으키기 쉽다. 또한 철분이 많아서 제품을 검게 하여 주질을 저하시킴으로써 약·탁주원료로서 적합치 못하지만 식량사정으로 한때 밀가루와 혼합하여 사용되었다. 원료는 2~3시간 침지하고 증자흡수율은 제국용 40% 내외, 덧밥용 45% 정도로 하는 것이 좋다.

3 제조공정

약 · 탁주의 일반 제조공정은 [그림 11-3]과 같다. 소맥분을 원료로 하여 입국을 제조한 후 주모를 함께 만들어 1단 담금에 사용한다. 다음에는 곡자를 첨가하여 2단 단금으로 알코올발효를 촉진시킨다. 숙성된 술덧은 여과정도에 따라 약주와 탁주로 분류된다.

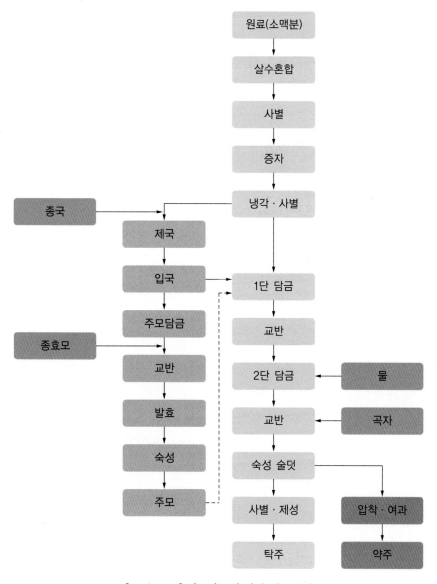

[그림 11-3] 약 · 탁주의 일반 제조공정

1) 발효제

우리나라 고유의 발효제는 전통누룩(곡자)이며, 입국과 분국을 혼용하여 사용한다. 누룩은 술덧 숙성 중에 전분질을 분해하여 포도당을 만드는 당화공정을 수행하는 효소원이며, 야생효모 등에 의한 알코올발효의 효모급원으로 역할을 한다. 누룩은 밀을 원료로 하여 제조하며, 종류에 따라서 분곡과 조곡으로 분류된다. 분곡은 밀을 멧돌로 갈아서 얻어진 고운 가루로 만든 것이며, 조곡은 분곡용 밀가루를 빼고 남은 기울이나 혹은 밀가루를 포함하는 거친 분말로 제조되며 일반적인 누룩에 해당된다. 누룩의 품질은 주질에 큰 영향을 주며, 누룩의 제조 지역, 원료 처리방법, 제조법, 제조시기 등에 따라 결정될 수 있다. 전통누룩의 미생물상은 각기 다르면서 지역마다 독특한 술을 제조할 수 있는 발효제이다. 전통누룩의 제조는 [그림 11-4]와 같다.

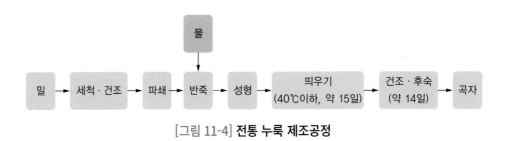

[그림 11-4] 전통 누룩 제조공정

(1) 누룩

원료 밀을 세척하여 충분히 말린 후 파쇄한다. 원료에 대해 25~30% 정도의 수분을 가하여 1시간 정도 지나면 적당한 크기의 원판 모양으로 성형한다. 누룩의 크기는 건조제품으로서 0.8kg과 1.6kg 정도 되도록 제조되어 당화력(Saccharification power, SP)은 300 이상이어야 하며, 수분은 12% 이하이어야 한다. [그림 11-5]는 전형적인 누룩의 형태를 보여준다.

[그림 11-5] 재래식 누룩의 형태

누룩에서는 *Rhizopus*, *Aspergillus*, *Mucor*속 등의 곰팡이와 *Saccharomyces*속의 효모와 고초균, 젖산균, 초산균 등이 검출되고 있다. 누룩의 제조 지역이나 방법에 의해서 누룩에 존재하는 미생물상이 달라지면서 고유한 특징을 갖는 누룩이 제조된다. 이들에 존재하는 미생물상으로부터 발효환경을 조절하여 적절한 농도의 알코올과 풍미가 생성되도록 하는 것이 중요하다.

최근에 누룩제조 시에 *Asp. oryzae*나 *Asp. kawachii* 곰팡이를 순수 배양하여 누룩제조에 이용하는 경우가 있으며, 이는 일본식 코지에 해당된다. 순수배양된 곰팡이를 접종하여 제조된 곡자는 접종된 *Asp. oryzae*가 주된 미생물로서 존재하는데, 이는 재래곡자에서처럼 여러 미생물에 의해서 생산되는 다양한 대사산물에 의한 독특한 맛이 결여된 약·탁주를 생산한다.

(2) 입국

약·탁주용 입국은 우리나라에서 백국균(White koji mold)인 *Asp. niger* mut. *kawachii* 등을 증자한 쌀, 밀가루 혹은 옥수수가루에 배양한 것으로 이것은 주로 약·탁주 발효과정 중 전분의 당화, 향미 부여 및 잡균의 오염방지 등의 중요한 역할을 한다. 백국균은 황국균(*Asp. oryzae*)에 비하여 당화형의 내산성 아밀라아제가 강하고 또한 많은 유기산을 생성함으로 술덧의 잡균오염 방지에 효과적이다. 따라서 백국균을 이용하여 제조한 입국은 약·탁주제조에서 1단 담금에 사용되며, 황국균을 이용한 곡자는 내산성이 약한 α-아밀라아제가 강하여 2단 담금에 주로 사용한다.

2) 발효

발효제인 곡자가 준비되면 물과 주모를 담금비율에 따라 혼합하여 발효시킨다. 이 때 사용되는 수질이 주질을 좌우하므로 무기물 특히 철분의 함량이 높은 물은 제품의 색상과 관계되므로 가급적 피하는 것이 좋다.

(1) 주모(술밑)

주모(seed mash)는 밑술 또는 술밑이라 하며 효모를 순수하게 배양해 놓은 일종의 스타터이다. 발효제로서 첨가된 곡자에 존재하는 당화효소에 의해 전분 분해가 일어나면서 동시에 야생효모에 의한 발효가 서서히 진행된다. 그러나 발효력이 강하고 향미 생성능이 우수한 우량 효모를 순수하게 대량으로 배양시킨 주모를 사용함으로써 일정 기간 동안에 효과적으로 알코올발효가 진행되도록 한다. 주모는 제조방법, 젖산의 첨가 유무에 따라 수국주모, 곡자주모, 속양주모 및 대용주모로 구별된다.

수국주모(水麴酒母)는 입국만을 사용하여 입국이 갖는 산에 의해서 pH가 3~4 내외로 조절되기 때문에 추가적인 젖산의 첨가 없이 경제적이며 간편하게 제조되는 주모이다. 곡자주모는 곡자와 덧밥, 젖산을 사용하여 제조한 속양주모의 하나로 곡자 중에 존재하는 *Sacch. cerevisiae*형의 효모를 젖산을 첨가하고 배양하여 육성한 주모이다. 속양주모(涑釀酒母)는 분국과 덧밥, 물로 담금하여 배양효모를 접종하고 젖산을 첨가하여 산도를 조절시키면서 안전하고 빠르게 제조된 주모를 말한다. 대용주모는 입국만으로 담금한 발효 중의 1단 담금의 술덧 일부를 대용주모로 사용한다.

주모의 담금 중 가장 중요한 것은 각 재료의 혼합비율이다. 일반적으로 원료 10kg에 대하여 40L 용량 정도의 주모 탱크가 사용되며, 주모 담금배합의 비율은 [표 11-2]와 같다.

표 11-2 주모 담금배합 비율 (원료 10kg 기준)

주모	급수 L(%)	종효모(mL)	젖산(mL)	덧밥(kg)	국(kg)
수국	13(130)	100	–	–	입국 10
곡자	15(150)	100	120	10	곡자 5
속양	13(130)	100	100	10	분국 1

담금작업은 살균한 용기에 급수전량을 넣고 젖산, 종효모를 가하고 잘 교반한 후 일정량의 입국이나 곡자, 덧밥을 넣고 교반하여 22℃ 내외로 조절하여 종효모를 배양한다. 주모는 일정시간 간격으로 교반하여 용해와 당화를 촉진하고 품온을 유지하여 효모 증식에 필요한 산소를 공급하면서 4~5일 동안 숙성시킨 후 청결하고 서늘한 곳에 보관한다.

(2) 술덧

술덧(mash)은 담금용수에 입국, 곡자와 덧밥 및 주모 등을 첨가·혼합하여 담금한 전체의 물료(物料)와 제성하기 전의 발효 중의 액과 숙성한 발효액을 말한다.

약·탁주의 술덧은 덧밥의 담금 횟수에 따라 1단 및 2단 담금으로 구분한다. 1단 담금은 입국, 주모 및 용수가 필요하며 주모의 사용량은 담금량의 2% 정도를 사용한다. 용수는 원료중량의 150~180%를 사용하는데 겨울에는 약간 낮게(150~160%) 하고 여름에는 조금 높게 160~180% 정도에서 실시한다. 2단 담금은 1단 담금 후에 증숙된 덧밥을 추가로 첨가하고 용수를 추가하며 필요에 따라서 누룩이나 기타 발효제를 혼합하여 발효를 시킨다. [표 11-3]은 약 · 탁주 담금의 원료배합 비율을 나타낸다.

표 11-3	약 · 탁주 담금의 원료배합 비율				(단위 : kg)
담금 예		I	II	III	IV
입국	주모	2	2	2	2
	1단	8	18	33	28
	2단	–	–	–	–
덧밥	1단	–	–	–	–
	2단	90	80	65	70
주원료 총계		100	100	100	100
누룩	1단	–	–	–	–
	2단	2.5	2.5	2.5	5.0
용수	주모	3	3	2.5	2.6
	1단	12	27	49	42
	2단	144	136	117	126
	총계	159	166	168.5	170.6

1단 담금의 술덧은 주모, 입국, 물로 담금하여 입국이 가지는 각종 효소 및 산을 침출시켜 안전한 효모증식과 입국자체의 용해당화를 목적으로 하기 때문에 주모의 증량공정 목적에 있다. 반면에 2단 담금의 술덧은 1단 술덧에 주원료인 덧밥과 물, 곡자, 입국 등을 첨가하여 당화작용과 알코올발효작용을 병행시켜 전분질 원료를 에탄올과 향미물질로 전환시키는 역할을 한다. 담금 시에 당화와 발효의 속도는 온도와 밀접한 관계가 있으며, 원료중량에 대해 첨가되는 용수의 양에 따라 품온관리를 한다.

담금배합에 따라서 술덧 경과가 달라진다. 2단 술덧의 당화 · 발효과정에서 급수비율이 적으면 발효작용은 약하고 당화작용은 증대되어 발효기간이 길어진다. 반면에 급수비율이 높으면 발효작용은 촉진되어 발효기간이 단축된다. 또한 담금 시에 알코올 수득량과 맛의 균형을 감안하여 발효제(곡자, 입국)의 최적 사용비율을 결정한다.

(3) 발효관리

발효가 진행되면서 술덧의 품온이 상승하여 30~33℃로 오르게 되며 발효도 왕성하게 된다. 이 때 품온을 28~30℃로 유지하는 것이 바람직하며, 2단 담금이 끝나면 고무래로 1일 2~3회씩 저어준다. 발효관리의 주목적은 품온관리와 산도관리에 있다. 발효덧은 시간에 따른 품온 상승뿐만 아니라 알코올 함량의 증가와 산도의 변화를 나타낸다. [표 11-4]는 발효 덧의 pH, 산도 및 알코올 함량의 변화를 나타낸다.

표 11-4 탁주 술덧의 발효 중의 변화

발효기간		pH	산도(mL)	알코올(%)	품온(℃)
1단 담금	24시간	3.4	17.1	6.5	23
2단 담금	직후	4.1	7.0	3.5	20
2단 담금	12시간	3.9	7.4	9.2	28
	24시간	4.0	7.7	12.5	32
	36시간	4.1	8.0	14.0	32
	60시간	4.2	8.0	14.8	27
	80시간	4.3	8.2	15.2	24

발효 중의 산도는 2단 담금직후 희석되면서 감소한 후 일정한 값을 유지한다. 반면에 이보다 높은 산도를 갖는 술덧은 산패된 것으로 규정한다. 발효경과 중에 효모의 농도는 담금 후에 최고 2000배 정도 증가하며, 4×10^8/mL 이상의 생균수를 유지한다. [그림 11-6]은 전형적인 발효된 술덧을 나타낸다.

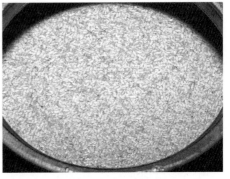

[그림 11-6] **발효 술덧**

(4) 이상발효

술덧의 정상적인 발효는 당화작용과 발효작용의 균형에 의해서 이루어지며, 이는 품온 (발효조 온도)과 밀접한 관계가 있다. 따라서 품온의 변화에 따라 두 작용의 균형이 깨지 면 감패(sweetification) 또는 산패(acidification)의 이상현상이 생겨서 술덧이 변질된다. 여름철 술덧의 품온이 35℃ 이상으로 지속될 경우 당화속도가 빠른 것에 비하여 효모의 노쇠 등으로 알코올발효가 현저히 저하되어 당분이 축적된다. 이때 고온에서 생육이 적 합한 각종 세균의 이상 증식에 의하여 효모의 증식과 발효는 더욱 저해를 받아 산패를 비롯한 여러 변패현상이 연쇄적으로 일어나게 된다. [그림 11-7]은 온도에 따른 발효작용 과 당화작용의 속도를 나타낸 것이다. 또한 술덧의 발효가 이루어지는 작업전반의 과정 에서 위생적 처리를 통한 잡균의 오염을 방지하는 것이 요구된다.

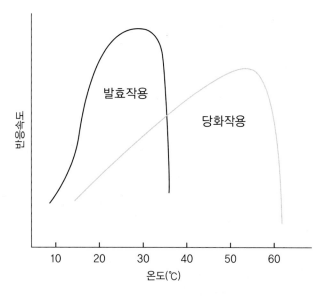

[그림 11-7] **온도에 따른 술덧의 발효작용과 당화작용 속도**

3) 제성

탁주용 술덧은 2단 담금 후 2~3일, 약주 술덧은 4~5일 만에 숙성되는데, 이 술덧을 여과 및 열처리해서 포장한 후 제품으로 만드는 과정을 제성(finishing) 공정이라 한다.

숙성된 술덧의 알코올 함량을 측정하여 주정도에 따라 희석할 물의 양(후수, 後水)을 결정한다. 물이 첨가된 숙성 술덧은 20목(目, 16mesh) 정도의 체로 걸러서 최종 알코올 함량을 결정한 후 포장한다. 반면에 약주의 경우는 술덧을 술자루에 일정량씩 넣고 압착기로 눌러서 짠다. 여과액은 알코올 도수를 11%로 조정한 후 앙금질 후 상징액을 또는 다시 여과하여 제품화하며, 저장성 향상을 위해서 60℃에서 저온살균하여 포장한다.

탁주는 제성 후에도 잔존하는 효모에 의해 발효가 진행된다. 이 때 발효는 비교적 낮은 온도에서 생성된 CO_2가 술에 많이 용해되도록 하여 청량감을 줄 수 있어 바람직하다. 그러나 후발효가 지나치면 주질의 품질이 떨어지며, 특히 산생성이 높아지면서 산패가 진행될 수 있다.

4) 약·탁주의 발효율 계산

술 제조에 사용된 전분질 원료로부터 생산되는 알코올의 양을 정량적으로 평가함으로써 생산성의 평가와 공정의 개선에 이용할 수 있다.

발효성 당으로부터 알코올 생성에 대한 화학식은 아래와 같다.

$$C_6H_{12}O_6 \ (180g) \rightarrow 2C_2H_5OH \ (92g, \ 115.95mL) + 2CO_2 \ (88g)$$

포도당 1g으로부터 0.644mL의 알코올이 이론적으로 생성되지만 비발효성 당과 효모의 생육에 소비되는 에너지원으로서 당을 고려할 때 아래와 같은 식으로 발효율을 계산한다.

$$\text{발효율(\%)} = \cfrac{\cfrac{\text{덧중의 알코올(\%)}}{100} \times \text{덧용량(L)}}{\cfrac{\text{총원료량(kg)} \times \text{전분함유율(\%)}}{100} \times \cfrac{0.644}{0.9} \text{(L/kg)}} \times 100$$

$$= \frac{\text{실제 알코올 생성량(L)}}{\text{이론적 알코올(L)}} \times 100$$

이밖에 주세법과 관계되는 제성비율의 관계는 아래와 같다.

$$\text{술덧에 대한 제성비율} = \frac{\text{제성주(L)}}{\text{숙성술덧(L)}} \times 100$$

$$\text{원료에 대한 제성비율} = \frac{\text{제성주(L)}}{\text{총원료(누룩 제외, kg)}} \times 100$$

4 약·탁주의 성분 및 품질

현행 주세법상에서 탁주(막걸리)의 주정도는 6~8%로, 약주는 10~13%로 규정하며, 탁주는 혼탁한 것이며, 약주는 여과한 것으로 구별된다. 식품공전에 의하면 탁주와 약주의 식품규격은 [표 11-5]와 같다.

표 11-5 **탁주와 약주의 규격**

항목	탁주	약주
에탄올(%, v/v)	주세법의 규정에 의함	
총산(%, w/v, 초산기준)	0.5 이하	0.7 이하
메탄올(mg/mL)	0.5 이하	0.5 이하
진균수	음성(살균 제품)	음성(살균 제품)
보존료	불검출	

상품화된 밀가루 막걸리의 주정도는 6%, 쌀막걸리는 7%, 약주는 11%로 출고되고 있다. 탁주는 pH 3.8~4.7 정도이며, 각종의 아미노산, 유기산 및 비타민 등과 에스터, 알데하이드, 퓨젤유(fusel oil) 등이 존재하여 특이한 향미를 갖는다. 탁주는 제성 후에도 후발효가 진행되어 청량미를 가지며 혼탁도가 유지되나 저장기간이 오래되면 청량미가 없어지면서 고형물의 앙금이 형성되어 주질이 떨어진다. 탁주는 용존 CO_2가 많고 신맛이 적당하며 백색인 것이 좋다.

약주는 탁주와 같이 프로바이오틱 이외에 각종 아미노산, 비타민 등의 미량성분을 함유하고 있으며, 약주 특유의 향미를 갖는다. 약주는 투명해야 하고 담황색이며 순한 향기가 있어야 한다. 약주는 저장성이 떨어지므로 신선한 상태에서 소비하는 것이 좋다. 약주의 저장기간은 병입한 후 저온살균으로 연장될 수 있으나 이취 등이 품질에 영향을 줄 수 있다. [표 11-6]은 약주 및 탁주의 일반성분이다.

표 11-6	약주·탁주의 일반성분			(단위: %)
술 종류	알코올	조단백질	총산	pH
탁주	6~8	1.1	0.2~0.5	3.8~4.7
쌀약주	10~13	1.6	0.12	4.5
밀가루약주	10~13	2.4	0.34	4.3

Chapter 12

맥주

1 역사

맥주(Beer)는 보리 속의 전분을 맥아의 당화효소에 의해서 발효성 당으로 전환시킨 후 효모의 알코올발효 작용과 일련의 생화학적 반응을 통해서 만들어지는 탄산가스와 고미(苦味)성분을 함유한 알코올음료이다. 맥주양조의 역사는 매우 오래되어 고대 바빌로니아와 이집트에서 시작되었으며, 이들은 보리로부터 맥아를 제조하여 소맥분에 섞어서 맥주빵을 만들었으며, 방향성 약용식물의 추출물을 첨가하여 자연발효시켜 맥주를 만들었다. 맥주양조의 발달은 중세유럽의 교회에서 보리를 발아시킨 맥아와 홉을 사용하여 맥주를 만드는 데서 비롯되었다.

영국의 맥주양조는 토착민들에 의해서 전통적으로 영위해 왔고 독일의 라거(lager)맥주가 미국에서 광범위하게 받아들여진 것은 1840년 이후부터였다. 영국의 에일(ale)맥주는 상면효모(上面酵母)에 의해서 25~27℃로 발효된 상면발효맥주(top-fermented beer)이며, 독일의 라거(lager)맥주는 10~15℃의 저온으로 하면(下面)효모에 의해서 발효되는 하면발효맥주(bottom-fermented beer)로서 수개월간 저온에서 저장되면서 맥주의 물리적 안정성이 부여되며 풍미와 품질이 우수한 맥주이다. 유럽지방의 전통적인 맥주는 맥아, 물, 홉 및 효모의 4종류만으로 만들어지는 것을 법으로 정하고 있으나 대부분의 나라에서는 맥주의 품질향상과 원료 및 제조공정의 비용 절감을 위하여 맥아 외에 각종 전분질 원료를 사용한다.

우리나라의 주세법상 맥주는 맥아와 홉, 그리고 백미, 옥수수, 감자녹말, 당질, 캐러멜 중 하나 또는 그 이상의 것과 물을 원료로 발효시켜 여과 제성한 것으로 규정하고 있다. 식품공전에서 맥주란 발아한 곡류(맥아), 전분질 원료, 홉, 물 등을 주원료로 하여 발효시켜 제성한 것 또는 발효·제성과정에서 탄산가스, 주정 등을 혼합한 것을 말한다. 맥주의 규격은 주세법이 정한 에탄올(v/v%) 함량과 메탄올 함량이 0.5mg/mL 이하여야 한다.

맥주는 알코올 농도, 색깔의 농후, 향미와 조직의 정도에 따라서 구별되며, 각 지방에서 생산되는 전통적인 맥주들은 다양한 향미와 특징을 갖는다. 최근에는 알코올 함량이 낮은 저알코올 맥주(low alcohol beers), 당성분이 적은 맥주(dry beer), 동결공정에 의해 맥주성분의 일부가 제거된 얼음 맥주(ice beer) 등이 있다.

2 원료 및 원료처리

맥주는 사용하는 원료 종류와 제조방법에 따라 독특한 특징을 갖게 되며, 특히 전분질의 종류, 양조용수, 홉의 형태와 사용량, 효모의 종류 등에 따라 맥주의 종류와 품질이 결정된다. 맥주제조에 사용되는 원료들은 전통적으로 양조용수(water), 맥아(malt), 홉(hops), 효모(yeast)의 4종류이며, 필요에 따라서 전분질 부원료(adjuncts) 또는 공정에 도움을 주는 소재들(processing aids)이 있다. 그 밖의 기타 원료로는 첨가물인 캐러멜(caramels)이 색과 풍미를 부여하기 위하여 사용되며, 홉 오일(hop oil)은 홉의 향을 더해주기 위하여 첨가된다. SO_2는 20~50ppm 정도가 항미생물제로 이용되며, 탄산가스는 맥주에 포만감을 부여하는 중요한 소재이다. [그림 12-1]은 전통 유럽맥주 양조에 이용되는 원료들과 제조단계를 나타낸다.

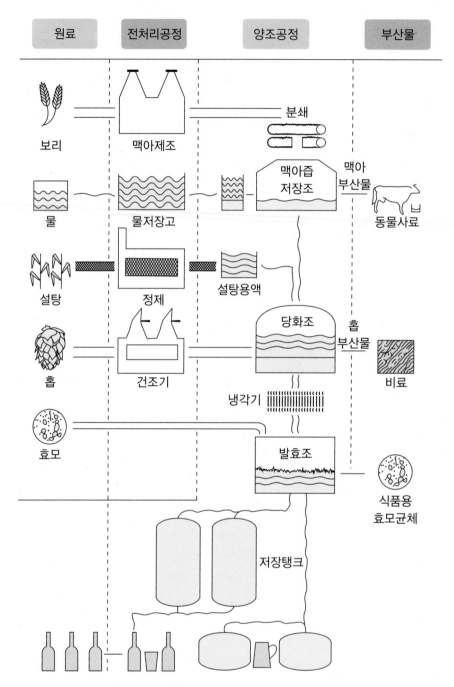

[그림 12-1] **전통 유럽맥주의 원료와 양조과정**

1) 용수(water)

맥주 양조에 있어서 물은 맥주의 맛과 품질에 중요한 역할을 한다. 맥주양조 공정 중에 많은 물이 필요하며, 맥주 1L를 양조하기 위해서 4~12L의 물이 사용된다.

따라서 양질의 물을 다량으로 값싸게 획득하는 것은 맥주의 품질과 경제성을 좌우하는 중요한 요소이다. 대규모 양조공장에서는 맥주양조에 사용되는 물은 먹을 수 있도록 처리된 상수도물 또는 지하수를 사용하고 있다. 기본적으로 양조용수는 먹을 수 있는 물이어야 하며, 무색무취하고 투명하며 깨끗한 맛을 가지며 부유물과 미생물이 없어야 한다. 필요에 따라서는 여과공정 등을 포함하는 다양한 방법으로 처리하여 양조용수로서 적합하게 물의 성분을 조절한다.

물은 각종의 염류가 이온화되어 존재하며 Ca^{2+}와 Mg^{2+}의 함량을 기준으로 경수(hard water)와 연수(soft water)로 분류된다. 경도(hardness) $1°$는 물 100mL 중의 Ca^{2+}와 Mg^{2+}의 함유량을 $CaCO_3$로 환산하여 1mg이 함유된 것을 말하며, 경수는 $9°$ 이상, 연수는 $8°$ 이하의 물을 말한다. 대표적인 맥주 생산지의 물의 경도를 보면 뮌헨(Munchen) 14.80, 플젠(Pilsen) 1.57, 도르트문트(Dortmund) 41.30으로 차이가 크다.

일반적으로 담색맥주(light beer)는 플젠의 물처럼 연수가 적합하며 홉의 강한 맛이 특징을 이루고, 농색맥주(dark beer)는 도르트문트처럼 경수와 소량의 홉으로 양조되어 농후한 맛을 갖는다.

양조용수는 음료수의 기준에 적합함은 물론 맥주의 향미, 효소의 작용, 효모의 생육과 대사과정에 좋은 영향을 주어야 한다. 양조용수에 존재하는 각종 이온 중에서 Ca^{2+}는 맥아에 존재하는 인산이온(phosphate)과 반응하여 H^+를 생성하며 pH를 저하시키며, 중탄산(HCO_3^-)은 자비할 때 CO_2와 OH^-로 바뀌어서 pH의 상승을 초래한다. Mg^{2+}는 효소의 보조인자(cofactor)로 역할을 하며 $MgSO_4$가 다량 존재하면 배탈과 설사를 일으킨다. 또한 철이온(Fe^{2+}, Fe^{3+})이 다량 존재하면 맥주의 빛깔을 어둡게 하며 탄닌의 산화 및 혼탁의 원인이 된다.

맥주의 양조용수는 양질의 천연수를 확보하여 사용하는 것이 이상적이나, 필요한 경우에는 침전법, 이온교환수지 처리법, 중화법, 전기투석법 및 가열처리법 등에 의해서 경도조절을 하여 양조에 적합한 물로 전환시키는 것이 필요하다.

2) 보리(barley)

맥주용 보리로는 이조대맥(二條大麥, two-rowed barley)과 육조대맥(六條大麥, six-rowed barley)이 주로 사용된다. 맥주용 보리는 곡피가 얇고 알이 비대한 것이 좋고 가급적 단백질이 적고 상대적으로 전분질이 많은 것이 좋으며, 맥아 제조 시 발아가 용이하고 균일할 수 있는 품종이 좋다. 우리나라와 유럽에서는 이조대맥인 골든멜론(Golden melon)이 이용되고 미국에서는 주로 육조대맥을 이용하고 있다.

보리는 배유(endosperm)와 배아(embryo)로 구성되며, 배유는 주로 전분질로 구성되어 있고 소량의 질소화합물과 무기질을 함유하고 있으며 배아가 발아하는 데 영양분을 공급한다. 발효성 당의 중요한 원료인 탄수화물은 주로 전분(65% 전후)이며 맥아추출물의 85~90%를 차지하며, 자당, 전화당, 맥아당, 라피노오스 등의 저분자당류는 2~3% 정도가 된다. 과피(pericarp)와 종피(testa)로 구성된 보리껍질(husk)에는 셀룰로스가 4~5%, 헤미셀룰로오스(hemicellulose)가 8~10% 정도 함유되어 있다. 종피에 소량으로 존재하는 탄닌은 맥주에 수렴성의 불쾌한 쓴맛(苦味)을 주며, 과피성분인 안토시아닌과 페놀화합물은 단백질과 결합하여 불용성의 화합물을 만들어서 맥주 혼탁의 원인이 된다.

보리 중의 질소화합물은 조단백질로 8~16% 정도이며, 발효과정에서 효모의 영양소와 맥주의 발포성(foam)에 매우 중요한 역할을 한다. 그러나 지나치게 높은 함량의 단백질은 탄닌과 결합하여 맥주 혼탁의 원인이 된다. 따라서 원료보리는 맥주 종류에 적합한 함량의 질소화합물을 갖는 것이 필요하다.

3) 전분질 부원료(cereal adjuncts)

맥아의 전분질을 보충하기 위하여 곡류, 시럽, 설탕 등의 다양한 부원료들이 사용될 수 있다. 예로서 곡류 박편(flaked cereals), 밀가루(wheat flour), 거칠게 분쇄된 옥수수(maize grits) 등이 있으며 옥수수, 보리 또는 밀을 볶은 것(torrified) 또한 이들 전분을 산이나 효소로 당화시킨 물엿 등이 있다. 100% 맥아만을 사용하는 것 보다 값싼 전분질 부원료를 보충해줌으로써 다음과 같은 효과를 볼 수 있다.

❶ 맥아 및 맥아즙의 제조시설을 줄인다.
❷ 맥아즙의 단백질과 탄닌의 함량을 낮추어 단백질 혼탁을 방지한다.
❸ 맥주의 색도를 낮추며 향이 부드럽다.

❹ 거품의 안정성을 향상시킨다.

❺ 고농도 알코올발효가 가능하다.

4) 홉(hops)

홉(*Humulus lupulus L.*)은 뽕나무과의 다년생 넝쿨로 자라는 숙근성(宿根性)의 자웅이
주(雌雄異株)이며 맥주양조에 쓰인다. 홉성분은 암그루의 화체(花體)인 구과(毬果)의 내포
(內苞)기부에 있는 루풀린선(lupulin 腺)에서 분비되는 홉수지(hop resin)와 홉유(hop oil)
이다. [그림 12-2]는 홉 구과의 모양이다.

턱잎

소포엽

10mm

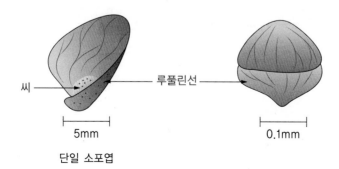

씨

루풀린선

5mm

0.1mm

단일 소포엽

[그림 12-2]홉 구과의 모양

암꽃의 꽃잎은 솔방울 모양으로 겹겹이 되어 있어서 이것을 구과라 부른다. 구과 중에서 맥주에 필수적인 성분은 꽃잎 기부에 있는 루풀린선에 분비되는 홉수지와 홉유이다. 홉수지는 맥주에 특유의 향기를 부여하며 맥주의 기포성과 색상을 좋게 한다. 또한 방부성이 있어서 제품의 보존에 효과가 있으며 적당한 쓴맛을 준다. 신선한 홉으로부터 분리된 홉수지를 헥세인(hexane)으로 추출하면 불용성의 경수지(hard resin)와 가용성의 연수지(soft resin)로 분리된다. 연수지는 홉의 고미성분이며 α-산(α-acid), β-산(β-acid) 및 기타 연수지물질로 구성된다. α-산의 주요 구성성분은 후물론(humulone), 코후물론(cohumulone), 아드후물론(adhumulone)이고, β-산은 루풀론(lupulone), 콜루풀론(colupulone), 아들루풀론(adlupulone)이다. 특히 α-산은 신선한 홉의 2~12%를 차지하며 맥아를 끓일 때 iso-α-acid로 이성화(isomerization)되어 쓴맛이 증가된다. 그러나 자비부에서 지나치게 끓이면 iso-α-acid는 쓴맛이 아닌 후물린산(humulinic acid)로 바뀐다. β-산은 α-산보다 빨리 산화되어 쓴맛과 쓴맛이 아닌 물질로 변화된다.

홉의 이용률은 α-산의 이성화에 의해서 좌우되며 아래와 같이 나타낸다.

$$홉\ 이용률(hop\ utilization,\ \%) = \frac{존재하는\ iso\text{-}\alpha\text{-}acid의\ 양(mg/L)}{첨가한\ \alpha\text{-}acid의\ 양(mg/L)} \times 100$$

홉유는 테르펜(terpene), 세스퀴테르펜(sesquiterpene) 및 에스터와 같은 여러 종류의 방향성 화합물로 구성되어 있기 때문에 쉽게 산화되어 불쾌한 향미를 준다. 맥아즙을 자비할 때 대부분이 휘발하고 소량이 남아서 맥주에 독특한 향미를 부여한다.

홉 중의 탄닌은 맥주 제조 중에 단백질과 결합하여 불용성의 침전물을 형성하여 제거됨으로 단백혼탁을 예방하여 제품의 안정화에 기여한다. [표 12-1]은 상업적인 홉제품의 성분표이다.

표 12-1	홉제품의 화학성분 조성
구성 성분	농도(%, w/w)
섬유소(cellulose, lignins)	40.4
전체 수지(total resins)	15.0
조단백질(kjeldahl N)	15.0
물(water)	10.0
회분(ash)	8.0
탄닌(tannins)	4.0
지방질류(fats, waxes)	3.0
펙틴(pectin)	2.0
당(simple sugars)	2.0
홉유(essential oils)	0.5
아미노산(amino acids)	0.1

홉은 수지성분과 기름을 함유하고 있어서 공기 중에서 쉽게 산화됨으로 원추형의 홉 열매는 가열건조시켜 사용한다. 맥주제조에 첨가되는 홉의 형태는 다양하여 분말홉 (hammer-milled whole hops), 압착홉, 펠릿(pellet), 용매 추출 홉, 액체 CO_2 추출 홉 등 이 있다. 우리나라에서 맥주양조에 사용되는 홉은 대부분이 수입된 원료에 의존하고 있 다.

5) 효모(yeast)

효모는 맥주발효에 있어서 알코올 생성 및 다양한 부산물을 생성하는 매우 중요한 역 할을 하는 미생물이다. 맥주양조에 사용되는 효모는 크게 2종류로 분류된다. 에일효모 로서 *Sacch. cerevisiae* (top yeast)는 일반적으로 15℃ 이상에서 발효가 이루어지며, 라 거효모로서 *Sacch. carlsbergensis* (bottom yeast)는 17℃보다 낮은 온도(10℃)에서 발 효가 이루어진다. 맥주효모의 특성은 강한 알코올발효력을 가지며 다양한 당을 발효시 키는 균이어야 한다. 또한 맥주에 좋은 향미와 이화학적인 성질을 부여하며 발효 후에 는 응집성이 있어서 발효액으로부터 효모의 분리가 용이한 것이 바람직하다. 보존균주 (stock culture)는 정기적으로 오염이나 변이의 여부를 확인해야 한다. 맥주발효는 일정한 품질을 유지하고 오염균에 의한 예방을 위하여 순수배양효모(pure culture yeast)에 의해서 배양시킨 종효모(seed culture)를 효모배양실에서 증식시켜 사용한다.

6) Processing aids

효모 가공품(yeast foods)은 효과적인 맥주 발효를 돕고 맥아즙의 영양성분 강화를 위해서 사용된다. 청징제(clarifying agents)는 맥주의 혼탁을 유발하는 단백질들을 침전시켜서 효과적으로 제거하는 역할을 한다. 안정제(stabilizing agents)로는 맥주의 혼탁(haze)을 억제하기 위하여 단백질 분해효소인 파파인(papain)을 처리하여 단백질과 페놀 화합물에 의한 혼탁을 방지한다. 불용성 폴리비닐 피롤리돈(polyvinyl pyrrolidone)과 같은 폴리페놀흡착제 또는 벤토나이트, 수화 실리카겔(silica hydrogels)과 같은 단백질 흡착제들은 발효숙성조에서 사용된 후에 여과에 의해서 제거한다. 폴리페놀인 탄닌산(tannic acid)은 맥주 숙성조에 있는 맥주에 과량을 첨가함으로써 낮은 온도에서 혼탁을 유발하는 단백질들과 반응시킨 후 여과시켜 제거한다. 거품촉진제(head promoters)는 일반적으로 알기네이트 에스터(alginate ester)가 사용되며, 맥주 거품의 안정에도 기여한다. 산화제로서 비타민C, 이소아스코베이트(isoascorbate), 이산화황은 산소를 흡착하여 맥주의 혼탁 형성과 풍미 변화를 최소화시킨다.

3 맥주의 양조

맥주의 제조과정은 맥아의 제조, 맥아즙의 제조, 발효 및 제품화로 크게 4단계로 구별된다. [그림 12-3]은 맥주의 제조공정을 나타낸다.

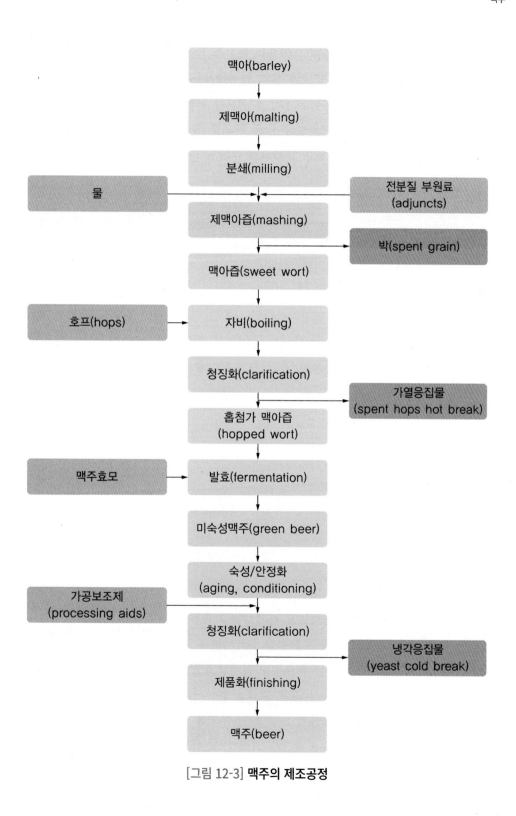

[그림 12-3] **맥주의 제조공정**

1) 제맥아(malting)

보리(barley)를 맥아(malt)로 전환시키는 과정으로 침지(steeping), 발아(germination)시켜서 당화과정에 필요한 효소들을 생성 또는 활성화시킴과 동시에 보리 성분의 추출이 용이한 상태로 만드는 용해과정(modification)이다. 맥아제조는 보리의 정선, 침지, 발아 및 배조의 단계로 이루어진다. 보리를 적당하게 싹을 틔워서 보리의 물리적·화학적 변화를 유발하며, 또한 맥주의 향미를 생성하고 맥주의 색깔을 생성하게 한다. 일정하게 수분을 흡습하여 발아된 녹맥아(green malt)는 건조과정인 배조(焙燥, kilning)를 통해서 발아가 중지되며 맥아로 완성되는데 배조는 건조(drying)와 배초(焙焦, curing)로 이루어진다. 건조는 수분을 8~10% 이하로 하여 생육을 억제시키며 배초는 수분을 4% 이하로 감소시키면서 맥아 특유의 색깔과 향미를 부여한다.

일반적인 맥아를 부가적으로 열처리시킴으로써 향미와 색깔이 증진된 특별한 맥아는 가격이 비싸며 맥주에 색과 향미를 부여하기 위해서 소량 첨가된다. 또한 가격이 저렴한 볶은 보리를 대용하여 사용하기도 하며, 보리를 미생물 효소에 의해서 효과적으로 가수분해시켜 얻어진 추출물 또는 시럽이 맥아즙의 보완을 위하여 사용될 수 있다.

2) 제맥아즙(mashing)

제조된 맥아를 분쇄시켜 더운물에서 추출과정을 거치게 하여 맥아즙(sweet wort, extract)으로 전환시키는 과정이다. 맥아즙의 제조과정은 맥아의 분쇄(crushing), 당화(saccharification), 여과(filtration), 자비(boiling), 홉의 첨가, 가열응집물(hot break)의 제거, 냉각(cooling) 및 산소 취입(oxygen injection)의 공정으로 이루어진다. 보리의 가용성 물질은 물로서 추출하고 전분은 맥아효소로 당화시켜서 발효성 당을 생산하면서 발효에 적합한 추출물을 얻는다.

당화과정에서 맥아즙은 당화용수의 조성, 맥아의 성질, 맥아와 물의 비율, 온도 및 당화시간 등에 의해서 영향을 받는다. 필요에 따라서는 전분질 부원료를 첨가하며 당화가 끝난 당화액은 여과시켜 맥아즙(sweet wort)과 박(spent grain)을 분리한다. 전분질 부원료는 종류에 따라 호화온도에 차이가 있으므로 효과적인 당화를 위해서는 적절한 당화온도에서 조작이 요구된다. [표 12-2]는 전분질 부원료의 호화온도를 나타낸다. 여과된 맥아즙에 홉을 첨가하여 자비한 후 청징화시키면 홉첨가된 맥아즙이 되어 맥주발효를 위한 완성 맥아즙이 된다.

표 12-2	전분질 부원료의 전분 호화 온도
곡류(cereal)	호화 온도(℃)
보리(barley)	61~62
밀(wheat)	52~54
호밀(rye)	60~65
옥수수(maize, corn)	70~80
쌀(rice)	70~80
수수(sorghum)	70~80

3) 발효(fermentation)

맥주제조에서 가장 중요한 단계로서 맥아즙성분을 효모에 의해 알코올 및 유용한 물질로 전환시키는 과정이며 맥주 특유의 향미물질을 생성시키는 단계이다. [그림 12-4]는 맥아즙이 맥주효모에 의해 알코올발효되어 생성된 맥주와 부산물의 생성과정을 도식화한 것이다.

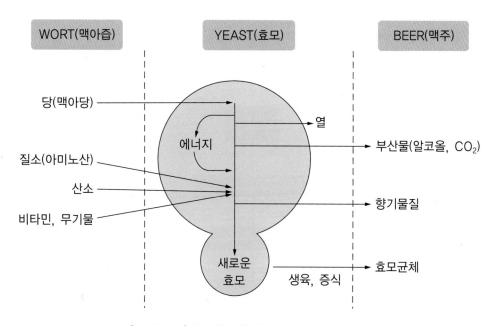

[그림 12-4] 효모에 의한 맥아즙의 생화학적 전환

맥주 발효에서 당은 해당작용(glycolytic pathway)을 거치면서 효모의 성장에 필요한 에너지와 균체의 증식에 필요한 물질을 제공하며 에탄올과 CO_2는 부산물(waste-product)로 세포 밖으로 배출된다. 발효과정에서 원료 맥아당과 질소원으로부터 균체와 에탄올 등의 생성물들이 얻어지는 반응식은 아래와 같다.

맥아당(200g) + NH_3 → 효모 + 에탄올 + CO_2 + 발효열
　　1g　　　10g　　97.5g　　93.6g　　100kcal

맥아즙에 포함된 설탕과 맥아당 등은 효모의 세포벽과 원형질막 사이에 존재하는 효소들에 의해서 세포 내로 이동되어 이용된다. [그림 12-5]는 효모에 의한 발효성 당이 세포 내로 이동되어 대사되는 과정을 도식화한 것이다.

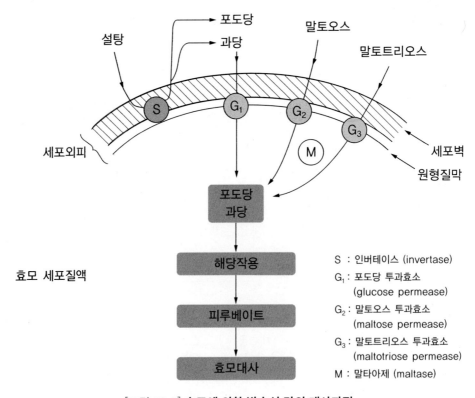

[그림 12-5] 효모에 의한 발효성 당의 대사과정

효모에 의한 발효과정에서 해당작용(glycolysis)의 최종단계를 보면 에탄올 생성에 관여하는 중요한 효소는 피루브산탈탄산효소(pyruvate decarboxylase)와 알코올탈수소효소(alcohol dehydrogenase)이며, 젖산균에 의한 당으로부터의 중간 생성물인 피루빈산(pyruvate)이 젖산탈수소효소(loctate dehydrogenase)에 의해서 젖산으로 전환되는 것과 대조적이다. [그림 12-6]은 효모와 젖산균의 발효과정에서 해당작용의 최종반응을 나타낸다.

(a)

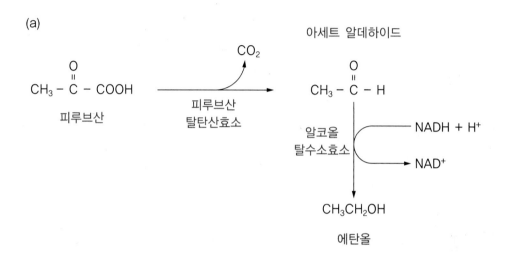

(b)

[그림 12-6] **효모와 젖산균에 의한 발효과정의 최종반응**

*a: 알코올발효, b: 젖산발효

효모에 의한 맥아즙 발효에서 산소량이 적으면 당으로부터 생성된 피루빈산이 에탄올 생성에 이용된다. 반면에 산소량이 증가되면 피루빈산이 CO_2로 완전히 산화되면서 더 많은 에너지를 공급하여 효모의 증식을 촉진한다. 발효과정에서 발생되는 발효열로 발효액의 온도관리를 위하여 효과적인 냉각장치가 필요하다.

효모에 의한 알코올발효의 대사산물로서 에탄올 이외에 고급알코올(higher alcohols, fusel oils)은 맥아즙 아미노산들의 탈탄산 또는 당으로부터 합성된다. 이들 성분들은 풍미성분이며 에스터 합성 기질로 이용된다. 에스터는 당의 혐기적 대사과정에서 이차산물로서 강한 과실향을 부여하며, 아세트산 에틸, 초산 이소아밀(isoamyl acetate), 이소뷰틸아세테이트(isobutyl acetate), 아세트산 페닐(phenyl acetate) 등이 중요한 성분이다. [그림 12-7]은 알콜아세틸 전환효소(alcohol acetyltransferase)에 의한 아세트산 에틸 합성과정을 나타내며, 산과 알코올의 축합반응으로 에스터가 합성될 수 있다.

$$CH_3COSCoA + C_2H_5OH \xrightleftharpoons{\text{알콜아세틸전환효소}} CH_3CO_2C_2H_5 + CoASH$$

아세틸　　　　　　에탄올　　　　　　　　　　　　　　아세트산에틸　　　코엔자임A
코엔자임A

[그림 12-7] **알코올발효 중의 아세트산 에틸 생산**

발효조에 옮겨진 맥아즙에 일반적으로 1mL당 1×10^7세포 정도의 효모를 접종한 후 12~24시간 정치하는 유도기간(induction period, lag period)을 거친 후에 발효시킨다. 발효에 관여하는 효모의 종류에 따라 발효온도에 차이가 있다. 알코올 생성과 효모의 증식이 수반되는 주발효(primary fermentation)가 종료된 후의 맥주는 미숙성 맥주(green beer, immature beer)이며 여과과정을 통해서 효모를 분리하고 낮은 온도에서 저장과정을 거치면서 숙성시키는 2차 발효(secondary, post fermentation)를 거친다. 발효 중에 효모세포의 증식과 함께 온도의 상승, pH의 강하 및 조성의 변화가 수반된다. 맥주발효의 경과는 효모의 상태와 첨가량, 맥아즙의 조성과 농도, 산소의 공급량 및 발효온도 등에 의하여 달라진다. 전형적인 에일과 라거 타입 맥주의 발효과정을 [그림 12-8]에서 보여주고 있다.

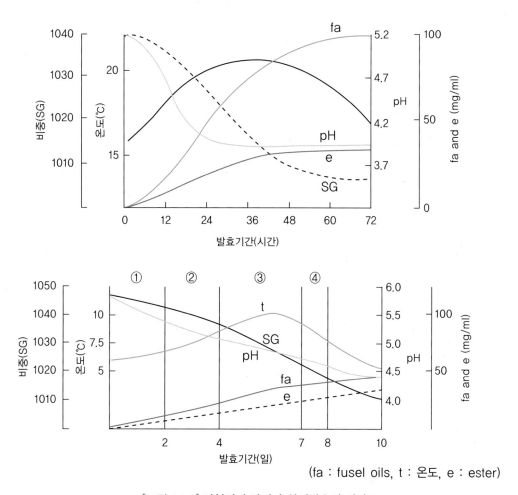

[그림 12-8] **전형적인 상면과 하면발효의 경과도**

*상단: ale type 맥주, 하단: lager type 맥주

(fa : fusel oils, t : 온도, e : ester)

일반적으로 주발효과정은 발효과정의 상태 즉, CO_2 발생에 기인한 발효액면의 거품 형성의 정도에 따라서 4단계로 구분된다. [그림 12-8]에서 하단의 라거 타입 맥주발효에 서 ① 액면에 나타나기 시작하는 시포기(始泡期, low), ② 액면전체를 덮을 정도의 저포기 (低泡期, medium), ③ 가장 높게 차오르는 고포기(高泡期, high), ④ 다시 파괴되어 가는 쇠포기(衰泡期, falling)를 구별할 수 있다. 이러한 변화는 발효과정의 경과와 발효의 이 상유무를 확인하는 좋은 지표가 된다. 이상발효에 의한 거품의 불량과 발효정지를 나타 내는 발효액은 다른 발효조에 나누어 희석시킨 후 발효를 시킨다. 발효가 끝난 맥주를

미숙성 맥주라 하며 신속하게 효모를 분리하여 잔존하는 효모의 사멸에 기인한 효모취 (yeasty flavor)의 생성을 억제한다.

발효가 종료되면 발효조에 효모의 침전이 형성되는데 일반적으로 발효액 1hL (hecto liter, 100L)당 액상형태의 효모(yeast paste)가 약 2L 회수된다. 회수된 효모는 세척되어 재사용되거나 상태가 불량한 효모는 압착하여 효모식품(yeast food)으로 사용된다.

4) 맥주의 제품화(finishing)

발효된 맥주를 소비자 기호에 맞게 맛과 향미를 풍부하게 숙성(aging, maturation)시키는 저장과정과 포장과정을 포함한다.

(1) 저장(후발효, lagering, aging)

저장 중에 수반되는 숙성과정은 여과된 맥주에 잔존하는 일부 효모가 저온에서 발효를 수반하는 경우이며, 이는 후발효(secondary, post fermentation)라 하여 알코올생성이 주발효(primary fermentation)인 경우와 구별된다. 맥주의 저장은 발효조와 유사한 저장조(lager tank)에서 보통 0~1℃의 낮은 온도에서 12주 정도 행해진다. 숙성되는 과정에서 맥주는 향미가 증진되며 CO_2가 포화되면서 안정되고 완숙한 맛을 지닌 맥주가 된다. 또한 부유물과 효모의 침전은 맥주의 안정화에 기여한다. 단백질과 페놀화합물에 의한 한냉혼탁(cold haze)과 저온혼탁물(cold break)은 청징제(fining), 여과(filtration), 원심분리(centrifugation)에 의해서 매우 신속하게 0~-1℃의 저온에서 제거된다. 후발효는 숙성(저장)에 의해서 맥주의 성질에 많은 변화가 생기며 독특한 풍미와 맛이 부여되는 중요한 공정이다. 숙성이 끝난 맥주는 여과되어 맑은 호박색의 맥주를 얻는다.

(2) 포장(packaging)

맥주의 포장용기는 유리병(glass bottle), 알루미늄캔(can)이 주로 이용되며, 플라스틱병(PET-polyethylene terraphthalate bottle)은 영국이나 유럽에서 청량음료와 맥주의 용기로 사용된다. 미국에서는 플라스틱 용기가 가스투과성에 대한 저항과 빛의 차단효과가 미약하여 사용하지 않는다. 유리용기의 경우 거의 완벽한 맥주 용기로 사용되며 특히 갈색 또는 호박색(amber)의 병은 자외선(550nm) 차단성이 우수하여 광분해(photolysis)에 의한 불쾌취[$(CH_3)_2C=CH_2SH$, isopentenyl mercaptan]의 생성을 방지한다. [그림 12-9]는 유리병의 색깔에 따른 빛의 흡수정도를 나타낸다.

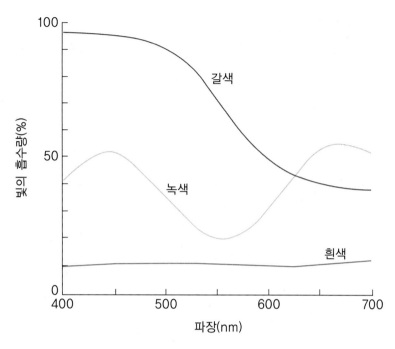

[그림 12-9] **유리병의 색깔에 따른 빛의 흡수**

　맥주가 최종 여과공정을 거치게 되면 매우 온도가 낮아서 −1℃ 또는 −2℃ 정도이며, 필요에 따라서 CO_2를 주입한다. 최종 맥주의 품질은 평가된 후 포장공정으로 보내지며, 여과가 끝난 맥주를 살균하지 않고 그대로 제품화한 것이 생맥주(draught beer)이다. 생맥주는 보통 30~50L의 작은통(keg)에 넣어 포장하며 신선한 맛이 있지만 잔존 효모와 미생물에 의해서 변화가 초래될 수 있어 저장성이 약하다. 가장 보편적인 제품인 병포장 맥주(bottled beer)는 가열살균 또는 미세여과에 의해서 미생물을 사멸시키는 공정을 거침으로써 저장성이 유지된다. 맥주의 입병과정은 완전 자동화에 의해서 이루어지며 일반적으로 5공정으로 구별된다. 세병기(bottle washer)에서 공병을 세척하고, 맥주주입기(filling machine, filler)에서 주입하고, 왕관타전기(crown closure machine, crowner, capper)에서 마개(crown)를 막고, 살균기(pasteurizer)에서 살균하고, 상표부착기(labeling machine, labeller)에서 상표를 부착한다.

4 맥주의 품질(beer quality)

맥주의 품질은 맥주의 종류에 따라 기준의 차이가 있으나 일반적으로 향미, 색깔, 투명도, 발포성, CO_2의 함량, 알코올 함량, 홉의 고미성 등에 의해서 결정된다. 또한 좋은 맥주는 미생물적 안전성, 물리적 안정 및 거품의 안정이 요구되며, 맥주의 맛은 홉 특유의 고미가 잘 조화된 부드럽고 상쾌한 맛과 향이 있어야 한다. 맥주의 거품은 색이 희고 풍부하며 쉽게 꺼지지 않는 것이 좋다. 최종 맥주는 화학적, 미생물학적 평가가 이루어지며 특히 관능적인 평가는 매우 중요하다. [표 12-3]은 맥주의 품질 분석요소들이다.

표 12-3	맥주의 분석 인자	
알코올 함량(%, v/v)	비중
추출물	풍미
발효 정도	거품 안정성
용존 산소	단백질
전분 함량	Iso-α-acids
pH	구리 농도
소금함량	칼슘 농도
탄산가스	미생물 오염
투명도	야생 효모

맥주의 주성분은 물로 약 90% 이상을 차지하며 에탄올은 2~4%, 그 외에 탄수화물, 질소화합물, 무기성분, 유기산, 향미성분 및 CO_2를 함유한다. [표 12-4]는 전형적인 맥주의 구성성분의 함량을 나타낸다.

표 12-4	전형적인 맥주의 구성성분의 함량
성분(component)	함량(g/L)
에탄올(alcohol)	35
탄산가스(CO_2)	5
유기산(organic acid)	< 0.1
알데하이드(aldehyde)	< 0.1
에스터(ester)	< 0.01
고급알코올(higher alcohol)	< 0.01
아황산(SO_2)	< 0.00005

*효모 yield: 1.5g wet wt. /L

맥주는 탄수화물과 알코올을 함유하고 있어서 맥주 100mL의 열량은 아래와 같다.

$$\text{열량(kcal/100mL)} = 4 \times (\%, \text{w/v 추출물}) + 7 \times (\%, \text{w/v 에탄올})$$

알코올이 4%이고 추출물이 4%인 맥주 1L는 440kcal의 열량을 갖는다. 최근에 유행하는 저칼로리 맥주(low calorie, lite, low carbohydrate beers)는 추출물의 함량이 낮거나 알코올 함량이 낮은 맥주를 의미한다.

Chapter **13**

식초

1 식초

식초(vinegar)는 세계적으로 역사가 깊은 발효식품으로 술이 산화되어 신맛을 갖는 일종의 발효조미료이다. 식초는 프랑스어의 vinaigre에서 온 말이며 vin(wine)과 aigre (sour)의 합성어에서 볼 수 있듯이 신포도주(sour wine)라는 뜻이다. 식초는 조미료뿐만 아니라 방부제로서 식품의 보존 및 저장에 중요하게 사용되었으며, 민간 의약품으로도 사용되어 왔다. 식초의 제조를 보면 술의 주성분인 알코올이 식초산균의 작용으로 산화되어 초산으로 전환된 것이다. 초기의 식초는 자연발생적으로 야생효모에 의한 발효산물인 과실주가 초산균에 의해서 초산 발효되면서 식초가 만들어 졌을 것으로 추정된다.

서양의 식초는 주로 과실을 원료로 발효된 술을 원료로 사용하는 반면에 동양에서는 곡류 등과 누룩의 발효산물인 곡주로부터 식초를 제조하였다. 최근에는 과실, 곡류, 감자 등 다양한 소재로부터 발효된 술 또는 주정 등을 원료로 하여 초산 발효시킨 다양한 식초들이 있다. [표 13-1]은 식초제조에 이용되는 다양한 원료들이다.

표 13-1	식초 생산을 위한 원료	
사과(Apple)	망고(Mango)	고구마(Sweet potato)
바나나[Banana(and skins)]	단풍나무 수액(Maple products)	타마린드(Tamarind)
캐슈 애플(Cashew apples)	당밀(Molasses)	차(Tea)
코코아 펄프주스(Cocoa sweatings)	오렌지(Orange)	토마토(Tomato)
코코넛워터(Coconut water)	야자열매 수액(Palm sap)	수박(Watermelon)
커피 과육(Coffee pulp)	복숭아(Peach)	유청(Whey)
대추야자(Dates)	배(Pear)	포도주(Wine)
에탄올(Ethanol)	감(Persimmon)	참마(Yam)
꿀(Honey)	파인애플(Pineapple)	
잭 푸르트(Jack fruit)	백년초(Prickly pear)	
자문(Jamun)	자두(Prune)	
키위(Kiwi fruit)	쌀(Rice)	
맥아보리(Malted barley)	사탕수수(Sugar cane)	

식초는 초산을 4% 이상 함유하고 기타 휘발성 및 비휘발성의 유기산, 아미노산, 당, 알코올, 에스테르 등이 있어서 독특한 신맛과 방향이 있는 조미료이다. 식품공전(食品公典)에는 "식초는 곡류, 과실류, 주류 등을 주원료로 하여 발효시켜 제조한 양조식초와 빙초산 또는 초산을 음용수로 희석하여 만든 합성식초를 말한다"고 정의되어 있다. 또한 양조식초에는 과실식초, 곡물식초, 주정식초가 포함되며, 합성식초는 빙초산 또는 초산을 음용수로 희석하여 만든 액으로 정의하고 있으며 총산은 초산으로 4.0~20.0%(w/v) 범위로 규정되어 있다. 미국 식품의약국 FDA(Food and Drug Administration) 규정에 따르면 식초는 최소 4% 이상의 식초산 함량과 0.5%(v/v) 이하 에탄올이 있어야 하며 식초산은 미생물에 의해서 에탄올로부터 생성된 것이어야 한다.

2 식초의 유래

식초는 술만큼 오랜 역사를 가지고 있으며 바빌로니아인들은 BC 5000년에 식초를 제조하였고, 조미료와 보존제 또는 의약용으로 사용하였다. 식초에 관한 기록 중에서 히포크라테스(BC 460~377)는 식초를 질병의 예방이나 치료 등 의약용으로 사용하여 환자에게 처방하였다는 내용이 있다. 중국에서는 기원전부터 초(醋)가 만들어져 고주(苦酒)라고 하였으며, 2세기 말엽에는 한방약의 재료로 쓰였다.

서양의 식초역사를 보면 그리스 로마시대에서 근세에 이르기까지 알코올발효와 밀접한 관계가 있었으며, 독특한 식문화에 의해서 발전되어 중요한 조미료 및 의약용으로 사용되었다. 19세기에는 프랑스의 포도 재배지역에서 포도 식초의 제조 및 영국에서 말트식초 제조가 산업화되었으며, 독일은 Schzenbach가 개발한 식초생산방식에 의해서 대량생산이 가능해졌다.

우리나라의 문헌을 보면 해동역사(海東繹史, 1765년)에 고려시대에 식초가 음식을 만들 때 이용되었으며, 조선초기의 향약구급방(鄕藥救急方, 1236)에 초(醋)가 의약품으로 사용되어 부스럼이나 중풍을 치료하는 데 이용되었다. 음식디미방(飮食知味方, 1670)에는 미곡을 이용한 식초제조법이 최초로 기록되었으며, 산림경제(山林經濟, 1715)에 상세히 기록되어 있다.

예로부터 한 가정에서 시어머니가 선대로부터 물려받은 식초단지를 부엌에 소중하게 보관해 두고 과일, 누룩, 술지게미 등을 단지 속에 넣어 두면 자연적으로 초산발효가 일어나서 식초가 만들어졌다. 우리의 식초 제조법은 조선 초기에서부터 발달하기 시작하여 조선 후기에는 다양한 양조법과 곡류로부터 얻어진 술을 이용하여 다양한 식초를 만들었다. 조선후기의 문헌에 기록된 식초 중에는 소맥초(小麥醋), 미초(米醋), 밀초(密醋), 감초(甘醋) 등이 있다.

3 발효기작

초산발효는 초산균에 의하여 알코올이 산화되어 초산으로 되는 호기적 발효이며 다른 발효작용에 비하여 상당히 단순하다. 초산균의 발효기질인 알코올의 생성단계를 포함해서 초산발효기작을 보면 아래와 같다. 효모에 의해서 발효성 당의 혐기적 분해는 알코올과 CO_2를 생성한다.

$$C_6H_{12}O_6 \xrightarrow{\text{S. cerevisiae}} 2CH_3CH_2OH + 2CO_2$$

포도당   에탄올

다음에 초산균은 호기적 조건에서 알코올을 산화시켜 모노카르복실산(monocarboxylic acid)인 초산으로 전환시킨다.

$$CH_3CH_2OH \xrightarrow[\text{Acetobacter}]{O_2} CH_3COOH + H_2O$$

에탄올   초산

특히 알코올이 초산으로 산화되는 과정은 두 단계로 구분된다. 먼저 알코올이 NAD를 보효소로하는 알코올탈수소효소에 의하여 아세트알데하이드가 되고 동시에 이것이 수화되어 수화알데히드가 된다.

$$CH_3CH_2OH \xrightarrow[\text{알코올탈수소효소}]{\overset{NAD \quad O_2 \quad NADH_2}{\frown}} CH_3CHO \xrightarrow{H_2O} CH_3CHOH_2O$$

분자량 46   알코올탈수소효소   수화 아세트알데하이드

수화된 아세트알데하이드는 다시 NAD를 보효소로 하는 알데하이드탈수소효소(aldehyde dehydrogenase)에 의하여 탈수와 동시에 산화(탈수소)되어서 초산이 된다.

수화아세트알데하이드   초산

$$CH_3CHOH_2O + NAD \xrightarrow[\text{알데하이드탈수소효소}]{1/2\,O_2} CH_3COOH + NADH + H^+$$

                                                             분자량 60

알코올로부터 초산이 생성되는 반응에서 이론적으로 에탄올 1g에서 초산이 1.304g 생성되며 초산제품이 원료의 60/46=1.3배로 증가된다. 실제로 발효과정에서의 손실을 고려하여 이론값의 약 80%가 되는 약 1g의 초산이 생성된다.

4 발효미생물

식초생산균인 초산균은 오랫동안 균학적 특성을 모르면서 이용해 왔었으나 1837년 F. T. Kützing(1837)에 의해 에탄올이 미생물에 의해서 초산으로 전환된다는 이론이 발표된 이후, Pasteur(1862)는 식초발효가 초산균에 의해 일어나며 알코올로부터 식초가 생성되는 것을 발견하였다. 1878년 Denmark의 E. C. Hansen은 초산균의 단세포 분리에 성공하고, 1900년 Netherland의 M. W. Beijerink가 초산균 속의 학명을 *Acetobacter* 라고 명명하였다. 지금은 다양한 변종을 포함하여 100여종의 *Acetobacter*가 분류되어 있다. 초산균은 절대호기성의 그람음성이며 무포자의 단간균 또는 타원형의 세균이다. 생육적온은 24~27℃이며 최적 pH는 3.5~6.5이다.

초산균 중에서 *Acetobacter orleanense*, *A. vini-acetati*, *A. rancens* 등은 포도주

초 양조에 주로 이용되며, *A. aceti*, *A. oxydans* 등은 주박초 양조에 이용되며, *A. sch uzenbachii*는 속초법(速醋法)에서 주로 이용된다. *A. xylinum*, *A. ascendans* 등은 미생물 셀룰로스 생산에 의해서 식초발효에 혼탁을 일으키고 불쾌한 에스터를 생성하며, 생성된 초산을 물과 CO_2로 과산화시키는 식초발효에 유해한 균이다.

식초생산균은 펩톤, 식초산, 에탄올, 글루코스, 효모질소원 등을 포함하는 토마토주스 한천배지에 접종되어 30℃에서 배양한 후 5~10℃에서 보존하면서 1달 간격으로 균을 활성화시킨다. 균의 장기보존을 위해서는 앰플(ample)형태로 동결건조하면 2~5년간 보존이 가능하다. 초산균을 식초생산에 이용하기 전에 균의 산생성능을 4% 정도의 에탄올을 포함하는 사과주에 접종하여 진탕배양시키면서 확인한다. 우수한 산생성균인 경우에 3일 내에 10%의 초산을 축적하게 된다.

5 식초의 생산

*Acetobacter aceti*균은 배양 시 통기조건에 따라서 균의 증식 및 에탄올 소비에 상당한 차이를 보이며, 정치배양보다는 진탕배양에서 초산의 생성속도가 빠르다. 식초의 제조방법은 고전적인 정치배양법과 공업적 대량생산을 위한 통기진탕배양의 속성방법으로 대별된다. 식초양조에서는 먼저 우량 초산균을 다량 배양한 종초가 필요하며, 초산균의 기질이 되는 알코올이 식초양조 목적에 따라 이용된다.

1) 제조방법

식초양조는 발효방법과 공정에 따라서 크게 4가지로 구별된다.

(1) 자연적인 표면발효법(靜置法, natural, spontaneous vinegar fermentation)

표면발효법은 매우 고전적인 식초양조방법으로 당을 함유한 음료들은 자연발생적으로 존재하는 효모에 의해서 알코올이 생성되며, 동시에 호기적인 조건에서 *Acetobacter*에 의한 자연적인 식초발효가 이루어진다. 이 과정은 매우 서서히 일어나며 부가적인 반응(side reaction)에 의해 발효제품의 품질이 저하될 수 있으며, 표면에 셀룰로스막이 생성된다.

(2) 오를레앙 또는 프렌치 프로세스

프랑스의 오를레앙(Orlenans) 지방에서 제조가 유래된 반연속식 식초양조방법이다. 적절한 초산균을 포함하는 신선한 양조식초를 통속에 1/3 정도 넣은 후에 포도주, 사과주 또는 보리로 만든 술을 첨가하여 발효통의 1/2 정도를 채운다. 통의 윗면과 옆면에 통기 구멍이 있어 통기성을 유지해 준다. *Acetobacter*균이 알코올음료의 표면에 초산균막을 형성하면서 알코올을 산화시켜 초산을 만든다. 알코올이 식초로 전환되면 식초의 일부를 회수하고 새로운 알코올음료를 기질로 첨가한다. 일반적으로 식초가 제조되는데 수주 또는 몇 달이 소요되며 양질의 식초를 만들 수 있다.

(3) 속초법(速醋法, quick vinegar process, rapid vinegar fermentation)

1940년에 발표된 H. Frings의 발효조(generator)에 의한 방법은 대표적인 속초법으로 이용되며 유하식(trickling) 발효조 또는 Frings형 발효조라 한다. [그림 13-1]처럼 발효조는 직경 4.3m, 높이 4.6m의 실편백나무나 삼나무로 된 큰 나무통에 너도밤나무(beechwood)의 대팻밥을 채우고 밑에서 1/5 정도 되는 위치에 시루밑창을 장치해서 대팻밥을 받친다.

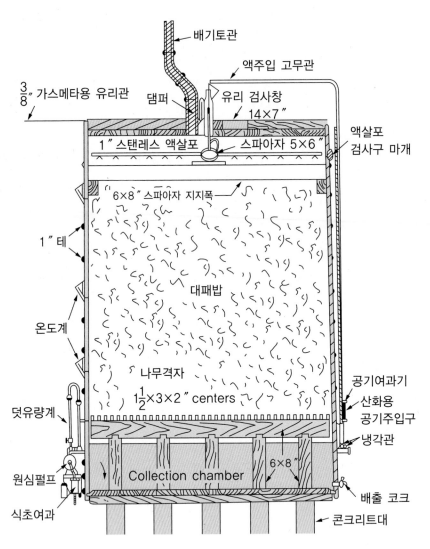

[그림 13-1] Frings형 식초발효조

　　순수배양한 초산균이나 종초를 발효조에 미리 균일하게 접종하여 균을 번식시킨 후에
1% 초산을 포함하는 10% 주정 10kL에 초산균의 영양물 약 3kg을 혼합한 초산발효용
담금액을 제조한다. 발효원료액을 발효통의 상층부에 설치한 스테인리스(stainless)강철
제 회전살포관(sprayer) 또는 스파저(sparger)를 통하여 충전물의 상부에서 균일하게 뿌
려 원료액이 발효조 아래로 내려가는 동안에 하부에서 상승하는 공기와 접촉하면서 초

산균에 의하여 식초로 전환되어 하층부의 집산실(collection chamber)에 모이게 된다. 발효액은 펌프로 탱크상부로 올려 일정산도에 도달할 때까지 계속적으로 순환을 반복한다. 일반적으로 약 8~10일에 산도가 10% 정도 되면 종초로 사용할 1kL 정도를 남기고 나머지는 저장조로 옮겨 여과 살균하여 제품화한다. 식초양조 시에 공기의 공급은 시간당 80~90m³/100m³ 정도로 하며 최종 발효덧의 알코올농도가 0.2% 이하로 되지 않도록 한다.

유하식 발효조에서 과실주 등을 사용하는 경우에는 미생물의 생육에 필요한 충분한 영양소를 함유하고 있기 때문에 특별한 영양소의 보충이 불필요하다. 그러나 주정(spirit)을 사용하는 경우에는 식초균의 생육에 필요한 당, 암모니아, 무기물, 비타민 등의 영양분을 첨가해야 한다. 유하식 발효조는 *Acetobacter xylinum*이 오염되면 발효조의 내부에서 미생물 셀룰로스인 점질물을 생성하며 충진물이 채워진 나무통 속의 통기성을 떨어뜨리는 문제점이 있다.

(4) 액침발효법(液浸醱酵法, submerged culture generator)

액침발효법은 심부발효법이라고도 하며, 독일 Bonn의 Heinrich Frings회사에서 생산되는 액침발효조인 Frings초화조(acetator)를 식초양조에 사용한다. 이는 교반기와 온도 등의 자동조절장치를 갖는 스테인리스로 제작된 발효조이다. [그림 13-2]는 Frings 속초배양장치이다.

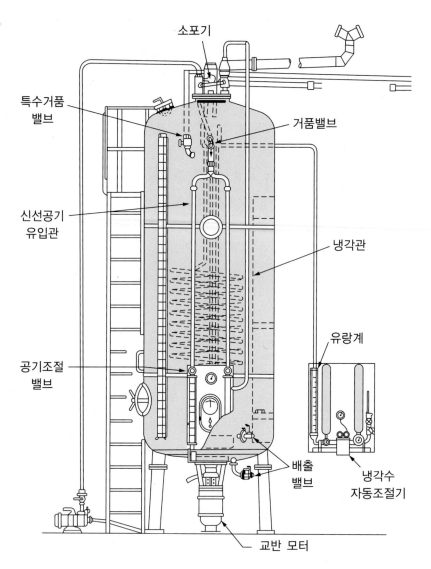

[그림 13-2] Frings 속초배양장치

발효조를 사용한 양조식초 생산과정을 보면, 희석한 주정에 효모 추출물, 포도당, 무기염류 등을 가한 것을 무균적으로 속초배양장치에 넣고 미리 소형탱크에서 30℃에서 5~10일간 배양한 종균을 접종한 후 4~5일간 통기를 하면 발효가 된다. 발효과정 중 알코올농도를 측정하여 0.23%까지 발효한 후 발효액의 약 35%를 취하고 새로운 발효액을 보충하여 발효시킨다. Frings 속초배양장치는 일종의 반연속식 장치(semi-continuous process)로서 현재 산업적인 식초생산에 주로 이용된다. 이 방법은 식초 생산 속도가 유하식보다 10배 정도 빠르다.

일반적인 양조식초 제조에서 주정을 사용하면서 알코올발효가 생략되는 반면에, 천연 발효식초는 현미를 원료로 하여 누룩 등의 발효제와 당화효소를 이용하여 알코올 발효를 수행한다. 또한 배, 포도 등의 과일을 원료로 하여 혐기적인 조건에서 알코올 발효를 수행한 후 초산균을 접종하여 호기적 조건에서 식초발효를 한다. 이 때 효모와 초산균이 공존하는 상태에서 초산을 2% 수준으로 첨가함으로써 효모의 생육을 억제시키고, 초산균의 활성을 높이면서 효율적인 식초생산이 가능하다.

6 식초의 종류

식초는 총산(초산, Acetic acid 기준)이 4% 이상으로 정의되며 제조방법에 따라 양조식초와 합성식초로 대별된다. 알코올음료가 초산균에 의해서 산화되어 식초화되는 과정에서 얻어지는 양조식초는 사용되는 발효원료액의 종류에 따라 맛과 독특한 향미를 갖는다. [표 13-2]는 국내 양조식초의 분류를 나타낸다. 양조식초에는 곡물초, 과실초, 양조초 및 기타 당을 포함한 원료의 알코올발효액으로부터 얻어진 식초 등이 있다. 국내시판 양조식초는 주정을 약 6% 정도로 희석하여 무기염과 과즙을 일부 첨가하여 생산하는 방법이며, 사과식초의 경우 과즙을 30% 이상 첨가한 것을 사과식초로 시판하고 있다.

표 13-2	국내 식초의 분류		
분류	품명	산도	주원료
발효식초	곡물초 곡물식초	4.2%	밀, 쌀, 보리 등 두 종류 이상의 곡물을 섞어 만든 식초
	쌀식초		쌀만을 원료로 하여 만든 식초
	현미식초		현미를 1년 이상 발효숙성시킨 자연 발효식초
	과실초 감식초	2.6%	감만을 원료로 1년 발효·숙성시킨 자연 발효식초
	사과식초	4.5% 이상	사과, 사과과즙, 알코올 등의 원료를 주로 하여 만든 식초
	포도식초		포도, 포도과즙, 알코올
	과실식초		사과, 포도 또는 사과, 배 등 두 종류 이상의 과실을 섞어 만든 식초
	양조초 양조식초	4.0% 이상	상기 이외의 여러 원료를 혼합 또는 주정으로 만든 식초
	기타	술지게미초(酒粕醋), 엿기름초(麥阿醋), 밀가루초, 귤초, 유자초, 복숭아초, 머루초, 다래초, 화이트초(白醋), 주정(酒精)초, 증류(蒸溜)초, 마늘식초, 고추식초		
합성초	합성식초	4.0% 이상	화학적으로 만들어진 순수한 초산을 희석하여 만든 식초

최근에는 100% 과실을 주원료로 하여 알코올발효와 초산발효에 의해서 생산된 천연 양조식초가 제조된다. 또한 석유로부터 에틸렌(ethylene)을 만들어 이것을 화학적으로 처리함으로써 합성식초(빙초산, glacial acetic acid)가 생산된다.

1) 발효식초

발효식초 또는 양조식초는 과실 또는 당을 함유한 음료를 알코올발효와 초산발효시켜 제조되는 식초이며 원료에 따라 곡물식초, 과실식초, 주정식초로 구별된다. 과실식초는 원료에 따라 포도주초, 사과식초, 감식초, 감자식초, 매실식초 등이 있으며, 과실이 원료인 식초의 기본적인 제조과정은 다음과 같다.

원료의 → 으깨기, → 알코올 → 찌꺼기 → 초산발효 → 숙성 → 걸러내기 → 살균 → 식초
선정　　 설탕첨가　 발효　　 분리

(1) 포도주초(wine vinegar)

포도주초의 원료는 포도과즙, 산패포도주 또는 저질의 포도주 등을 사용하며, 60~70℃에서 가열살균하여 응고침전물을 제거하여 초산발효에 이용한다. 원료포도의 색에 따라 백초(white wine vinegar)와 적초(red wine vinegar)로 구별된다. 초산발효의 방법은 프랑스의 오를레앙 지방에서 발달된 오를레앙법(Orleans process)이 널리 이용된다. 오를레앙법은 발효기간이 길고 대량생산에는 적합하지 않으며, 대량생산을 위해서는 속초배양장치(acetator)가 널리 이용된다.

(2) 사과초(cider vinegar)

사과초는 사과즙을 발효해서 제조하는데 원료사과는 완숙되며 당분이 많은 것이 좋다. 원료사과는 잘 세척하고 해머밀 등으로 잘 파쇄하여 착즙액을 취하여 알코올발효를 시킨다. 알코올발효가 끝나면 속초법 또는 속초배양장치를 이용하여 식초를 만든다. 발효된 사과초는 여과되어 투명하며 방향이 있고 온화한 산미가 있다. 사과초는 장기간 저장 시에 존재하는 탄닌과 철분이 반응해서 색이 어둡게 되면서 투명도가 저하될 수 있다.

(3) 맥아초(malt vinegar, 엿기름초)

보리, 밀, 옥수수 등의 곡류를 호화시켜 맥아와 물을 가하여 당화한 후에 살균하여 효모를 첨가하여 알코올발효를 시킨다. 발효된 술은 여과한 후 초산 발효시킴으로써 맥아초를 제조한다.

(4) 감식초(persimmon vinegar)

감을 원료로 하여 알코올발효와 초산발효에 의해서 얻어진 식초를 말한다. 과일즙을 100% 사용해서 1차 알코올발효와 2차 초산발효를 거치는 공정은 [그림 13-3]과 같다.

주모
종초
원료
세척
파쇄
알코올발효
여과
초산발효
1차 여과
숙성
2차 여과
살균
냉각
감식초

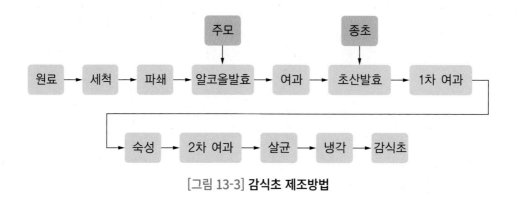

[그림 13-3] **감식초 제조방법**

원료를 선별하여 미숙과 및 불량과를 제거한 후 냉각수로 세척한다. 과실은 파쇄기를 이용하여 착즙이 용이하도록 분쇄한다. 알코올발효에 사용되는 주모는 원료의 성분 특성에 적합한 균종을 선별하여 사용한다. 감을 이용하는 경우에는 탄닌에 내성이 있는 효모 균주를 선별하여 술덧을 제조한다. 발효 술덧의 알코올 함량이 7.0% 전후일 때 착즙하여 여액과 주박(酒粕)을 분리한 후 여액을 초산 발효시킨다. 초산 발효는 온도, 통기량, 교반속도 등을 조절하면서 속초배양장치에서 초산발효를 수행하고 잔류 알코올이 거의 없는 상태로 발효시켜 최종 발효액의 총산은 7.0% 정도가 되도록 한다. 발효액은 2일간 침전탱크에 넣어 침전시킨 후 숙성탱크로 옮겨 저온에서 숙성시킨다. 숙성이 완료된 식초는 여과공정을 거친 후 저온살균 시켜 20℃로 보관한다.

2) 합성식초

석유로부터 에틸렌을 만들어 이것을 합성식초(빙초산)의 원료로 사용한다. [그림 13-4]는 석유로부터 빙초산 제조 기작을 나타낸다.

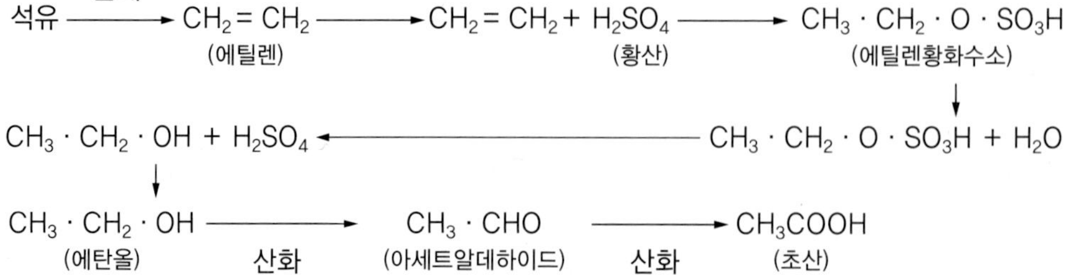

석유
분해
CH2 = CH2
(에틸렌)
CH2 = CH2 + H2SO4
(황산)
CH3 · CH2 · O · SO3H
(에틸렌황화수소)
CH3 · CH2 · OH + H2SO4
CH3 · CH2 · O · SO3H + H2O
CH3 · CH2 · OH
(에탄올)
산화
CH3 · CHO
(아세트알데하이드)
산화
CH3COOH
(초산)

[그림 13-4] **석유로부터 빙초산 제조기작**

빙초산을 일정 농도로 희석하고 유기산류, 설탕, 인공감미료, 아미노산류, 식염, 착색료 등을 혼합해서 만든 식초를 합성초라고 하며 가격이 싸고 속성으로 제조되지만 품질은 양조초에 비해 크게 떨어진다.

3) 종려주 식초(palm wine vinegar)

나이지리아에서는 야자열매를 이용한 술(종려주)이 제조되며 이것으로부터 4%의 초산을 함유한 식초가 제조되어 중요한 조미료(condiment)로 이용된다. 이는 포도주와 사과주의 제조공정과 유사하게 오를레앙법(정치법, 표면배양) 또는 유하식 발효조(trickling generator)를 사용한다. 최적 발효온도

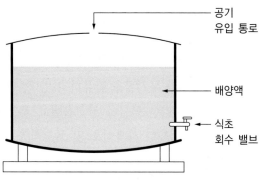

공기
유입 통로

배양액

식초
회수 밸브

[그림 13-5] **오를레앙법 식초생산**

는 30℃이며 오를레앙법은 3~4주 정도 걸리며, 유하식 발효조는 1주 이내에 발효가 완료된다.

4) 필리핀 식초(Philippine vinegars)

필리핀에서는 파인애플, 맥아(malted cereals), 사탕수수(sugar cane), 야자 수액(palm juice), 코코넛 액(coconut water)을 이용하여 식초가 제조된다. 특히 파인애플 주스 가공에서 나오는 부산물들을 발효원료로 이용하며 이들을 먼저 곱게 분쇄 압착하여 주스를 얻는다. 주스는 *S. cerevisiae*에 의해서 에탄올이 생성된 후 초산균인 *Acetobacter*에 의해서 호기적 조건에서 식초로 전환된다. 코코넛 액은 식초제조에 좋은 원료이지만 당의 함량이 1% 미만이어서 당을 15% 정도까지 조절한다. 이것은 효모에 의해서 7일 정도 발효시키면 약 7.5% 정도의 에탄올이 얻어진다. 여기에 새로 발효된 식초배양액 10%(v/v)를 종초로 하여 접종하여 1달 정도 발효시키면 약 6% 정도의 식초를 함유한 발효액이 제조된다. 필리핀 식초의 규격은 초산이 3% 이상 포함되며, 미국 FDA (Food and Drug Administration)는 4% 초산을 포함하는 것으로 규정한다.

7 식초의 성분 및 품질

식초는 제조원료 및 종류에 따라서 다양한 성분의 차이가 있지만 총산의 함량은 초산을 기준으로 4% 이상을 포함한다. 70년대에 빙초산을 희석하여 만든 값싼 합성식초로부터 주정에 과실즙을 일부 혼합하여 발효시킨 양조식초가 있다. 최근에는 100% 과즙을 사용한 천연양조식초가 있으며, 기능성 소재를 함유한 기능성 식초로서 매실식초, 마늘식초 등이 있다. 양조식초는 주성분이 초산을 비롯하여 유기산과 20여종의 아미노산, 각종 향기성분과 무기질을 함유하고 있다. 대표적인 양조식초로서 쌀식초, 현미식초, 맥아나 맥아로 처리한 곡물을 알코올발효 후 식초발효시킨 맥아초(malt vinegar), 주정식초, 과실주를 이용한 사과식초 및 포도식초 등이 있다. [표 13-3]은 양조식초의 일반성분을 나타낸다.

표 13-3 양조식초의 일반성분 (단위: %)

성분 \ 종류	쌀식초	맥아식초	주정식초	사과식초	포도식초
총산	4.60	4.95	5.33	5.05	5.28
비휘발산	0.37	0.37	0.21	0.32	0.49
주정	0.15	0.17	0.36	0.17	0.31
전당	4.97	1.66	1.84	2.60	–
환원당	3.0	0.70	0.69	1.77	0.92
전질소	0.035	0.004	0.010	0.009	0.012
회분	0.72	0.22	0.40	0.10	0.16
비중	1.049	1.017	1.011	1.022	1.024
pH	2.70	–	2.61	–	–

양조식초에는 초산 이외에 다양한 유기산과 방향성 물질이 함유되어 있어 식초의 독특한 풍미를 갖는다. 식초에는 초산 이외에 글루콘산, 젖산, 사과산, 수산, 석신산, 구연산 등 유기산과 포도당, 설탕, 맥아당 등의 당류와 글리세롤, 소르비톨(sorbitol) 등의 당알코올 등도 함유한다. 아미노산은 글루탐산, 아스파트산, 프롤린, 리아신, 히스티딘 등

이 알려져 있다. 향기성분은 에탄올, 아세트알데하이드, 아세트산 에틸, 초산 이소아밀, 에틸이소프로필에테르(ethyl-isopropyl ether) 등의 향기성분이 존재한다. 이들 성분들은 사용한 원료들의 종류와 발효방식에 따라 차이가 있으며, 천연양조식초처럼 100% 과즙을 발효원료로 사용하는 경우에는 과즙의 모든 영양분과 발효대사산물을 포함하여 독특한 풍미와 풍부한 영양성분을 지닌 고품질의 식초가 생성된다.

8 식초의 혼탁

식초의 혼탁은 발효원료 중에 존재하던 단백질과 탄닌성분에 기인되며, 또한 초산균인 *A. xylinum* 등이 번식하여 미생물 셀룰로스를 생산함으로써 혼탁을 유발한다. 단백질 등은 저온에서 2~3개월 동안 저장 숙성시키면서 침전시켜 여과 정제한다. 철, 탄닌 등에 의한 혼탁을 방지하기 위하여 철분의 혼입을 예방하며, 존재하는 철분은 피틴(phytine) 등의 금속제거제로 처리할 수 있다. 특히 미생물에 의한 혼탁의 예방은 저온살균(65~70℃)하거나 또는 미세여과기를 사용하여 제균 및 여과효과를 동시에 볼 수 있다.

9 식초의 감별기준

식초는 초산 이외의 다양한 유기산과 향기성분을 포함하고 있어서 빙초산을 희석하여 만드는 합성식초와 양조식초를 구별하는 것이 쉽지 않다. 특히 합성식초의 제조과정에서 혼합되는 부원료들의 첨가종류와 함량에 따라서 양조식초와의 식별은 특별한 기술을 요한다.

일반적으로 양조식초는 발효과정에서 생성될 수 있는 물질을 기준으로 하여 측정하여 합성식초와 구별한다. 산화가는 식초발효에서 생성된 아세토인(acetoin)의 환원력을 측정하는 방법으로 식초액 100mL에서 회수한 증류물의 산화에 사용된 $0.01N-KMnO_4$ 액의 mL 수로 표시한다. 양조초는 산화가가 1.5~10 정도이나 합성초는 거의 0이다. 그 외에 요오드가 측정 및 양조식초에서 미량으로 생성될 수 있는 ^{14}C의 동위원소를 액체신틸레이션 카운터(Liquid scintillation counter)로 측정하여 판정한다.

10 식품학적 의의

식초는 미생물들의 생육억제 효과가 매우크며, 식품에서 신맛과 향기를 부여하는 중요한 조미료이다. 식초가 첨가된 음료는 청량감을 주며 갈증 해소에 효과가 있어서 음료소재로 널리 이용된다. 또한 생리적으로 식욕의 증가 및 소화액의 분비를 촉진시켜 소화 흡수를 돕는다. 특히 양조식초는 식품에 영양성분의 보충은 물론 방부 및 살균작용을 하여 신선도를 유지해준다. 식초는 다양한 식품제조에 이용되며 절임식품, 생선초밥 및 각종 소스(sauce)제조에 첨가되는 매우 중요한 조미료이다. 이 밖에도 식초는 스테미너 식품으로서 피로를 회복시키고, 칼슘을 비롯한 무기물의 섭취로 뼈의 칼슘 보충에 도움을 주며, 체내의 신진대사를 촉진시킨다.

미래는 고령화시대에 소비자들의 요구에 따라 건강지향적인 음료개발이 요구되며, 식초는 세계 음료시장에서 중요한 천연발효소재로 이용되고 있다. 다양한 건강기능성 음료들이 출시되면서 식초는 건강, 피로회복, 다이어트 등의 목적으로 꾸준히 소비되고 있다. 특히 일본 식초시장을 보면 파인애플, 망고, 구아바 등의 열대과일을 이용한 식초가 생산되어 소비자들에게 기호성이 높은 제품을 출시하고 있다. 또한 지역에서 생산되는 감귤, 유자, 오렌지를 이용한 식초, 식초 젤리 등 다양한 제품들이 상품화되고 있다.

Chapter 14

치즈

치즈(cheese)는 서양에서 가장 오래 전부터 이용되어온 유제품으로 우유에 젖산균 또는 응유효소를 작용시켜 우유 단백질을 응고시킨 다음 유청을 제거하고 숙성 발효시킨 고단백이며 영양가가 높은 발효식품이다. 치즈의 원료유는 소(cow), 양(sheep), 염소(goat), 물소(buffalo)로부터 얻어진다. 치즈제조(cheesemaking)의 역사는 메소포타미아 지역에서 BC 5000년경에 시작된 것으로 추정되며, 아라비아의 상인이 사막을 오가면서 양의 위로 만든 주머니에 넣어둔 우유가 응고되어 형성된 커드로부터 치즈가 제조된 것으로 본다. 이는 과학적으로 응유효소에 의한 우유단백질의 응고현상이며, 치즈제조의 응유효소는 송아지의 제4위에서 얻어진다.

치즈제조 기술은 중동지방에서 시작되어 북유럽으로 전수되었으며, 유럽에서는 치즈 제조방법이 사원(寺院)에서 전수되면서 고유하고 독특한 치즈를 제조할 수 있었다. 미국, 호주 등에서 치즈제조 기술은 영국의 이주민들에 의해서 전해졌으며, 19세기에 가정에서 치즈를 제조하는 것은 매우 중요한 일이었다. 저장 및 냉장시설이 부족하던 시기에 변질되기 쉬운 우유를 맛과 독특한 풍미를 갖는 치즈로 만드는 것은 매우 유익한 저장수단이다. 오늘날에는 대량으로 생산되는 체다치즈(Cheddar cheese)를 비롯하여 발효방법과 사용 원료 차이, 제조지역에 따라서 다양한 치즈가 제조된다. 서양인들의 식문화에 있어서 치즈는 우리의 전통발효 식품인 김치와 같이 중요한 발효식품으로서 자리를 차지하고 있으며 세계적으로 2,000여 종의 다양한 치즈가 생산된다.

1 치즈의 분류 및 종류

치즈의 분류는 일반적으로 수도원의 이름, 원료유의 종류, 상품명 또는 치즈의 성질, 원산지, 모양, 수분 함량, 제조법 및 숙성법 등에 따라 분류할 수 있다. 일반적인 분류 방식으로는 치즈의 수분 함량에 따른 경도와 미생물에 따른 숙성방법에 따라 [표 14-1]과 같이 분류하고 있다.

표 14-1	치즈의 분류				
구분	종류	수분 함량	숙성(미생물)	치즈	가스 기공
자연치즈 (natural cheese)	연질 (soft)	50~80%	수주간(세균) (곰팡이)	림버거(Limburger) 카망베르(Camembert)	− −
			비숙성	커티지(Cottage) 크림(Cream) 모차렐라(Mozzarella)	− − −
	반경질 (semi-soft)	39~50%	수개월(세균)	브릭(Brick) 림버거(Limburger)	− −
			(곰팡이)	로크포르(Roquefort) 블루(Blue)	− −
	경질 (hard)	39% 이하	수개월~1년 (세균)	에멘탈(Emmental, swiss) 고다(Gouda) 체더(Cheddar) 에담(Edam)	+ − − −
			(곰팡이)	스틸턴(Stilton)	−
	초경질 (very hard)	34% 이하	수개월~1년 (세균)	파르메산(Parmesan)	
가공치즈 (process cheese)	천연치즈를 혼합가열하여 살균한 후 제품화				

2 치즈제조

치즈의 제조과정은 치즈의 종류에 따라 차이가 있으며 응고과정과 숙성과정에서 세균, 곰팡이 등의 다양한 미생물의 작용과 생화학적 변화에 의해서 독특한 풍미와 조직감이 만들어지는 복잡한 발효과정이 수반된다. 일반적으로 치즈제조(cheesemaking)는 원료유의 처리, 우유의 응고, 커드의 압착과 유청 분리, 성형과 숙성의 단계를 포함한다.

1) 원료유 및 처리

치즈의 품질을 좌우하는 가장 중요한 요소는 우유품질에 달려있다. 일반적으로 치즈
는 종류에 따라서 소, 양, 말, 물소, 낙타 젖을 원료로 이용한다. 우유의 조성은 품종, 비
유기, 계절, 환경온도, 사료 및 질병 등에 따라서 현저하게 달라질 수 있다. 일반적인 신
선한 우유는 수분 함량이 88%이며 고형분은 12% 전후이며, pH 6.5, 산도 0.16% 이하
이다. 사람과 동물 젖의 일반성분은 [표 14-2]와 같다.

표 14-2	사람과 동물 젖의 일반성분 조성			(단위: %)
성분	사람	소	염소	양
단백질(protein)	1.0	3.4	2.9	5.5
카제인(casein)	0.4	2.8	2.5	4.6
지방(fat)	3.8	3.7	4.5	7.4
유당(lactose)	7.0	4.6	4.1	4.8
회분(ash)	0.2	0.7	0.8	1.0

우유의 성분들은 우유 단백질들과 유당이 주된 고형분으로 이들의 물리적, 화학적 성
질을 이용하여 [그림 14-1]과 같이 분리된다.

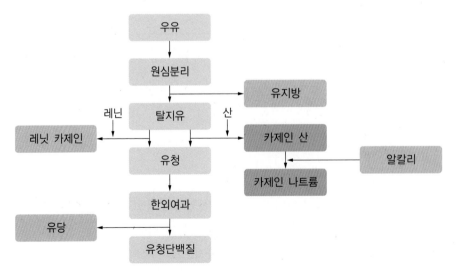

[그림 14-1] 우유 성분의 분리

우유 단백질 중에서 유청단백질(whey protein)의 주된 성분인 β-락토글로불린(lactoglobulin)은 열에 불안정하며 산에는 안정하다. 반면에 카제인(casein)은 열에 안정하며 산에는 불안정하여 산성조건에서 침전되어 유청단백질과 분리된다. 또한 카제인은 응유효소인 레닌(rennin, chymosin) 또는 레닛(rennet)의 처리에 의해서 응고되어 유청단백질과 분리된다.

원료유는 신선하며 항생물질 등의 이물질이 없어야 하며 시유 처리과정에서 알코올 시험, 환원시험 등을 실시한다. 원료유에는 각종 효소가 존재하는데 카탈라아제, 과산화효소, 염기성 인산가수분해효소(phosphatase), 아밀라아제, 프로테아제, 리파아제 등은 치즈제조에 영향을 미친다. 특히 염기성 인산가수분해효소는 정상적인 살균과정인 63℃에서 30분 가열에 의해서 불활성화되기 때문에 우유 저온 살균의 적절성 지표가 된다. 일반적으로 치즈제조용 우유는 미생물학적 성질을 조정하기 위해서 저온살균 열처리를 한다. 과도한 살균은 우유 단백질을 열변성시키므로 응유효소 레닛에 의한 응고작용이 불충분하게 되어 치즈제조에 불리하다.

우유는 치즈 제조 전에 균질화(homogenization), 여과(filtration), 청징화(clarification) 등의 처리가 이루어진다.

2) 우유의 응고

치즈제조에서 우유의 응고는 가장 중요한 단계로서 우유 단백질을 물리적 또는 화학적으로 응고시켜서 커드를 형성하는 과정이다. 우유의 주단백질인 카제인은 산에 불안정하며 응유효소에 의해 선택적으로 절단되는 성질을 가지는데, 이들 성질을 복합적으로 이용하여 우유 단백질을 응고시키는 것이 일반적이다. 치즈제조에서 우유단백질들의 응고는 최종 만들어지는 치즈수율에 영향을 주며, 특히 지방, 단백질, 불용성염의 농도 등에 의해 치즈수율이 좌우된다. 최근에는 한외여과(ultrafiltration) 방법에 의해서 우유 단백질들의 손실을 최소화하여 치즈의 수율을 증가시킬 수 있다. 우유의 응고공정은 전형적인 치즈제조 용기(cheesemaking vat)에서 이루어지며 응고된 커드의 절단과 유청 분리 과정도 치즈제조 용기에서 수행된다. [그림 14-2]는 전형적인 치즈제조 용기에서 원료 우유 혼합과 커드 절단의 장치를 보여준다.

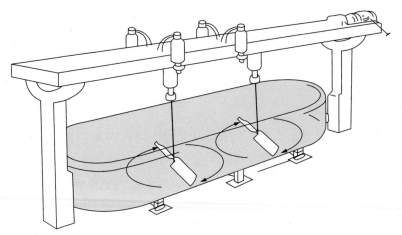

혼합장치(Stirring tools)

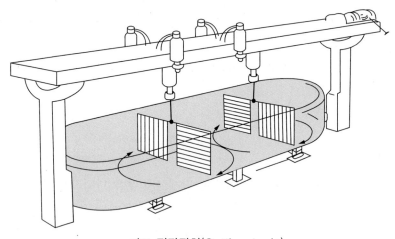

커드 절단장치(Cutting tools)

[그림 14-2] **전형적인 치즈 제조용기**

3) 젖산균 스타터

우유를 산성화시켜 우유 단백질을 응고시키는 데 젖산균이 이용된다. 치즈제조에 있어서 젖산균의 작용은 레닛에 의한 커드의 형성을 촉진하며, 커드 수축 및 유청 분리를 용이하게 하여 제품 품질의 조직을 양호하게 한다. 또한 제조 및 숙성 중에 유해미생물의 오염을 방지하며, 균체 외 가수분해효소에 의해서 카제인, 지방 등을 분해하여 치즈를 숙성시킨다. 젖산균의 선택은 균의 산생성 정도, 가스생성 여부, 생육 활성, 박테리오파지(bacteriophage)에 대한 내성 및 향기생성 등에 따라 결정한다. 젖산균 스타터는 단일 균주 또는 혼합균주로 사용되며, 일반적으로 젖산균 스타터로 이용되는 세균들은 [표 14-3]과 같다.

표 14-3	유제품 발효에 이용되는 젖산균 스타터	
세균	**역할**	**제품**
Propionibacterium shermanii	풍미/향미, 기공형성	에멘탈 치즈
Lactobacillus bulgaricus *Lactobacillus lactis* *Lactobacillus helveticus*	산생성, 풍미, 향기	요구르트, 케퍼, 에멘탈 치즈
Lactobacillus acidophilus *Streptococcus thermophilus*	산생성 산생성	발효버터 요구르트, 체다치즈 에멘탈 치즈
Streptococcus diacetilactis	산생성, 풍미, 향기	버터, 발효버터, 버터밀크
Streptococcus lactis *Streptococcus cremoris*	산생성	치즈, 발효크림, 발효버터밀크
Leuconostoc citrovorum *Leuconostoc dextranicum*	풍미, 향기	버터, 발효크림, 발효버터밀크
Streptococcus faecalis	산생성, 풍미, 향기	체다치즈, 이탈리아 연질치즈

젖산균 스타터의 제조는 살균된 탈지유에 1.0%의 모 배양(mother starter)을 접종하여 16시간 정도 배양하여 벌크 배양(bulk starter)을 제조한다. 벌크 배양은 치즈 제조용기에 원료유에 대하여 0.5~2.0%를 첨가 혼합하여 1~2시간 배양하여 산도가 0.2% 정도 되도록 젖산발효시킨다. [그림 14-3]은 개괄적인 스타터 제조과정이다.

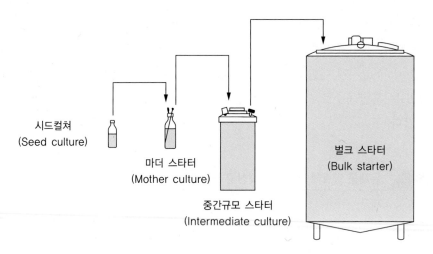

시드컬쳐
(Seed culture)

마더 스타터
(Mother culture)

중간규모 스타터
(Intermediate culture)

벌크 스타터
(Bulk starter)

[그림 14-3] 젖산균 스타터의 제조과정

4) 응유 효소

우유의 응고에 관여하는 응유효소(milk-clotting enzyme)에는 레닌(rennin)과 레닛(rennet)이 있다. 레닛은 산성 프로테아제(acidic protease)이다. 레닛은 어린 송아지의 제4위로부터 추출한 응유효소 레닌을 주성분으로 하여 분말형태로 시판된다. 레닛은 75~95%의 키모신(chymosin)과 소량의 펩신(pepsin)으로 구성되며, 레닛의 응고 적온은 40~41℃, 최적 pH는 4.8이며 Ca^{2+} 이온을 필요로 한다. 최근에는 식물성 레닛과 미생물 출처의 레닛이 우유 응고에 이용된다. 그러나 이들 대용 응유효소는 단백질 응고작용보다는 단백질 분해능이 높아 치즈수율의 감소와 단백질 분해산물에 의한 고미(bitter taste)성분이 생길 수 있다. 식물성 레닛으로서 무화과 수액과 파파야(papaya)과실에서 각각 피신(ficin)과 파파인(papain)이 얻어진다. 미생물출처 레닌은 *Mucor miehei*, *Mucor pusillus*, *Endothia parasitica* 등의 곰팡이와 *Bacillus*속 등에서 얻어진 프로테아제 등이다. 최근에는 분자생물학과 유전공학 기술을 이용하여 송아지 출처의 레닌의 유전자를 분리한 후 곰팡이, 효모, 대장균 등에 형질전환시켜 동일한 효소적 특성을 갖는 재조합된 응유효소의 생산이 가능하다.

5) 커드의 형성 및 처리

커드형성 및 처리공정은 치즈제조 용기에서 이루어진다. 커드형성은 치즈제조공정에서 가장 기본적이며 중요한 단계로서 응유효소의 첨가에 의해서 시작된다. 우유에서 주단백질인 카제인은 50~300nm 크기의 구형태의 미셀(micelle)을 형성하며 특히 κ-카제인과 Ca^{2+}이 카제인 미셀(casein micelle) 형성에 절대적으로 필요하다. 169개의 아미노산으로 구성된 κ-카제인은 친수성과 소수성의 양쪽 성질을 지니면서 우유에서 카제인 미셀을 분산상태로 안정화시킨다.

응유효소 레닛의 pH는 4.5~4.7이며 응고공정은 카제인 미셀을 구성하는 κ-카제인이 응유효소에 의해 절단되어 para κ-casein으로 전환되는 단계와 칼슘이온의 존재하에서 para κ-casein이 침전되는 단계로 구성된다. [그림 14-4]는 카제인 미셀의 응고과정을 나타내는 것으로 카제인 미셀의 표면에 분포하는 κ-카제인이 응유효소 레닛에 의한 선택적인 절단으로 친수성을 나타내는 글리코매크로펩타이드(glycomacropeptide)가 떨어져 나가면서 카제인 미셀이 불안정하게 되며 결국은 침전되어 커드를 형성한다.

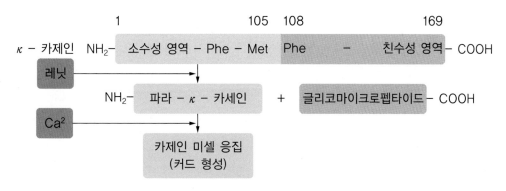

[그림 14-4] **카제인의 응고과정**

우유 중의 단백질이 응고되면 커드와 유청으로 분리된다. 응고된 커드는 적당한 굳기(firmness)가 되었을 때 커드절단기(curd knife)로서 절단한다. 이 때 연질치즈의 경우는 커드를 크게 절단하여 유청의 제거를 줄인다. 커드의 가열은 커드수축을 촉진하면서 유청의 분리를 촉진시킨다. 치즈 제조과정 또는 카제인 제조과정에서 분리되는 유청의 성분 조성은 [표 14-4]와 같다.

표 14-4	유청(whey)의 성분 조성		(단위: %)
성분	치즈 유청	카제인 유청
총고형분(total solids)	6.35	6.50
수분(water)	93.7	93.50
지방(fat)	0.50	0.04
단백질(protein)	0.80	0.75
유당(lactose)	4.85	4.90
회분(ash, minerals)	0.50	0.80
젖산(lactic acid)	0.05	0.40

유청의 제거가 불충분한 경우에 최종 치즈의 맛에 영향을 줄 수 있다. 유청이 제거된 커드는 일정한 치즈 형태를 만들기 위해서 치즈성형틀(cheese hoop, mould)에 채워 넣고 압착하여 일정한 크기와 모양을 만든다. 이 때 식염의 첨가(salting)는 치즈의 풍미를 개선하며 잡균의 오염을 방지하고 치즈의 조직을 양호하게 만든다. 최종적으로 제조된 치즈는 일종의 우유단백질의 응고형태로 풍미와 맛이 완전하지 못한 생치즈(green cheese, fresh cheese)이다.

6) 치즈의 숙성

생치즈는 일정한 온도와 습도가 조절되는 숙성실(ripening room)에서 숙성시킨다. 생치즈는 풍미가 거의 없는 반고체(semi-solid) 상태의 단백질 덩어리이다. 생치즈는 숙성과정 중에 미생물학적, 효소화학적 및 생물학적 반응에 의해서 특유한 풍미와 조직감을 가지면서 식품의 가치가 부여된 치즈로 전환된다. 치즈 숙성 중에 존재하는 젖산균은 효소작용을 통해서 단백질 등을 분해시켜 풍부한 맛을 부여한다. 특히 숙성에 관여하는 곰팡이는 표면에서 생육하는 카망베르(camembert) 치즈와 내부에서 생육하는 블루(blue) 치즈, 스틸턴(stilton) 치즈로 구별되며, 고유한 색상과 풍미를 갖는다. 또한 림버거(limburger) 치즈는 *Brevibacterium linens* 세균에 의해서 표면에 생육하면서 고유한 풍미와 적색을 나타내며, 에멘탈(emmental) 치즈는 피로피온산균(*Propionibacteria*)의 생육으로 가스기공을 함유하는 조직감을 갖는다.

숙성조건은 치즈 종류에 따라 다르지만 일반적으로 10~20℃, 습도는 80~95% 정도에서 수개월동안 저장하여 숙성한다. 치즈의 숙성정도는 치즈의 pH, 수분 함량, 염농도 및 존재하는 미생물상 또는 숙성 시에 첨가되는 스타터 등에 의해서 크게 좌우된다.

숙성 중의 변화로는 치즈의 중량감소, 단백질의 가수분해, 지방의 가수분해 및 풍미생성을 비롯하여 유당으로부터 젖산의 생성으로 인한 잡균의 오염과 증식을 억제하여 정상적인 발효를 시킨다. 치즈의 숙성 중에서 치즈에 곰팡이 등의 오염방지 및 수분증발에 의한 치즈의 수율감소를 줄이기 위해서 파라핀(paraffin), 왁스(wax), 플라스틱 필름(plastic film) 등을 이용하여 포장한다. 주된 숙성관리는 유용한 미생물과 효소들이 잘 작용해서 숙성이 순조롭게 진행되도록 한다.

3 미숙성 치즈

미숙성 치즈인 커티지(cottage) 치즈는 네덜란드가 원산지이며 일명 더치 치즈(duch cheese), 팝콘 치즈(pop corn cheese)라고도 하며 세계적으로 많은 나라에서 제조된다. 커티지 치즈는 숙성과정이 없어서 빠른 시간에 우유로부터 제조될 수 있어 커티지 치즈의 제조시간은 11시간 정도 소요된다. 커티지 치즈는 젖산균의 산생성에 의해서 응고되는 산응고 치즈와 젖산균 스타터에 소량의 응유효소 레닛이 첨가되어 제조되는 레닛 커티지 치즈(rennet cottage cheese)로 대별된다. [그림 14-5]는 레닛이 첨가된 커티지 치즈의 제조공정이다.

[그림 14-5] 레닛 첨가 커티지 치즈제조 공정

1) 커드 형성

원료 우유는 9% 고형분을 갖는 탈지유를 75℃에서 16초 간 열처리하여 32℃로 냉각한다. 젖산균 스타터는 *S. lactis*, *Leuc. citrovorum*을 5% 수준으로 첨가하여 젖산 및 풍미를 생성시킨다. 또한 레닛 추출물을 0.002% 첨가하여 비교적 낮은 온도인 22℃에서 16시간 우유를 응고시킨다. *S. lactis*와 *Leuc. citrovorum*은 각각 산생성용, 풍미생성용으로 이용된다.

2) 유청제거

응고된 커드는 일정한 간격으로 커드 절단기(curd knife)를 사용하여 절단한다. 유청의 분리를 촉진하기 위해서 커드를 40℃에서 50℃로 서서히 가열하며 유청이 제거된 후에 커드는 39℃, 15℃, 4℃에서 각각 단계적으로 세척한다.

3) 포장

세척된 커드는 일정량의 소금을 포함하는 크림액을 첨가 혼합함으로써 1% 염농도와 4.2% 지방이 함유하도록 하며, 바로 포장하여 4.4℃에 보관한다. 또한 필요에 따라서는 고춧가루 등의 양념류를 혼합하여 제품화한다. 커티지 치즈의 성분은 포장단계에서 크림의 첨가유무에 따라서 차이가 있으며, 크림이 첨가된 커티지 치즈의 성분조성은 수분 79%, 지방 4.5%, 단백질 12.5%, 탄수화물 2.7%이다.

4 숙성 치즈

1) 체다치즈

체다치즈는 영국 서머싯(Somerset) 지방의 체다(Cheddar) 마을이 원산지이며 세계적으로 가장 많이 생산되고 있는 대표적인 숙성 치즈이다. 체다치즈의 제조방법은 일반적인 치즈제조 방법 이외에 체다링(cheddaring)이라는 가공방법으로 유청을 체거하는 것이 특징이다. [그림 14-6]은 체다치즈의 제조공정을 나타낸다.

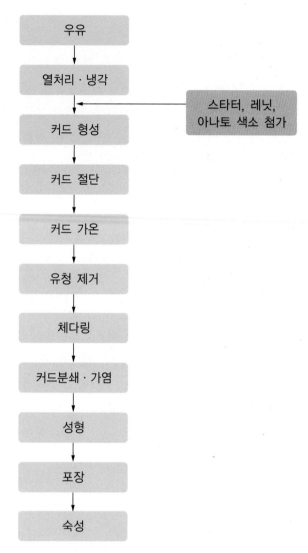

[그림 14-6] **체다치즈 제조공정**

(1) 커드 형성

살균된 전지유(whole milk)를 31℃로 냉각한 후 젖산균 스타터 *Streptococcus cremoris*와 *Streptococcus lactis*를 각각 배양시켜 1:1의 비율로 혼합한 것을 1.5% 첨가한다. 혼합액을 서서히 저어주면서 우유의 산도가 0.16%될 때까지 31℃로 유지하면서 응유효소 레닛(rennet)을 0.002% 첨가하고, 천연색소(annatto)를 혼합한다.

(2) 유청 제거

커드가 형성되면 커드절단기로 커드를 절단한다[그림 14-2]. 절단된 커드를 2분간 정치한 후 31℃로 유지하면서 커드가 부서지지 않도록 저어준 후 1차 유청을 뽑아낸다. 치즈제조 용기의 온도를 점차적으로 올려가면서 38℃가 될 때까지 유청을 빼는 작업을 계속한 후 2차 유청을 뽑아낸다. 치즈 제조 용기하단에 퇴적된 커드를 [그림 14-7]과 같이 적당한 크기로 절단하여 온도를 35℃로 유지하면서 매 15분마다 커드덩어리의 위치를 바꾸면서 pH가 5.3에 도달할 때까지 약 2시간 동안 체더링(cheddaring)을 계속한다.

[그림 14-7] **체다치즈 제조에서 커드절단**

체더링 작업은 치즈제조 용기 내에서 치즈 커드블럭(curd block)을 약 2시간에 걸쳐서 퇴적과 반전을 되풀이하는 것을 말하며 이 과정에서 젖산이 급격히 증가하여 pH가 저하되며, 퇴적과 반전에 의해 커드 조직이 치밀해지고 수분 함량이 조절된다.

(3) 커드 성형

치즈 커드는 분쇄기로 부수고 소금을 1.5% 첨가하여 혼합한다. 분쇄된 커드는 30×50×10cm 크기의 스테인리스 성형틀(stainless mould)에 넣고 상온에서 12시간 동안 7kg/cm² (100psi, 6.8 기압)의 압력으로 압착한다. 압착기에서 꺼낸 치즈를 숙성실에서 3일간 건조시킨 후 폴리에틸렌 필름으로 진공포장하거나 118.3℃에서 6초 동안 파라핀을 입힌다.

(4) 숙성

치즈의 숙성은 온도 8~10℃, 상대습도 80%로 조절된 숙성실에서 실시한다. 숙성 중에 치즈의 주단백질인 카제인은 가수분해되며, 지방의 분해로 독특한 풍미가 형성된다. 체다치즈의 가장 좋은 풍미는 9~12개월 숙성 시에 나타난다.

2) 표면숙성치즈

치즈표면에 특정 미생물이 생육하면서 숙성시킨 치즈를 말하며 미국의 브릭치즈(brick cheese), 벨지움의 림버거(limburger) 치즈가 대표적이다. 브릭치즈는 벽돌모양을 가지며 체다치즈와 림버거 치즈의 중간 풍미를 가진 반연질 치즈이다. 표면에는 *Brevibacterium linens*가 생육해서 적갈색을 띠는 표면숙성 치즈의 일종이다.

치즈의 제조는 일반적인 제조방법과 유사하다. 그러나 커드를 성형한 후에 25% 소금용액에 침지한 후에 커드브릭에 호기성이며 색소를 생산하는 *B. linens*를 접종시키는 공정이 포함된다. 치즈 표면에서 미생물의 생육은 적갈색의 색소 및 독특한 향미성분을 생성하고 이것이 치즈 내부로 스며들게 된다.

3) 곰팡이 숙성 치즈

치즈의 숙성에서 곰팡이가 관여하는 치즈로는 카망베르치즈가 유명하며, 청맥치즈(blue cheese, roquefort cheese)도 순수 곰팡이를 접종하여 독특한 풍미를 갖는다. 로크포르(roquefort) 치즈는 프랑스 동남부에 있는 로크포르 마을에서 시작되었으며 자연동굴(온도 5~8℃, 습

[그림 14-8] **블루치즈**

도 약 95%)에서 숙성되는 반경질 치즈이다. 원래는 로크포르 지방에서 양유로 만들어지는 것만을 로크포르 치즈라 하며 다른 지방에서 우유로 제조되면 블루치즈라 한다. [그림 14-8]은 전형적인 블루치즈 제품이다. 곰팡이로 숙성된 치즈들은 강한 자극취와 치즈내부에 푸른 힘줄 모양을 띠는 푸른곰팡이의 대리석 모양이 특징이다.

블루치즈 제조는 살균된 우유에 젖산균 스타터와 응유효소를 가하여 우유 응고가 일어나게 한다. 형성된 커드로부터 유청이 제거된 후 소금과 *Pen. roqueforti* 포자들을 첨가·혼합하여 성형한다. 치즈는 10~13℃로 2~3개월 저장해서 곰팡이의 발육을 유도하고 숙성은 보다 낮은 온도인 2~5℃에서 실시한다.

블루치즈의 숙성은 *Pen. roqueforti* 곰팡이의 효소 작용에 전적으로 의존한다. 단백질은 분해되어 펩타이드와 아미노산으로 전환되며 우유지방은 곰팡이의 리파아제에 의해서 카프로산(caproic acid), 카프릴산(caprylic acid), 카프르산 등으로 분해되면서 치즈의 독특한 자극적인 맛(sharp)과 매운맛(peppery)을 부여한다. 특히 지방산($R-CH_2-CH_2-COOH$)이 산화되어 β-케토산($R-CO-CH_2-COOH$)이 형성되며, 이것은 탈탄산과정을 거쳐서 메틸 케톤($R-CO-CH_3$)이라는 청맥치즈의 중요한 향기성분이 생성된다.

5 가공치즈

가공치즈(process cheese, pasteurized process cheese)는 우리의 입맛에 맞도록 제조된 치즈로서 본래의 천연치즈보다는 맛과 풍미에 있어서 매우 약하다. 가공치즈는 여러 천연치즈(natural cheese) 및 숙성기간이 다른 치즈를 함께 혼합하여 제조하며, 체다치즈가 가장 많이 이용된다. 제품을 부드럽게 하며 제품 속에 지방의 분산을 고르게 하기 위해서 유화솥에 5kg 원료치즈를 분쇄하여 넣고 물과 유청단백질, 유화제(emulsifier)로서 2% 폴리인산 나트륨과 1% 제3인산 나트륨을 첨가하여 80℃까지 가열한 후 진공 포장한다. 가공치즈를 비롯한 여러 천연치즈들의 성분조성을 보면 치즈 종류에 따라 수분 함량의 차이를 볼 수 있으며, 단백질은 비교적 유사한 함량을 갖는다. [표 14-5]는 치즈의 성분조성표이다.

표 14-5	치즈의 성분조성표				
치즈종류	열량 (kcal)	수분(g)	지방(g)	단백질(g)	탄수화물(g)
푸른곰팡이(Blue mold)	353	42.41	28.74	21.40	2.34
브릭(Brick)	371	41.11	29.68	23.24	2.79
카망베르(Camembert)	300	51.80	24.26	19.80	0.46
체더(Cheddar)	403	36.75	33.14	24.90	1.28
크림 커티지(Creamed cottage)	103	78.96	4.51	12.49	2.68
무크림 커티지(Uncreamed cottage)	85	79.77	0.42	17.27	1.85
크림(Cream)	349	53.75	34.87	7.55	2.60
림버거(Limburger)	327	48.42	27.25	20.05	0.49
모차렐라(Mozzarella)	281	54.14	21.60	19.42	2.22
모차렐라(Mozzarella, low moisture)	318	48.38	24.64	21.60	2.47
파마산(Parmesan)	392	29.16	25.83	35.75	3.22
스위스(Swiss)	376	37.21	27.45	28.43	3.38
리코타, 전유(Ricotta, whole milk)	174	71.70	12.98	11.26	3.04
살균 가공(Pasteurized process)					
체더(Cheddar)	375	39.16	31.25	22.15	1.60
스위스(Swiss)	334	42.31	25.01	24.73	2.10

Chapter 15

유발효식품

발효유는 표유류의 젖을 젖산균이나 효모 등의 미생물로 발효시켜 독특한 풍미와 젖산을 함유한 유제품을 의미하며, 세계 각국에서 특색 있는 발효유 제품들이 생산되고 있다. 식품공전에 따르면 발효유는 원유 또는 가공품을 유산균, 효모로 발효시킨 것을 말한다. 우유로부터 주로 젖산균에 의해서 제조되는 발효유는 특유의 풍미와 맛을 지니며 부드러운 조직감을 가진다. 특히 발효유는 함유된 젖산균의 프로바이오틱스로서 역할을 고려할 때 영양뿐만 아니라 기능성이 우수한 발효식품이다.

1 발효유의 역사

발효유의 출현은 인류의 역사와 함께 시작하며, 성경의 창세기에 아브라함이 천사들에게 발효된 우유를 바쳤다는 기록이 있다. 고대 그리스와 로마사람들이 발효된 신맛의 우유(soured milk)를 제조하는 것에 익숙했으며, "Opus lactarum"라는 발효유는 벌꿀, 과실을 포함하는 발효유였다. 동양에서 요구르트의 유래는 터키에 유목민들이 8세기경에 "Yogurut"라는 이름으로 발효유를 제조한데서 비롯되었다. 원래 요구르트(yoghurt)는 양(sheep), 물소(buffalo) 또는 부분적으로 염소(goat), 소(cow)의 우유로부터 제조되었다. 발효유는 전세계적으로 많은 사람들의 중요한 식품이며 우유만으로 발효된 제품, 야채류 또는 양념류가 혼합된 발효유로 소비된다. 고대 중동에서는 발효유 또는 유사한 발효유제품을 사람들의 위, 장 및 간의 질환을 치유하는 목적으로 사용하였다. Metchnikoff(1845~1916)는 그의 불로장수설(theory of longevity)에서 발효유는 장내 이상발효와 위장질환을 방지하여 사람들이 장수하는 데 기여를 한다고 보고하였다.

2차 세계대전 후에 발효원리의 과학적 이해를 통하여 발효유의 제조기술은 발전하였으며, 순수 배양균주의 활용, 균주의 개량 및 현대적인 발효 장비의 이용으로 산업적으로 발효유의 생산을 가능하게 하였다. 최근에는 *Bifidus* 유산균 이외에 유용한 유산균주들을 분리하여 발효유에 사용함으로써 생리활성 및 정장작용을 증진시키는 발효유가 제조되며, 기능성 물질들을 포함한 다양한 천연소재의 첨가에 의한 발효 유제품의 다양화가 이루어지고 있다.

2 발효유

발효유류라 함은 '원유 또는 유가공품을 유산균 또는 효모로 발효시킨 것이나, 이에 다른 식품 또는 식품첨가물 등을 위생적으로 첨가한 것'을 말한다.

특히 유산균은 소장에서의 연동운동을 도와주며, 장의 운동을 조절해 변비를 예방하며, 다양한 비타민 합성, 면역력 강화, 유해세균 억제, 콜레스테롤 저하 등의 기능을 갖는다.

발효유(fermented milk)는 제품의 규격에 따라 발효유, 농후발효유, 크림발효유, 농후크림발효유, 발효버터류 및 발효유분말로 구별되며 식품공전에는 [표 15-1]과 같이 정의하고 있다.

표 15-1 발효유의 유형과 규격

항목 \ 유형	발효유	농후발효유	크림발효유	농후크림발효유	발효버터유	발효유분말
수분(%)	–	–	–	–	–	5.0 이하
유고형분(%)	–	–	–	–	–	85 이하
무지고형분(%)	3.0 이상	8.0 이상	3.0 이상	8.0 이상	8.0 이상	–
유지방(%)	–	–	8.0 이상	8.0 이상	1.5 이하	–
유산균수 또는 효모수	$> 1 \times 10^7$/mL	$> 1 \times 10^8$/mL (단, 냉동제품은 $> 1 \times 10^7$/mL)	$> 1 \times 10^7$/mL	$> 1 \times 10^8$/mL (단, 냉동제품은 $> 1 \times 10^7$/mL)	$> 1 \times 10^7$/mL	–
대장균군	n=5, c=2, m=<3, M=10					
살모넬라	n=5, c=0, m=0/25g					
리스테리아 모노사이토제네스	n=5, c=0, m=0/25g					
황색포도상구균	n=5, c=0, m=0/25g					

*n: 검사 시료수, c: 최대 허용 시료수, m: 미생물 허영 기준치, M: 미생물 최대 허용 한계치

우유나 탈지유를 발효시키는 방법에 따라서 발효유는 젖산발효에 의해서 제조된 산발효유(젖산균발효유)와 효모에 의한 알코올발효가 병행되어 제조되는 알코올발효유(alcohol fermented milk)로 대별된다. 산발효유는 조직형태에 따라 호상요구르트(set-type yoghurt)와 액상요구르트(stirred-type yoghurt)로 구별되며, 알코올을 함유하는 발효유는 케퍼와 쿠미스가 대표적이다. 젖산균발효유 중에는 원유만을 살균하여 유산균을 배양시킨 것을 플레인 요구르트(plain yoghurt)라 하며, 이외에 다양한 과즙을 첨가한 요구르트(flavoured yoghurt)가 있다. 현재 우리나라에서 시판되고 있는 것은 대부분이 액상요구르트 혹은 액상발효유와 유산균음료 등이다. 요구르트의 무지고형분은 원칙적으로 8% 이상, 지방 3.0%으로 규정되어 있지만 좋은 제품을 만들려면 탈지유 등을 첨가하여 고형분을 약 10% 정도로 하는 것이 좋다. 또 요구르트의 조직개선과 유청 분리를 방지하기 위하여 한천(0~0.2%), 젤라틴(0.2~0.3%), 펙틴(0.2%) 등의 점증제를 사용한다.

세계 각국에서 제조되는 주요 발효유들은 지역에 따라서 매우 다양하며, 고유한 젖산균 스타터를 혼합하여 사용한다. 일반적인 요구르트 제조를 보면 우유에 당을 첨가하여 젖산균인 *Str. thermophilus*, *L. bulgaricus*와 *L. acidophilus*의 혼합균주를 첨가하여 37~40℃에서 발효시킴으로써 1.0% 전후의 산도가 되도록 한다.

3 발효유 스타터

발효유의 제조에 이용되는 젖산균 중에서 간균은 산생성능이 높으며, 구균은 풍미물질을 생산한다. 일반적으로 발효유제조에는 *Str. thermophilus*와 *L. bulgaricus*의 혼합 스타터가 이용되며, 이외에도 다른 젖산균들이 병용되어 사용된다. 스타터에는 균의 활성을 유지하는 모 배양과 발효제품을 만들 때 쓰이는 벌크 배양으로 대별된다.

발효유 제조에 사용되는 주된 젖산균들의 종류와 특징은 [표 15-2]와 같다.

표 15-2		발효유제품 제조에 이용되는 주요 젖산균 스타터					
균종	형태	배양온도 (℃)	발효유 산도(%)	발효유 pH	가스 생산	용도
Str. cremoris	球	20~25	0.7~0.9	4.1~4.3	−	치즈, 버터
Str. lactis	球	30	0.7~0.9	4.1~4.3	−	치즈, 버터, 발효유
Str. diacetilactis	球	30	0.7~0.9	4.1~4.3	±	치즈, 마가린
Str. thermophilus	球	37~45	0.7~0.9	4.1~4.3	−	치즈, 발효유
Leuc. cremoris (*Leuc. citrovorum*)	球	20~25	−	−	+	버터, 마가린, 발효유 발효유, 유산균, 음료
L. bulgaricus	球	37~45	1.5~1.7	3.4~3.6	−	치즈, 발효유, 음료
L. helveticus	球	37~45	2.5~2.7	3.2~3.4	−	치즈, 발효유, 음료
L. acidophilus	球	37~40	0.8~1.0	3.8~4.0	−	유산균음료

발효유의 제조 시에 젖산균 스타터는 단일균주보다는 혼합균주를 사용함으로써 단시간에 산생성과 다양한 향미를 생성할 수 있다. 일반적으로 고온성 세균인 *Str. thermophilus*와 *L. bulgaricus*의 혼합 스타터를 사용하는 경우에는 40~45℃에서 2~3시간 발효시킴으로써 단일 균주의 사용에 비해서 우유의 응고시간이 단축된다. 초기에 *L. bulgaricus*는 강한 단백질분해능력을 가지고 있어서 우유단백질로부터 여러 아미노산을 유리시킴으로써 *Str. thermophilus*의 생육을 촉진시키며, *Str. thermophilus*는 포름산의 생성으로 *L. bulgaricus*의 생육을 촉진시킨다. [그림 15-1]은 고온성세균의 혼합스타터와 단일 균주와의 산생성 정도를 나타낸다.

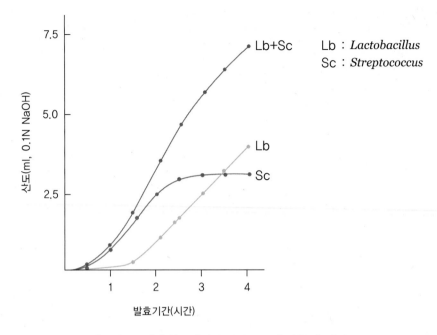

[그림 15-1] 혼합스타터와 단일균주에 따른 산 생성

  스타터의 조제는 신선한 탈지유 또는 탈지분유를 사용하여 10% 용액을 제조한 후 121℃에서 15분간 멸균하여 사용한다. 우유의 열처리 정도에 따라 젖산균의 생육이 영향을 받으며, 특히 발효유의 커드형성 및 유청 분리 등에 영향을 주기 때문에 주의를 요한다.

  스타터의 배양은 순수 젖산균 스타터(starter culture)를 단계적으로 배양시킴으로써 모 배양을 제조한 후 필요량의 벌크 배양액을 제조한다. 스타터 첨가량은 발효유의 산생성 및 풍미물질 생성에 영향을 미친다. [그림 15-2]는 발효온도 21℃에서 스타터 첨가량이 산생성에 차이를 보여주고 있다.

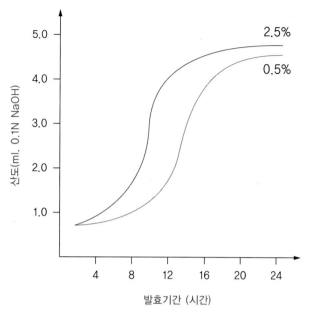

[그림 15-2] **스타터 첨가량에 따른 산생성**

스타터의 배양은 1%의 종균을 접종하고 적당온도에서 16~20시간 배양하여 냉장보관한다. 스타터는 사용하기 전에 잡균의 오염을 현미경 검사를 통하여 조사하며 산생성능력 및 향기생성능 등을 검토하여 사용한다. 또한 균의 활력 유지와 박테리오파지(bacteriophage)의 오염에 주의한다.

4 젖산균의 대사산물

발효유에 사용되는 젖산균들의 당으로부터 산생성 능력과 단백질 등으로부터 분해산물의 생성은 균주마다 다양하다. 젖산균에 의한 젖산발효에서 젖산의 생성은 우유의 응고와 신맛부여 및 향기증진 등에 기여하는 중요한대사산물이다. 젖산균의 발효산물은 정상발효(homofermentation) 또는 이상발효(heterofermentation)에 의해서 차이가 있다. [그림 15-3]은 젖산균에 의해서 포도당으로부터 젖산, 초산 및 알코올이 생성되는 대사과정을 나타낸다.

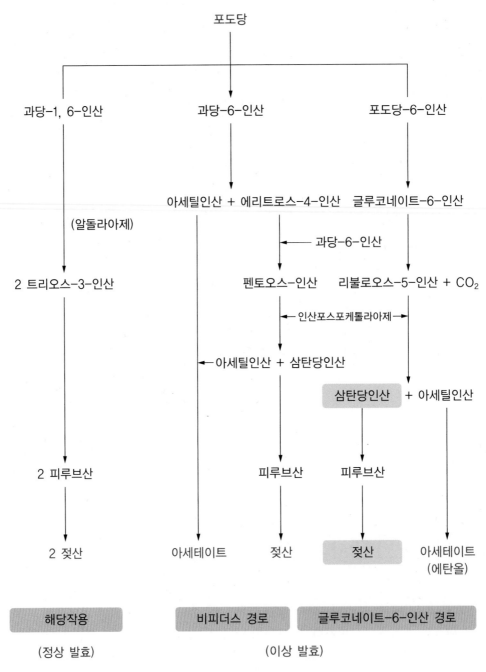

[그림 15-3] **젖산균의 당 대사과정**

    우유의 주된 당성분인 유당은 이당류로서 대부분 젖산균(lactic acid bacteria)의 세포벽에 존재하는 유당투과 효소(lactose permease) 또는 포스포에놀 피루브산 인산전이효소 시스템(phosphoenol pyruvate phosphotransferase system)에 의해서 세포 내로 이동되어 대사된다. 이 때 유당을 발효하는 유산균들은 포스포-β-갈락토시다아제(phospho-β-galactosidase) 활성보다는 주로 β-갈락토시다아제 활성에 의존하여 유당을 D-갈락토스와 D-포도당으로 가수분해 한다. [그림 15-4]는 우유 중의 유당이 젖산균에 의해서 대사되는 과정을 개괄적으로 보여주고 있다.

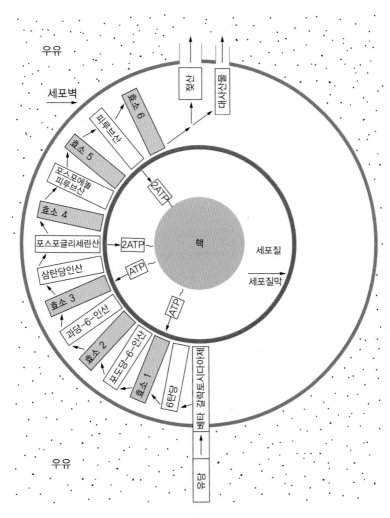

[그림 15-4] **젖산균의 유당 대사과정**

유당 분해산물인 6탄당으로 전환된 후 효소1(phosphoglucomutase)에 의해서 인산화된 포도당이 생성되고, 효소2(phosphohexose isomerase)에 의해서 인산화된 과당으로 전환된다. 이후 효소3(aldolase)에 의한 가수분해작용으로 삼탄당인산이 생성되고 효소4(enolase)와 효소5(phosphopyruvate dephosphorilase)에 의해서 중간대사산물인 피루브산(pyruvic acid)이 생성된다. 이후 효소6(lactic acid dehydrogenase)에 의해서 젖산이 생성된다.

당의 대사과정에서 에너지(ATP)가 생성되며 대사부산물(by-product)로서 젖산이 세포 밖으로 배출된다. 유당으로부터 이론적인 젖산의 생성 수율은 105%(w/w)이지만 실제적으로 90~99%(w/w)의 젖산 생성 수율을 나타낸다.

$$C_{12}H_{22}O_{11} (342g) + H_2O \longrightarrow C_6H_{12}O_6 (180g) + C_6H_{12}O_6 (180g) \longrightarrow 4CH_3CH(OH)COOH (90g)$$

(유당)   가수분해   (포도당)   (갈락토스)   (젖산)

발효유의 제조과정에서 젖산균들은 미약하지만 우유 단백질을 단계적으로 가수분해시켜 저분자의 펩타이드와 아미노산으로 분해하여 세포 밖으로 배출시킨다. 또한 일부 생성된 아미노산은 세포 내 효소에 의해서 지방산과 암모니아로 전환되어 세포 밖으로 배출된다. [그림 15-5]는 젖산균에 의한 단백질 분해과정을 나타낸다.

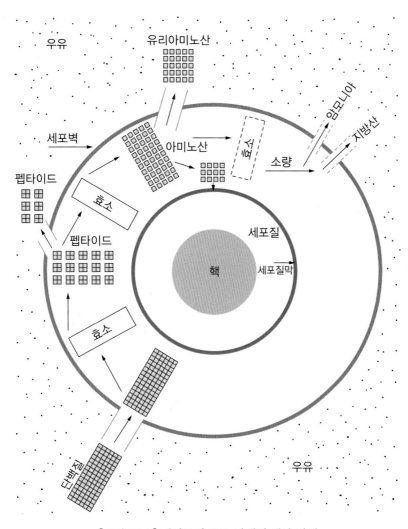

[그림 15-5] **젖산균의 우유 단백질 대사 과정**

발효유의 제조에 관여하는 젖산균 중에서 당이나 구연산으로부터 다이아세틸을 생성하는 균주로는 *Lecu. citrovorum*, *Str. diacetilactis* 등이 있다. 당이나 구연산의 분해 산물인 피루빈산으로부터 버터의 주요 향기성분인 다이아세틸이 생성되며, 이는 발효유의 풍미에 중요하며 다이아세틸 함량은 10ppm 정도가 가장 적절한 향을 나타낸다. 발효유의 다이아세틸 함량을 증가시키는 방법으로 구연산을 0.2% 정도 첨가한다.

[그림 15-6]은 *Leuconostocs*속에 의한 구연산의 대사과정을 나타내고 있다.

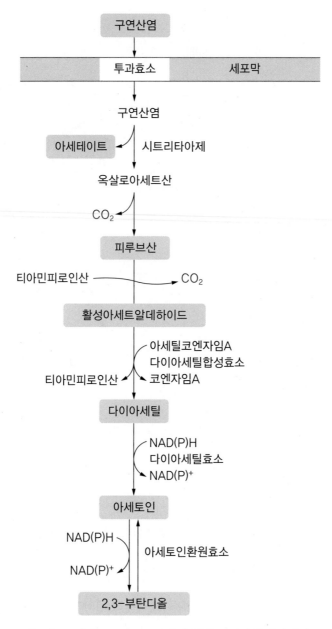

[그림 15-6] *Leuconostocs*속에 의한 구연산염 대사과정

탄소원으로 구연산염와 같은 유기산은 젖산균에 의해서 중간 대사산물인 피루브산으로 분해된 후, 티아민피로인산(thiamine pyrophosphate, TPP)조효소와 피루브산탈카복시효소(pyruvate decarboxylase)작용에 의해서 탈탄산되어 아세트알데하이드가 생성된

다. 이후 세포 내 다이아세틸 합성(diacetyl synthase)효소에 의해서 풍미성분인 다이아세틸이 생성되며, 동시에 다이아세틸 환원효소(diacetyl reductase)에 의해 환원되어 풍미성분이 아닌 아세토인으로 전환된다.

5 요구르트의 제조

발효유의 제조는 원료혼합, 균질화, 살균 및 냉각을 거친 후에 일정량의 젖산균 스타터를 접종배양하여 젖산을 생성시키며 제조공정에 따라 호상 또는 액상의 요구르트를 제조한다. 요구르트의 제조공정은 [그림 15-7]과 같다.

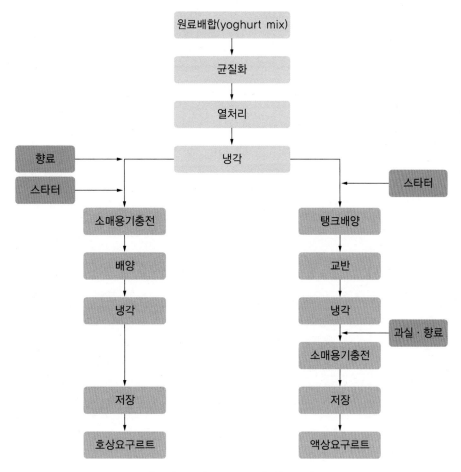

[그림 15-7] **요구르트의 제조공정**

1) 원료혼합

발효유의 원료인 우유는 발효유 또는 요구르트의 품질에 영향을 미친다. 전체고형분 함량 중에서 특히 단백질 함량은 요구르트의 맛과 풍미에 영향을 주며, 조직감, 점성 및 유청 분리에 영향을 준다. [표 15-3]은 여러 동물들의 우유 조성표이며 유지방, 유당 및 단백질 함량에 큰 차이가 있다.

표 15-3	여러 동물들의 우유성분표				(단위: %)
동물 종류	전체 고형분	유지방	유당	단백질	회분
소	12.79	3.85	4.72	3.50	0.72
암말	11.10	1.90	6.20	2.50	0.50
당나귀	11.30	1.40	7.35	2.0	0.50
염소	12.95	3.93	4.65	3.56	0.81
물소	17.76	7.96	4.86	4.16	0.78
순록	34.60	10.90	2.80	11.50	1.40

보통의 우유는 요구르트 제조 원료로서 성분이 부족함으로 일반적으로 탈지분유 등을 가해서 우유의 성분을 조정하며, 이 때 설탕 및 향료를 비롯하여 안정제로서 한천(agar), 젤라틴, 카라기난(carrageenan), 펙틴 등의 고분자물질을 사용하여 요구르트 믹스(yoghurt mix)를 조제한다.

2) 균질화

요구르트 제품의 점조도(consistencey)와 조직감 개선, 유청 분리 방지 등을 위해서 50~60℃에서 균질기를 이용하여 100~250kg/㎠(100~240 기압)의 높은 압력하에 균질화(homogenization)하여 요구르트 믹스(yoghurt mix)를 고르게 분산시킨다. 이 과정은 유지방을 작은 입자로 분산시키며, 카제인 단백질 입자들의 구조변화를 초래한다.

3) 열처리

살균은 잔존하는 유해균의 사멸과 우유 단백질 중에서 주된 유청단백질인 β-락토글로불린의 적절한 변성을 유발시킴으로써 요구르트의 커드형성 개선과 유청 분리를 최소화 한다. 일반적으로 90℃에서 5분 또는 80~85℃에서 30분 동안 살균하는 것이 보통이다. 살균된 우유는 발효에 적당한 온도 40℃ 정도로 냉각시킨다.

4) 스타터 첨가 및 발효

스타터는 제조하려는 요구르트 제품의 종류 및 특징에 따라 선별된 젖산균 스타터를 사용한다. 일반적으로 풍미생성에 기여하는 스타터 및 산생성이 강한 스타터 등이 있으며, 우유에 첨가되는 스타터의 접종량에 따라 요구르트의 맛과 품질에 영향을 준다. 원료 혼합액에 첨가되는 스타터는 벌크 배양을 만든 후에 1~3% 정도 접종하여 최적 온도에서 배양시킨다. 스타터의 접종량이 많을 때에는 산의 생성이 빠르고 배양시간이 단축되지만, 조직이 거칠고 유청 분리가 일어날 수 있다. 또한 스타터 접종량은 요구르트 제조 시에 경제성과 밀접한 관계가 있다.

발효조건은 젖산균의 종류에 따라 결정되며, 고온성 젖산균인 경우에 40℃ 전후에서 4시간 정도 발효시켜 적정산도가 1.0% 전후가 되도록 한다. 액상 요구르트(stirred, liquid yoghurt)의 제조 경우에는 발효 후에 과실 등의 부재료가 첨가되므로 비교적 높은 산도 1.2% 정도까지 발효한다. 요구르트의 최종 pH는 4.6~4.0 정도이며 유청 분리를 최소화 할 수 있다.

5) 제품화

요구르트의 제품화는 냉각, 저장 및 포장의 단계를 포함한다. 발효된 요구르트는 10℃ 정도까지 냉각하여 냉장온도에서 저장한다. 호상 요구르트(set yoghurt)는 소포장된 상태로 냉각 저장되지만 액상 요구르트는 냉각 후에 소포장되어 저장된다. 발효종료 후 요구르트의 신속한 냉각은 형성된 커드의 조직에 영향을 주어 유청 분리가 일어날 수 있다. 요구르트 제품의 젖산균 규격에서 생균수는 10^7/mL 이상이어야 한다.

요구르트의 점조성, 점도, 유청 분리는 제품의 품질과 밀접한 관계를 갖는다. 이들 물리적 성질에 영향을 주는 인자들은 크게 7가지로 구별된다.

❶ 전체 고형분(단백질) 함량

❷ 우유의 열처리 정도

❸ 유청단백질의 변성

❹ 우유의 균질화

❺ 요구르트의 산생성 정도

❻ 요구르트의 냉각온도 및 냉각속도

❼ 젖산균 스타터의 단백질분해 능력

이들 인자들을 효과적으로 조절하여 최적화함으로써 요구르트의 조직감을 포함한 품질을 개선할 수 있다. 요구르트 제조공정에서 원료에서 제품화 단계까지의 품질검사는 필요하다. 원료의 적절한 혼합, 안정제첨가, 젖산균 스타터의 활성, 파지(phage) 오염방지, 요구르트의 성분검사 및 보존성의 평가가 요구된다. [그림 15-8]은 요구르트 제조공정에 따른 품질검사를 나타낸다.

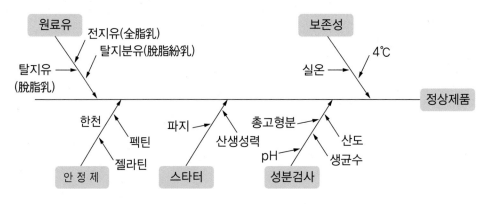

[그림 15-8] 요구르트 제조공정에 따른 품질검사

젖산균 스타터의 산생성력과 파지오염을 점검하며 발효된 요구르트의 pH, 산도, 생균수 등을 측정하여 제품을 평가한다. 발효된 요구르트는 저온에서 보존성을 평가하여 소비자의 손에 도착할 때의 제품의 산도는 0.8~0.9%가 되도록 한다.

6 젖산균음료

1) 애시도필러스유

애시도필러스유(Acidophilus milk)는 젖산균 *L. acidophilus*에 의해서 발효되는 일종의 발효유이다. *L. acidophilus*는 사람의 장 내에 존재하며 산에 대한 저항성이 큰 젖산균으로 정장작용을 한다. 유산균 우유를 제조하기 위해 우유는 가열되거나 살균된 후 38℃로 냉각하여 *L. acidophilus* 스타터로 배양된 벌크 스타터를 5% 정도 접종하여 38℃에서 20시간 정도 배양한다. 유산균 우유는 1.5~2.0%의 젖산을 포함하고 알코올은 없으며, 4℃에서 보관한다.

*L. acidophilus*는 사람의 장 내에서 점질물에 의해 부착되어 생육하는 젖산균으로 알려져 있으며, 일정량의 젖산균이 장내에 존재하기 위해서는 매일 500~1000mL의 유산균 우유의 섭취가 권장된다.

2) 불가리커스 버터유

불가리커스 버터유(Bulgaricus buttermilk)는 *L. bulgaricus*에 의해서 발효된 일종의 발효유(sour milk)이다. 이 발효유는 2.0~4.0% 정도의 높은 젖산을 포함하고 있어서 발효유의 풍미가 비교적 거칠다. 제조방법은 버터우유 또는 저지방 우유(low-fat milk)를 살균처리한 후 냉각하여 순수하게 배양된 *L. bulgaricus* 스타터를 접종된다. *L. bulgariucs*는 *Str. thermophilus*와 함께 대부분의 요구르트의 중요한 젖산균으로 작용한다.

3) 젖산균음료

일반적으로 1.5~2% 산도를 갖는 발효유에 당액, 안정제, 색소, 과즙 등의 첨가물을 일정량 혼합 희석해서 만든 것을 젖산균음료(lactic acid beverage)라 한다. 여기에는 요구르트형 희석 유산균음료와 과즙형 유산균음료 등이 있다.

7 알코올 발효유

1) 케퍼(kefir)

케퍼는 우유에 케퍼 입자(kefir grain)를 스타터로 접종하여 제조되는 일종의 발효유로서 전형적인 신맛과 약간의 알코올을 포함한다. 케퍼는 러시아의 코카서스 지방(Caucasus)에서 널리 소비되고 있으며 우유(cow milk), 양유(sheep milk), 염소유(goat milk) 등이 원료로 이용된다. 케퍼는 소련에서 유행하는 발효음료이며 유럽이나 미국에서도 생산된다. 케퍼의 스타터로 이용되는 케퍼 입자

[그림 15-9] 케퍼 입자

는 호도알만한 크기의 촉촉한 흰색의 덩어리로 여러 젖산균들과 효모가 공존하고 있다 [그림 15-9].

케퍼 입자에 존재하는 *Lactoccus lactis* ssp. *cremoris*, *Lactobacillus delbrueckii* ssp. *bulgaricus*, *Lactobacillus helveticus*, *Lactobacillus casei*, *Lactobacillus kefir* 등의 다양한 젖산균에 의한 젖산발효와 *Torula kefir*, *Sacch. kefir*와 같은 효모들에 의한 유당으로부터 알코올발효가 동시에 일어난다. 케퍼에서 젖산과 알코올 및 CO_2 함량은 발효온도에 의해서 조절되며, 효모는 전체 미생물상에서 5~10% 정도를 차지한다. 케퍼제조를 위해서 전지유(500mL)를 80℃에서 30분간 저온살균하여 냉각한 후 25~30g의 케퍼 입자를 첨가한다. 상온(18~25℃)에서 1~2일정도 발효시키면 커드가 형성된다. 발효유로부터 케퍼 입자를 건져내어 다른 신선한 우유의 발효를 위한 스타터로 이용할 수 있으며, 발효유의 풍미를 개선하기 위하여 실온에서 1일간 발효시킨다. 케퍼 발효유는 1% 젖산과 0.8% 알코올을 포함한다. 상업적인 케퍼 생산을 위한 공정은 [그림 15-10]과 같다.

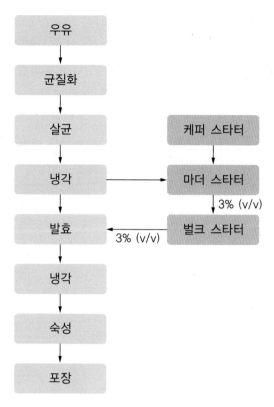

[그림 15-10] 케퍼 발효유 제조공정

특히 케퍼 입자 중의 젖산균으로부터 생산된 수용성 다당류(polysaccharide, kefiran)는 항암효과(antitumor activity)가 있다고 보고되었다. 케퍼 입자는 냉장이나 동결에 의해서 활성을 유지하지만 케퍼 입자 보관은 주기적으로 우유에 접종하여 활성을 유지시키면서 냉장온도(4~7℃)에서 저장하는 것이 가장 좋다.

2) 쿠미스(Koumiss)

쿠미스는 마유(mare milk)로부터 제조되는 알코올과 젖산를 포함하는 일종의 발효유이며 탄산가스를 포함하여 청량미와 정장효과가 있다. 케퍼와 유사한 제품이지만 알코올 함량이 많은 것이 특징이다. 러시아에서는 쿠미스생산을 위해서 수십만 마리의 말을 사육하는 경우도 있으며, 중앙아시아와 남부시베리아 지역의 유목민들에게는 중요한 발효식품이다. 쿠미스 발효유에 존재하는 미생물은 *Lactobacillus delbrueckii* spp. *bulgaricus*, *Lactobacillus kefir*, *Lactobacillus lactis* 등으로 케퍼와 유사하다. 전통적인 쿠미스 제조는 마유에 끓는 물을 6:1로 첨가하고 1/8 부피의 쿠미스를 스타터로 첨가하여 상온에서 1일간 발효시킨다. 형성된 걸쭉한 커드는 진동과 저어줌으로 분쇄하여 점조성의 액체로 만든 후 다시 1~2일간 발효시킨다. 상업적으로는 쿠미스생산을 위해서는 탈지유를 70℃에서 살균하여 냉각한 후 젖산균과 효모를 각각 다른 온도에서 배양한 후 혼합하여 본발효를 한다. [그림 15-11]은 쿠미스 제조공정이다.

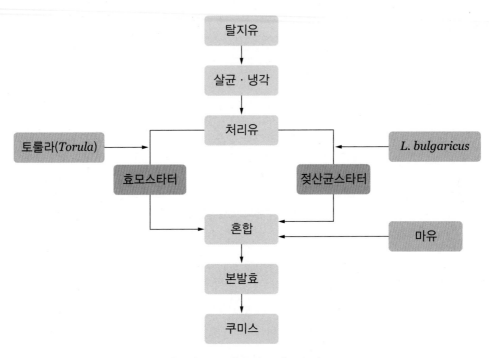

[그림 15-11] **쿠미스 제조공정**

젖산균 *L. bulgaricus*는 37℃에서 7시간 배양하며 토룰라(*Torula*) 효모는 30℃에서 15시간 배양하여 스타터로 사용한다. 본발효는 마유에 스타터를 30% 첨가하고 병포장하여 35℃ 정도에서 4~5시간 발효한 다음 6℃ 전후에서 15시간 발효시킨다. 완성된 쿠미스 제품은 2.8% 알코올과 0.9%의 젖산을 포함하며 수분 함량은 92% 정도이다. 쿠미스에서 토룰라 효모는 유당을 발효에 이용하는 능력이 있어서 적당량의 알코올을 생성한다. 쿠미스 유사제품으로 알코올과 젖산 이외에 기능성 소재가 첨가된 발효유 제조가 가능하다. 이 때 토룰라 효모 대신 유당 발효능이 없는 효모를 사용함으로써 일정량의 알코올 함량이 되도록 적당한 양의 발효성 당을 첨가하여 1차 알코올발효시킨다. 1차 발효액에 젖산균을 접종하여 존재하는 유당을 이용하여 2차 젖산발효를 수행하면 쿠미스가 제조된다.

8 발효버터

버터는 우유에서 분리한 크림(cream)을 교동조작에 의해서 연압하여 얻어진 유지방식품이며, 소금의 첨가 유무에 따라서 가염버터(salted butter)와 무염버터(nonsalted butter)로 구별된다. 또한 젖산균을 가하여 발효시킨 발효버터(sour, ripened cream butter)와 젖산발효를 행하지 않은 비발효 또는 감성버터(sweet butter)로 분류한다. 우리나라, 일본, 호주, 미국 등지에서는 감성버터가 주로 식용되고 유럽에서는 주로 발효버터가 이용되고 있다.

신선한 우유에서 분리된 크림의 지방 함량은 35% 전후이며, 이것을 80℃에서 15초간 살균한 후 10℃에서 12시간 이상 숙성시킨 다음, 교동(churning)과 연압(working)과정을 거친다. 버터밀크가 제거된 버터입자는 회수하여 냉수(3℃)로 세척한 후 천연색소(anatto)를 첨가하고 연압하여 버터를 생산한다.

발효버터는 젖산균으로 발효시킨 크림으로 제조한 것이며 상쾌하고 방향성이 있고 산도가 높다. [그림 15-12]는 발효버터와 버터밀크의 제조공정이다.

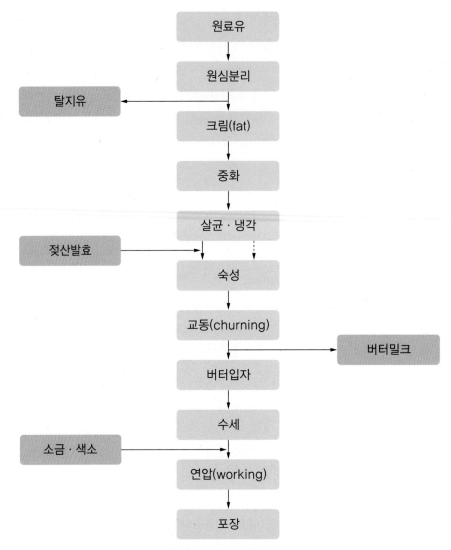

[그림 15-12] **발효버터와 버터밀크의 제조공정**

*발효버터 제조(→), 감성버터 제조(⋯)

원료유는 원심분리기(centrifugal separator)나 원판형 크림분리기(cream separator)를 이용하여 크림을 분리한다. 분리된 크림은 $NaHCO_3$, Na_2CO_3 등을 이용하여 산도를 0.18% 이하로 중화한다. 살균은 크림의 유해미생물과 지방분해효소를 파괴하여 버터의 보존성을 향상시킬 목적으로 행하며, HTST (high temperature short time) 또는 UHT (ultra high temperature)로 처리한다. 살균된 크림은 20℃로 냉각되어 0.5% 정도의 젖산균 스타터를 넣고 산도가 0.3% 정도 되게 한다. 젖산균 스타터로는 *Str. lactis*, *Str. diacetilactis*, *Leuc. cremoris* 등을 혼합하여 사용한다. 젖산발효된 크림은 점도가 낮아지고 지방의 분리가 빨라지므로 교동작업이 용이하게 되며, 젖산발효의 부산물인 아세토인, 다이아세틸과 같은 방향성 물질(aroma compounds)이 존재한다. 발효 후에 6℃ 전후에서 8시간 숙성을 행하면서 크림 중의 지방구를 완전히 고화시켜서 지방의 손실을 적게 한다.

숙성된 크림은 교동기(churn)에서 진탕하면 버터입자가 생성되는데 이 조작을 교동(攪動, churning)이라 한다. 교동작업은 교동기에 10℃ 내외의 크림을 교동기에 1/3 정도 넣어서 60rpm의 속도로 40~60분간 진탕시켜 버터입자가 대두립(粒)처럼 형성되면 교동을 종료하고 버터밀크를 분리한다. 버터밀크를 제거한 후 버터입자의 경화와 풍미를 개량하기 위하여 버터밀크와 같은 양의 물을 넣고 교동기를 회전시켜 수세한다. 이 작업을 3~4회 반복 처리한다. 수세된 버터입자는 필요에 따라 2% 식염과 색소를 넣고 혼합한 후 연압기를 이용하여 연압(練壓)하여 버터 덩어리로 만든다. 제조된 버터는 충전·포장하여 제품화한다.

Chapter 16

기타 발효식품

1 템페

템페(Tempe, tempeh)는 곰팡이에 의한 대두발효식품으로 일종의 콩발효된 치즈이다. 템페는 탈피 증숙된 대두에 *Rhizopus oligosporus* 곰팡이를 증식시켜 흰색의 곰팡이가 표면을 덮은 형태의 덩어리(cake)이다. 노란색 대두가 주로 이용되며, 지역에 따라서 검정 대두가 이용되기도 한다. 발효 중에 곰팡이는 표면에서 생육되는 것은 물론 대두의 조직 안으로 침투된다. 템페는 치즈발효와 유사하여서 발효가 진행되면서 단백질, 지방의 분해가 일어나며, 풍미가 강해지며 궁극적으로 암모니아가 발생되며 초기의 흰색 덩어리는 곰팡이에 의해 생산되는 포자에 의해서 회색 내지는 검은색으로 변한다. 발효된 템페는 신선취와 버섯향이 있으며 기름에 튀기는 경우에 유리지방산에 기인된 호두향 같은 풍미가 난다.

발효에 필수적인 효소들을 생산하기 위해 곰팡이 또는 미생물을 선택적으로 고체배지에 배양시킨 것을 코지라 한다. 이런 의미에서 인도네시아의 템페는 일종의 코지로서 탈피되고 증숙된 대두에 *R. oligosporus*를 배양시킨 것이다. 템페는 인도네시아, 캐나다, 네덜란드, 서인도, 미국, 일본 등에서 상업적으로 생산되어 소비된다. 템페는 얇게 절단되어 간장이나 어간장 또는 5~10% 소금용액에 담근 후에 기름에 튀겨서 소비하며, 인도네시아에서 템페는 고기대용품으로 이용되는 중요한 고단백질 식품이다.

1) 제법

템페 제조는 비교적 간단하고 발효기간이 짧다. 인도네시아의 가정에서 주로 만들어서 부식으로 이용하고 있으며 상업적으로 대량생산되는 경우가 있지만 제조 원리는 동일하다.

제조공정은 대두의 세척, 탈피, 열변성시킨 후에 상품화된 템페 스타터를 접종하여 발효시킨다. [그림 16-1]은 상품화된 템페 스타터이다.

[그림 16-1] **템페 제조용 스타터**

원료 대두는 이물질들을 제거한 후 대두의 껍질을 제거시킨다. 콩의 탈피작업은 침지 전에 행하는 건조방식(dry dehuling)과 침지 후에 실시하는 습윤방식(wet dehulling) 과정이 있다. 콩의 침지는 상온에서 12~15시간 동안 실시되며 70℃에서는 2시간 정도 행한다. 더운 지방에서는 콩의 침지 중에 젖산균에 의한 침지액의 산성화(acidification)가 일어나면서 유해 미생물의 생육을 억제할 수 있다. 또는 젖산을 함유한 침지수를 사용하여 유해균의 생육을 억제시킨다. 하루 동안 침지 중에 콩의 수용성 고형분은 5% 정도가 손실된다. 침지 콩 62% 수분으로부터 껍질을 제거시킨 후 90분 정도 열처리한다.

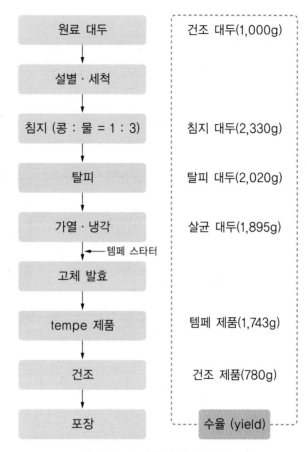

[그림 16-2] **템페 제조공정도**

탈피된 대두는 물에 넣고 삶은 후 건져서 수분을 제거하고 표면을 건조시킨다. 건조된 증두는 미리 제조된 템페 또는 상업적으로 제조된 템페 스타터를 접종한다. 일반적으로 분말화된 템페 스타터 1~3g 정도를 1000g의 탈피된 증두에 첨가한다. 접종된 증두는 바나나 잎으로 싸서 소포장의 템페 발효에 이용된다. 이외에도 템페 발효용기는 스테인리스 스틸, 플라스틱, 유리, 나무, 폴리에틸렌 포장지(polyethylene bag) 등이 사용되며, 발효시키는 증두의 높이는 3cm 정도가 적당하다. 발효온도는 25~37℃정도이며 37℃에서는 *R. oligosporus*의 생육이 양호하여 22시간 동안 발효시킨다. 발효가 종료되면 곰팡이가 내부까지 침투하여 치밀한 덩어리를 형성하며 조직은 연하다.

[그림 16-2]는 실험실 규모에서 템페 제조공정을 나타낸다. 상업적 방식으로 원료 대두로부터 제조된 최종 건조 템페 제품은 원료에 대하여 78% 정도의 회수율을 보인다.

(1) 원료 처리

정선된 대두는 브루 밀(burr mill)을 사용하여 탈피한다. [그림 16-3]은 대두의 탈피과정을 나타낸다.

탈피된 대두는 1일 정도 침지하는데 잡균의 증식을 방지하기 위해서 젖산을 0.1% 첨가하거나 *L. plantarum*, *Leuc. mesenteroides* 등의 젖산균에 의한 젖산생성으로 pH를 낮춘다. 침지액의 pH가 5.0 이하에서는 템페에서 치명적인 독성물질 생성의 출처가 되는 *Psuedomonas cocovenenans*의 생육을 저해시킨다. 탈피는 불용성 섬유질의 제거 및 *Rhizopus*곰팡이의 생육을 좋게 하여 품질을 향상시킨다. 탈피된 콩은 부분적인 열처리를 통하여 곰팡이 발효에 적합하도록 하는데 일반적으로 물에 1시간 정도 삶아서 건져낸 후

[그림 16-3] **브루 밀을 이용한 대두의 탈피공정**

38℃로 냉각한다. 가열을 통하여 곰팡이 발효를 저해할 수 있는 오염세균들과 트립신 저해제의 파괴 및 곰팡이 생육에 필요한 영양분들의 조성을 향상시킨다.

(2) 미생물과 발효관리

템페 발효균은 곰팡이 *R. oligosporus*가 대표적이며 *R. oryzae*, *R. arrhizus* 등이 있다.

템페 발효균은 바나나 나무의 잎에서 발견되기 때문에 이것을 건조 분쇄하여 종균으로 사용할 수 있으며, 상업적으로 생산되는 곰팡이 스타터를 사용한다. 증두는 스타터와 혼합하여 나무판 등에 일정 두께로 담아서 띄운다. [표 16-1]은 인도네시아 템페로부터 분리된 곰팡이들이다.

표 16-1	인도네시아 템페에서 발견되는 곰팡이	
시료	**출처**	**미생물 종류**
템페 스타터	말랑(Malang)	*Rhizopus oryzae* *Rhizopus arrhizus* *Rhizopus oligosporus* *Mucor rouxii*
	Sukakarta	*Rhizopus oryzae* *Rhizopus stolonifer*
템페	Djakarta	*Mucor javanicus* *Trichosporon pullulans* *Aspergillus niger* *Fusarium sp.*

발효온도는 37℃가 적당하며 발효열에 의한 온도상승에 주의를 하여 45℃에서 생육이 활발한 고초균의 생육이 없도록 한다. 곰팡이에 의한 발효는 48시간 전후에서 포자가 착생되면 중지한다. [그림 16-4]와 [그림 16-5]는 각각 나무상자와 플라스틱 포장지에서 발효된 템페이며 다양한 형태를 갖는다.

[그림 16-4] 나무상자에서 발효된 템페

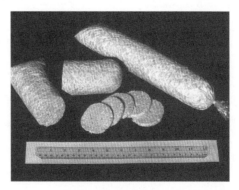

[그림 16-5] 플라스틱 포장지에서 발효된 템페

템페는 수분 함량이 55~60%이며 pH는 6.5이어서 저장성이 약하다. 템페는 2일 정도는 냉장 없이 보관이 가능하지만, 오래 두면 향과 색깔이 변하며, 점점 청국장 냄새로 변질될 수 있다. 템페를 장기보관하기 위해서는 염장이나 건조를 하며, 또한 템페를 얇게 절단하여 천일 건조 또는 93℃에서 1시간 정도 열풍건조하여 수분이 4% 정도 되도록 한다.

(3) 성분 변화

발효된 템페는 원료 대두의 조직이 곰팡이 효소들에 의해서 분해되어 조직이 부드러우면서 약간의 점성을 갖는다. 발효가 진행되면서 지방은 감소되며 유리지방산의 함량이 크게 증가되며 단백질의 비율이 높아진다. 특히 수용성 질소와 비타민 A가 증가되며 pH는 상승하여 6.5 정도이다. [표 16-2]는 템페의 일반성분 분석결과이다.

표 16-2 템페의 일반성분 분석 (단위: %)

성분	발효전 원료	템페	건조 템페
수분	2.0	64.0	2.0
단백질	47.5	18.3	48.7
질소 함량	7.6	2.9	7.8
지방	30.5	4.0	29.5
유리 지방산	0.5	–	21.0
수용성 질소	6.5	–	39.0
수용성 고형분	14.0	28.0	34.0

발효과정에서 유리아미노산이 크게 증가되며 72시간의 발효 후에는 특히 메티오닌, 프롤린, 루신, 글루탐산 등이 크게 증가한다. [표 16-3]은 발효과정 중의 템페의 유리아미노산 함량을 나타내며 암모니아 함량도 증가되는 것을 알 수 있다.

표 16-3	템페 발효 중의 유리 아미노산 함량				(단위: mg%)
아미노산	발효시간				
	0(A)	24(B)	48(C)	72(D)	D/A
라이신(Lysine)	50.0	76.7	212.0	307.0	6
히스티딘(Histidine)	4.8	33.7	139.0	148.0	30
트레오닌(Threonine)	8.9	22.2	74.0	34.6	4
세린(Serine)	16.9	26.7	107.0	65.8	4
글루탐산(Glutamic acid)	11.5	52.3	372.0	985.0	85
프롤린(Proline)	1.1	7.2	86.5	201.0	183
글리신(Glycine)	1.6	13.4	89.3	85.5	53
알라닌(Alanine)	5.6	67.2	476.0	286.0	51
발린(Valine)	6.3	15.7	66.5	130.0	21
메티오닌(Methionine)	0.4	3.7	25.3	41.8	105
이소루신(Isoleucine)	1.2	6.0	48.4	107.0	89
루신(Leucine)	1.6	15.4	89.4	177.0	111
타이로신(Tyrosine)	3.1	27.3	84.0	107.0	35
페닐알라닌(Phenylalanine)	2.9	26.9	114.0	170.0	59
프립토판(Tryptophan)	14.0	5.4	21.0	54.3	4
암모니아(Ammonia)	22.6	99.1	143.0	148.0	7

템페는 단백질 등이 분해되며, 각종 효소들과 비타민을 함유한 우수한 대두 발효식품이다. 템페에 존재하는 항산화제(antioxidant)는 템페의 지방산화를 강하게 억제하는 것으로 알려져 있으며, 이물질은 일종의 이소플라본으로 Factor 2(genistein, daidzein)라 부른다. 템페는 지방의 산패가 적어서 저장성이 우수하다. [그림 16-6]은 대두분말과 템페의 저장 중에 과산화물가(peroxide value)를 나타낸다.

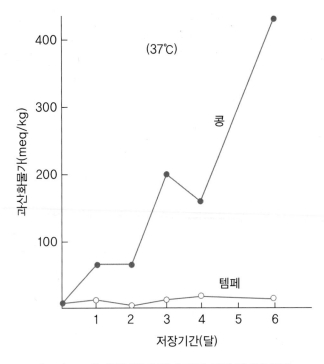

[그림 16-6] 대두분말과 템페 저장 중의 과산화물가

2 홍국쌀

홍국쌀(Anka, red rice, 赤米)은 일명 중국 적색미(Chinese red rice)이며 *Monascus pu rpureus* 곰팡이에 의해서 쌀을 원료로 하여 발효되어 적색색소를 갖는 발효제품이다. 홍국쌀은 색소의 중요한 원료이며 여러 식품에 적색을 부여하는 데 이용한다. 홍국쌀 또는 홍국쌀 코지는 중국, 타이완, 필리핀, 태국 및 동양의 여러 나라에서 사용한다. 홍국쌀은 중국, 필리핀, 인도네시아에서는 대량으로 생산되어 색소성분으로 뿐만 아니라 식품에 영양과 풍미를 더해 준다. 또한 홍국쌀은 유아들의 요실금(尿失禁)을 치유하는데 효과가 있다고 중국 초본학자들은 기록하고 있다. 최근에는 홍국쌀의 적색색소에 대한 유용성 및 기능성 소재로서의 이용가치가 높게 평가되고 있다.

1) 균주

중국 적색미의 제조에 필수적인 미생물은 *M. purpureus*이며, 타이완에서는 *M. anka Nakazawa*로 분류되고 있다. 곰팡이가 감자포도당한천배지(potato dextrose)에서 배양할 때 생육초기에는 색깔이 없으며 점차 적색을 띠는 노란색, 적색 또는 주황색으로 변한다. 균주의 생육온도는 20~37℃의 범위이며 27℃에서 색소를 가장 잘 생성한다. 색소생성의 pH 범위는 상당히 넓어 3~7.5 정도이다. 곰팡이는 유용한 색소 이외에 곰팡이 독소 시트리닌(citrinin)을 생합성하는 능력이 있어 독소 생성이 적은 유용 균주의 선별이 요구된다. 최근에는 NTG (N-methyl-N-nitro-N-nitrosoguanidine) 처리에 의해서 얻어진 돌연변이 균주를 이용하여 5배 이상의 적색색소를 생산한다.

2) 제조방법

모든 품종의 쌀을 원료로 이용하며 [그림 16-7]과 같은 방법으로 제조한다. 백미를 하룻동안 침지하고 물을 뺀 다음 121℃에서 30분간 고압살균하여 상온으로 냉각한다. *M. purpureus*의 생육과 색소생산에 적합한 Sabouraud agar배지(1~1.5% 펩톤, 2~4% D-glucose, pH 5.4~5.6)에서 25일 동안 배양된 곰팡이의 포자를 멸균수로 현탁시켜 냉각된 증미에 접종한다. 접종 후의 증미의 상태는 말라보일 정도로 수분이 적은 것이 홍국쌀 생산에 절대적이다. 증미의 수분 함량이 25% 정도에서 습도 85%를 유지시키는 것이 색소 생산이 가장 양호하며 27℃에서 3일 동안 발효시키면 쌀이 적색으로 변하기 시작한다. 발효중에 증미를 교반해서 고르게 섞어주며, 증미의 건조는 소량의 멸균수를 첨가하여 습기를 보충해 준다. 발효 3주가 지나면 쌀은 짙은 자색으로 되고 쌀알은 서로 붙지 않고 분리되어야 한다. 발효된 증미는 40℃ 건조기에서 건조한다. 발효된 홍국쌀은 쌀알의 내부까지 색소가 침투되어 쉽게 부서지는 특징을 갖는다.

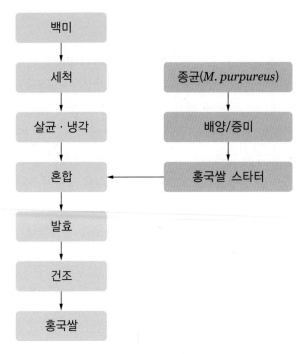

[그림 16-7] 홍국쌀의 제조공정

3) 성분 변화 및 색소

*Monascus*속으로 접종된 쌀은 곰팡이 아밀라아제와 프로테아제에 의해서 당화와 단백질분해 능력을 갖는다. 또한 anka에서 발견되는 효소들은 말타아제, 인버테이스, 리파아제, α-글루코시다아제, 산화효소, 리보뉴클라아제 등이며 가수분해와 산화를 촉매한다. *Monascus*속은 적당한 발효배지에서 에탄올, 유기산을 생산한다. Anka의 일반성분은 7~10% 수분 함량, 53~60% 전분, 2.4~2.6% 질소, 15~16% 조단백질, 6~7% 조지방, 1.0% 회분으로 이루어져 있다.

홍국쌀의 적색색소는 생쥐를 이용한 독성검사에서 유해성이 없음이 확인되었으며 인공색소를 대치할 수 있는 천연색소로서 이용가능성이 매우 높다. 홍국쌀의 색소성분에는 오렌지색의 모나스코루브린(monascorubrin)과 황색의 모나스코플라빈(monascoflavin, nonascin)이 분리되었다. [그림 16-8]은 홍국균이 생산하는 색소의 화학구조를 나타낸다. 이들 색소는 물리화학적으로 안정성이 높으며, 발효에 의해서 균일한 품질을 대량으로 생산할 수 있는 장점이 있다. 또한 anka 색소는 화장품, 의약품, 식품 등의 다양한 분야에서 이용가능성이 높은 기능성 소재이다.

$C_{23}H_{26}O_5(II)$
모나스코루브린
(monascorubrirn, orange pigment)

$C_{21}H_{26}O_5(III)$
모나스신
(monascin, yellow pigment)

[그림 16-8] **홍국균(*M. purpureus*) 색소의 화학구조**

3 용설란주(龍舌蘭酒, Pulque)

용설란주는 아가베(agave, 龍舌蘭, *Agave atroviriens*) 식물의 줄기에서 얻어지는 수액을 발효시킨 양조주이다. 용설란주는 멕시코의 아즈텍(Aztecs) 문명으로부터 제조된 멕시코의 국민적인 음료(national drink)이며 낮은 알코올과 점질성이 있는 흰색의 산성 알코올 음료로 Miel-Mex, Xochitl Jicara, Malinche, Magueyin 등의 다양한 상품명이 있다. [그림 16-9]는 용설란 식물(agave plant)과 줄기(agave stems)를 나타낸다.

[그림 16-9] **용설란의 식물과 줄기**

용설란은 매우 척박한 토양에서 잘 자라며 멕시코 저소득층의 영양공급원으로서 중요한 용설란 술의 제조 원료가 된다. 용설란 술은 250L 용량의 나무통이나 유리재질의 용기에 담아서 상업적으로 판매한다. 용설란 술은 저알코올음료이며, 영양공급원으로 어린 학생들은 하루에 3번 이상 용설란 술을 섭취하면서 일일 권장 영양가에서 열량은 2.2~12.4%, 단백질은 0.6~3.2%를 제공받는다. 전통적으로 소화기장애(gastrointestinal disorders), 식욕부진(anorexia), 무기력(asthenia), 신장 감염(renal infections), 젖분비의 감소(decreased lactation) 등을 치유하기 위한 민간 의약품으로 소비되어 왔다.

1) 균주

*Leuc. mesenteroides*와 *Leuc. dextranicum*과 유사한 젖산균들이 용설란 수액의 발효에 관여하면서 미생물 다당류(dextrans)를 생산하여 전형적인 풀케의 특징인 점성을 부여하는 역할을 한다. 젖산균들은 용설란 수액의 발효 초기에 산도의 빠른 상승을 초래하며, 또한 정상발효 젖산균과 이상발효 젖산균이 젖산을 생산하면서 용설란주의 산도를 증가시킨다. 용설란주 제조에서 관여되는 미생물은 *L. plantarum*과 *L. brevis* 같은 젖산균이며, 주된 알코올 생성 미생물은 *Sacch. cerevisiae*이다. 일반적으로 전통적인 용설란주에서는 *Endomycopsis*, *Pichia*, *Torulopsis*속 등의 효모들이 존재하기도 한다. *Zymomonas mobilis* subsp. *mobilis*는 용설란주 제조에 관여하는 그람음성 세균으로 혐기적 조건에서 글루코스를 에탄올과 CO_2로 전환시키며 또한 젖산을 생성하기도 한다. 발효성 당으로는 포도당, 과당 및 설탕을 이용하며 검(gum)을 생성하여 배양액에 점성을 부여한다. 최적 배양온도는 30℃이며 25%(w/v) 이상의 포도당 용액에서도 생육이 가능하다. 따라서 *Z. mobilis*는 *Sacch. cerevisiae*와 함께 에탄올과 CO_2의 생산에 관여한다.

2) 제조공정

용설란주 원료가 되는 용설란 수액을 아구아미엘(aguamiel, Agave juice)이라고 부르며 8~10년생 용설란 식물로부터 추출된다. 식물로부터 절단된 줄기(stem)는 압착에 의해서 용설란 수액이 얻어진다. 용설란 수액은 용량이 700L 정도되는 개방형 나무통 또는 유리재질의 용기에서 발효시킨다. 일반적인 발효에서는 미리 발효된 용설란주의 일부를 자연적인 효모 스타터로서 발효탱크에 첨가한다. 발효기간은 계절과 온도 및 발효에 영향을 미치는 인자들에 따라 차이가 있지만 8~30일 정도 지속한다. 발효 중에 전체 발효액의 용량은 일정하게 유지하면서 발효액의 일정량을 취하고 새로운 용설란 수액을 첨가하는 반연속식 생산(semicontinuous production)방법을 따른다. 발효액을 연속적으로 병포장을 하는 것은 발효성 당의 존재로 보관 중에 병이 탄산가스의 압력에 의해 파열될 수 있다.

 Sanchez-Marroquin은 용설란주 발효 미생물을 연구하면서 균의 순수분리 및 배양과정을 개발하였다. 당도가 8°Brix이며 pH가 6.0~7.0인 살균된 용설란 수액에 *Sacch. cerevisiae*와 정상발효 젖산균인 *Lactobacillus*와 *Z. mobilis*, *Leuconostoc*속의 혼합배양액을 스타터로 사용하여 15~28℃에서 발효시킴으로써 발효시간을 48~72시간으로 단축시킬 수 있었다. 용설란주 발효규모는 일일 1,500L 생산용량을 갖는 시생산 공장(pilot plant)에서부터 50,000L생산 능력을 갖는 공장이 있다. 50,000L 용기 발효조는 반연속식방법으로 운영되며, 정치 및 혼합조는 10,000L를 처리할 수 있다. 착즙된 용설란 수액의 열처리는 평판 열교환기(plate heat exchanger)에서 이루어지며 발효조에서 발효는 48~72시간 계속된다. 발효가 종료된 용설란주는 파이프로 연결되어 침전(settling)과 혼합(blending) 및 점도조절 탱크로 수송된다. 최종적으로 용설란주는 병이나 캔에 포장되어 소비된다. [그림 16-10]은 용설란주 제조공정을 나타낸다.

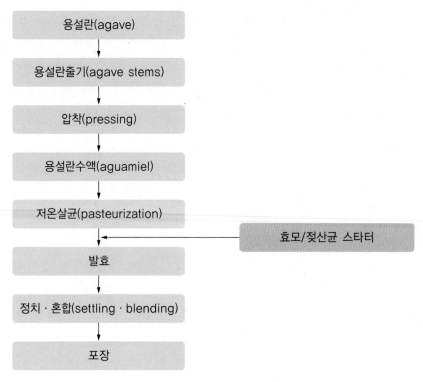

[그림 16-10] 용설란주 제조공정

3) 화학성분 및 영양

용설란 식물은 높이가 1.5~2.5m, 무게는 900~1,500kg 정도이며, 15~30개 정도 존재하는 잎은 길이가 2~4m이며 폭이 30~40cm 정도 되는 식물이다. 잎에서 추출된 수액은 2~10% 당도를 갖는다. 용설란 수액에 혼합 스타터를 접종하여 발효시킨 후의 성분 변화는 [표 16-4]와 같다.

표 16-4 **용설란 수액의 발효 후의 성분 변화** (단위: g/100mL)

측정 인자	용설란 수액	풀케
당도(°Brix)	11.0	6.0
비중(specific gravity)	1.042	0.978
pH	7.0	4.6
굴절률(refractive index, 20℃)	–	1.338

전체 산도(total acidity, 젖산)	0.018	0.348
환원당(reducing sugar)	2.40	0.06
설탕(sucrose)	7.6	0.42
검(gums)	0.60	0.33
조단백질(crude protein)	0.17	0.17
고형분(dry residue)	15.29	2.88
회분(ash)	0.31	0.29
에탄올(%, 20℃)	0.00	5.43
고급알코올(amylalcohol)	–	0.51
휘발성 초산(acetic acid)	–	0.02

용설란주 발효과정에서 고형분 함량은 11.0에서 6.0°Brix로 감소하며 pH는 7.0에서 4.6으로 떨어지면서 총산도는 0.018%에서 0.348%로 상승한다. 또한 설탕농도는 감소하면서 알코올 함량은 5.43%로 증가된다.

용설란주에서 비타민 B 그룹의 비타민B_1, 비타민B_2, 판토텐산, 비오틴 등이 존재하며 또한 다양한 아미노산의 존재는 용설란주의 영양적 가치를 높인다. [표 16-5]는 용설란주의 아미노산 함량을 나타낸다.

표 16-5 　용설란주의 아미노산 함량

아미노산	함량(mg%)
아스파트산(Aspartic acid)	0.025
글루탐산(Glutamic acid)	0.040
아르지닌(Arginine)	0.006
페닐알라닌(Phenylalanine)	0.010
루신(Leucine)	0.005
라이신(Lysine)	0.008
메티오닌(Methionine)	0.005
트립토판(Tryptophan)	0.009
타이로신(Tyrosine)	0.030
트레오닌(Threonine)	0.006
발린(Valine)	0.005

용설란은 멕시코에 재배조건이 용이하며 이 지역의 저소득층과 농부들에게는 중요한 영양 공급원의 소재가 된다.

4 유사 알코올음료

1) 콜론치(Colonche)

용설란주와 매우 유사한 알코올 음료이며 주된 콜론치생산 지역은 멕시코의 북동부 지역이다. 이는 손바닥 선인장(prickly pear cacti) 열매의 주스로부터 제조되며 2000년 이상의 역사를 갖는 것으로 추측된다[그림 16-11].

이 발효음료는 적색을 띠며 단맛과 알코올을 함유한다. 발효된 콜론치는 약간의 뷰티르산향을 지니면서 발포성이 있지만 저장기간

[그림 16-11] 콜론치 원료인 선인장 열매

이 지나면서 신맛이 강해진다. 선인장 열매로부터 추출된 주스는 미리 발효된 콜론치 또는 세균과 효모를 포함하는 선인장의 일부를 접종함으로써 발효시킨다. 발효에 관여하는 효모로서 *Torulopsis taboadae*가 알콜음료인 콜론치로부터 분리되었다.

2) 잭푸르트 포도주(Jackfruit wine)

잭푸르트 (*Artocarpus heterophyllus*)는 인도원산 빵나무의 일종이며 커다란 과실은 식용으로 이용된다. 숙성된 과실의 길이는 90cm정도이며, 폭은 50cm의 크기를 가지며, 커다란 과실의 무게는 45kg 정도이다. [그림 16-12]는 과실의 모양과 내부의 작은과일 모양을 나타내며, 과실내부에는 수천 개의 작은과일(fruitlet)이 존재한다.

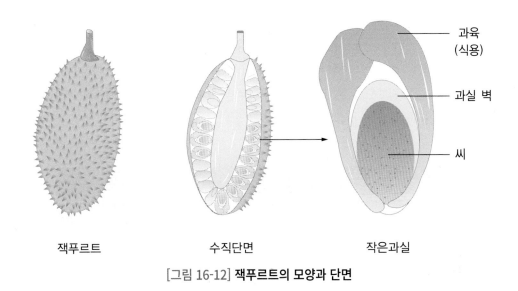

| 과육 (식용) |
| 과실 벽 |
| 씨 |

| 잭푸르트 | 수직단면 | 작은과실 |

[그림 16-12] 잭푸르트의 모양과 단면

잭푸르트 포도주는 잭푸르트의 숙성된 과실(ripened fruit)의 주스를 발효시킴으로써 제조되는 알코올음료이다. 주스는 펄프로부터 얻어지며 미리 발효된 액을 접종하여 18~30℃에서 1주일 정도 발효시킨다. 발효된 잭푸르트 포도주는 7~8%(v/v) 알코올을 포함하며 pH는 3.5~3.8 정도이다.

3) 콤부차(Kombucha)

콤부차는 홍차 추출액에 설탕을 가한 후 tea fungus라는 발효 스타터를 접종시켜서 상온에서 발효시킨 일종의 홍차발효음료이다. 최초의 콤부차의 제조에 관한 기록은 중국제국시대인 B.C. 220년경으로 생명의 연장을 위한 음료(elixir of long life)로 알려졌으며, 그 후 유럽과 소련지역으로 전파되었다. 콤부차는 청량음료의 맛뿐만 아니라 질병 예방의 효과가 보고되면서 유럽, 러시아 등에서 제조되며, 미국 등 일부 가정에서 제조되어 발효음료로 소비되고 있다. 최근 발효음료 콤부차는 건강음료로 인식되면서 러시아, 미국 등에서 산업적 규모로 생산되고 있다. 국내에서는 다양한 미생물들이 관여하여 제조된 콤부차 발효식품의 안전성이 철저하게 입증되지 않은 관계로 상품화된 음료 또는 식품소재로 허용되고 있지 않은 실정이다.

콤부차의 원료로는 홍차가 기본이지만, 녹차 또는 다양한 한국의 전통차를 이용한 발효음료의 제조가 가능하다. 발효 스타터로 사용되는 tea fungus는 초산균이 생합성하는 일종의 미생물 셀룰로스 덩어리로서 다양한 효모가 함께 공생하는 복합적인 균주로 구성되어 있다. [그림 16-13]은 홍차 및 녹차 추출액의 표면에서 배양된 tea fungus의 셀룰로스 덩어리(cellulose pellicle)을 보여주고 있다.

[그림 16-13] **콤부차 발효액**

따라서 콤부차 발효과정은 효모에 의한 알코올발효와 초산균에 의한 초산발효가 병행되면서 홍차의 고유한 맛과 발효산물의 독특한 맛과 풍미의 조화로 새콤하고 감미로운 일종의 홍차 발효식초음료가 된다. 지역에 따라서 스타터로 이용하는 tea fungus는 다양하며, 이들에 존재하는 미생물 종류 및 분포에 차이가 있다. Tea fungus스타터의 종류로는 생산지역에 따라서 Oriental tea fungus, European tea fungus, Tibetan tea fungus 등이 있으며, 이들의 발효과정에서 산생성의 차이를 [그림 16-14]에 나타내고 있다.

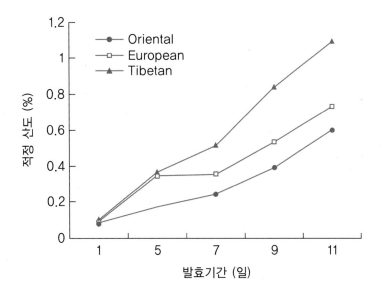

[그림 16-14] **Tea fungus 스타터 종류에 따른 콤부차 적정산도의 변화**

Fundmentals of

FOOD FERMANTATION

발효식품학

- 참고문헌 -

- 食品公典, 韓國食品工業協會(2006)
- 李哲鎬 등 : 韓國의 水産醱酵食品, 裕林文化社(1987)
- 金溁祚 등 : 醱酵工學, 先進文化社(1994)
- 李韓昌 : 醱酵食品, 新光出版社(1999)
- 朴碌澤 : 名家銘酒, 曉日文化史(1999)
- 尹淑子 : 한국의 저장 발효음식, 신광출판사(1998)
- 劉太鍾 : 食品微生物學, 文運堂(1986)
- 元隆喜 : 전통민속주 · 가양주, 政訓出版社(1993)
- 심포지움발표논문집 : 김치과학,(사)한국식품과학회(1994)
- 金榮敎 등 : 畜産食品學, 先進文化社(1994)
- 鄭東孝 : 醱酵와 微生物工學, 先進文化社(1994)
- 劉太鍾 : 食品寶鑑, 도서출판 瑞友(1995)
- 姜國熙 譯 : 유산균과 건강생활, 유한문화사(1990)
- 姜國熙 등 : 비피더스균과 올리고당, 유한문화사(1993)
- 鄭東孝 등 : 채소발효식품, 도서출판 光日文化社(사)(1997)
- 김성우 등 : 고춧가루 혼합유통 실태조사 및 개선방안 연구, 한국농촌경제연구원(2017)
- 식품의약품안전처 : 식품공전 (식품의 기준 및 규격개정고시) (2016)
- 이철호 등 : 한국의 수산발효식품, 유림문화사(1987)
- 전통향도음식 용어사전 : 농촌진흥청 국립농업과학원, 교문사(2010)
- 한국농수산식품유통공사 : 2013 가공식품 세분시장 현황: 탁주시장, 성광기획인쇄(2014)
- 한국농수산식품유통공사 : 2014 가공식품 세분시장 현황조사: 김치, 한국컴퓨터인쇄(2014)
- 한국농수산식품유통공사 : 2015 가공식품 세분시장 현황: 간장시장. 유노아트(2015)
- M.A. Amerine and C.S. Ough : Methods for analysis of musts and wines, John Wiley & Sons, New York(1976)
- J.L. Rasic and J.A. Kurmann: Yoghurt, Technical Dairy Publishing House, Denmark(1978)
- A. Barholomew : Kombucha tea for your health and healing, Gateway Books, Bath, UK(1998)
- G. Gottschalk : Bacterial metabolism, Springer-Verlag, New York(1979)
- M.J. Lewis and T.W. Young : Brewing, Ghapman & Hall, London(1995)

- A.H. Rose : Alcoholic beverages, Academic Press, New York(1977)
- G.H. Fleet : Wine microbiology and biotechnology, Harwood academic publishers, USA(1993)
- P. Singleton and D. Sainsbury : Dictionary of microbiology, A Wiley-Interscience Publication, New York(1978)
- R.B. Boulton et al. : Principles and practices of winemaking, The Chapman & Hall, New York(1996)
- K. Steinkraus : Handbook of indigenous fermented foods, Marcel Dekker, Inc. New York(1995)
- J.A.M van Balken et al. : Biotechnological innovation in food processing, Butterworth-Heinemann, London(1991)
- M.W. Brenner : Brewing science and practice(1972)
- Alfa-Laval AB : Dairy Handbook(1987)
- C.H. Lee : Fermentation technology in Korea, Korea University press(2001)
- C.W. Bamforth : Food, fermentation and micro-organisms, Blackwell Publishing(2005)
- P.F. Cannon et al. : Mycol. Res. 99(6), 659(1995)
- A. Sanchez-Marroquin : Mexican pulque-a fermented drink from Agave juice. Symposium on indigenous fermented foods, Bangkok, Thailand(1977)
- F. M. Young : Studies on soy sauce fermentation. M. Sci. Thesis, University of Strathclyde, Glasgow(1971)
- R. Ueda et al. : Studies on the organic acids in soy sauce, J. Ferment. Technol.(1958)
- P. Saisithi et al. : Microbiology and chemistry of fermented fish. J. Food Sci.(1966)
- T. Mochizuki : Shinshu miso. Bulletin of the Shinshu Miso Research Institute, Nagano Prefectural Federation of Miso Industrial Co-operative Unions, 1014, Minamiagatamachi, Nagano-shi, Japan(1977)
- T. Yokotsuka : Some recent technological problems related to the quality of Japanese shoyu. In fermentation technology today. (G. Terui, ed.). Proc Fourth Int. Fermentation Symposium, Kyoto, (1972)
- Ribereau-Gayon et al. : Trattato di Scienza e Tecnica Enologica. Vol. IV. p.26. Brescia: AEB (1988)
- R. Jenness : Biosynthesis and composition of milk, J. Investigative Dermatology(1974)
- Dwidjoseputro. D. and F. T. Wolf : Microbiological studies of Indonesian fermented foodstuffs, Mycopathol. Mycol. Appl(1970)

- 찾아보기 -

| 저자소개 |

이삼빈
- 미국 CORNELL대학교 식품과학과 졸업(Ph.D.)
- 미국 MIT공과대학 연구원
- (현) 계명대학교 식품가공학과 교수

조정일
- 고려대학교 농화학과(발효 및 생화학전공) 졸업(농학박사)
- (현) 실험실벤처기업 코리아바이오텍 대표
- (현) 조선이공대학교 식품영양조리과학과 교수

양지영
- 서울대학교 식품공학과 졸업(농학박사)
- 두산종합기술원 선임연구원
- (현) 부경대학교 식품공학과 교수

오성훈
- 고려대학교 식품공학과 졸업(농학박사)
- (현) ㈜아모레퍼시픽((구)태평양 기술연구원/생화학사업본부)
- (현) 신안산대학교 식품생명과학과 교수

발효식품학

발 행 일 │	2001년 8월 22일	초판 발행
	2003년 7월 10일	개정판 발행
	2021년 8월 3일	2개정판 3쇄 발행
지 은 이 │	이삼빈 · 조정일 · 양지영 · 오성훈	
발 행 인 │	김홍용	
펴 낸 곳 │	도서출판 **효일**	
디 자 인 │	에스디엠	
주　　소 │	서울시 중구 다산로46길 17	
전　　화 │	02-928-6643	
팩　　스 │	02-927-7703	
홈 페 이 지 │	www.hyoilbooks.com	
E m a i l │	hyoilbooks@hyoilbooks.com	
등　　록 │	2001년 10월 8일 제2019-000146호	
정　　가 │	20,000원	
I S B N │	978-89-8489-450-1	